本书由西南林业大学农林经济管理学科、云南省高校新型智库——云南林业经济研究智库、云南省哲学社会科学研究基地——云南森林资源资产评估及林权制度研究基地和云南省重点培育新型智库——西南绿色发展研究院，共同资助出版。

青藏高原地区资源可持续利用研究

付 伟 ◎著

内容简介

本书系统论述了资源可持续利用的基础理论，以青藏高原涉及的青海、西藏、四川、云南、甘肃和新疆6个省（区）作为研究对象，选取生态足迹、万元GDP生态足迹实证分析了青藏高原地区的资源贡献力、资源利用效率。同时，创新性地提出了资源福利指数和生态文明健商指数进行资源可持续利用状态与社会福利的实证分析。最后，对青藏高原地区的特殊资源进行了研究，并创造性地提出青藏高原生态位与可持续发展。本书结合国内外资源可持续利用的最新研究，对青藏高原地区开展了详细研究，具有重要的理论和现实意义。

本书可供资源环境、生态经济等方向的科研、管理人员，以及高等院校农林、经济、管理及生态经济专业的本科与研究生学习参考。

图书在版编目(CIP)数据

青藏高原地区资源可持续利用研究 / 付伟著. --北京：气象出版社，2016.12

ISBN 978-7-5029-6503-7

Ⅰ.①青… Ⅱ.①付… Ⅲ.①青藏高原-资源利用-可持续发展-研究 Ⅳ.①X372.7

中国版本图书馆CIP数据核字(2016)第295434号

Qingzang Gaoyuan Diqu Ziyuan Kechixu Liyong Yanjiu

青藏高原地区资源可持续利用研究

出版发行：气象出版社

地　　址：北京市海淀区中关村南大街46号　　**邮政编码**：100081

电　　话：010-68407112(总编室)　010-68408042(发行部)

网　　址：http://www.qxcbs.com　　**E-mail**：qxcbs@cma.gov.cn

责任编辑：张盼娟　蔺学东　　**终　　审**：邵俊年

责任校对：王丽梅　　**责任技编**：赵相宁

封面设计：八　度

印　　刷：北京中石油彩色印刷有限责任公司

开　　本：787 mm×1092 mm　1/16　　**印　　张**：15.125

字　　数：397千字

版　　次：2016年12月第1版　　**印　　次**：2016年12月第1次印刷

定　　价：78.00元

前　言

自然资源，也被称为资源支撑，包括土地资源、草地资源、森林资源、生物资源、矿产资源等。我国自然资源丰富、地大物博，但随着国民经济的高速增长，对资源的依赖程度加大，资源供给的约束性增强。面对日益增长的国民消费需求，自然资源的稀缺性越发突出。我国人均耕地不到世界平均水平的1/5，人均森林占有量约占世界平均水平的1/6，人均草场占有量约占世界平均水平的1/2。而且，随着人口的增长和经济发展速度的进一步加快，资源稀缺的程度将进一步加剧，所以对于资源可持续利用的研究尤为重要，势在必行。

青藏高原，一片既神秘又极具魅力的土地，以其宽阔无私的胸怀哺育了黄河流域文明和长江流域文明，是中华民族的生命源。巍然耸立的珠穆朗玛峰见证着漫长的地质变迁，经历了由海洋到低地再到高原的形态变化，栖息于此的生物物种也不断进化演变出新物种，所以，青藏高原是生物学家钟爱之地，是生物物种富集的宝库。同时，由于青藏高原垂直落差的跨度巨大，立体生态气候突出，气候带类型众多，动植物种类丰富，享有“自然博物馆”的美誉。

青藏高原自古就是藏族同胞繁衍生息的土地，还是一个多民族聚居的地区，多样的地理环境既造就了藏族居民独特的生产生活方式，还形成了高原独特的社会文化、宗教信仰，民族文化独具一格，丰富多彩，但同时也应看到，青藏高原地区是我国经济发展相对落后的地区。蔡运龙等将青藏高原称为地势与生态资产的“高原”、社会经济发展的“盆地”。藏族是世居高原的主体民族，青藏高原藏区的发展实际上就是藏族的发展。

由此可见，青藏高原地区的自然资源和文化资源举世无双，其重要性和独特性无与伦比，所以对于青藏高原地区的资源如何开发利用，如何持续利用成为人们关注和研究的重点。

对此，党中央、国务院高度重视，2010年1月举行的中央第五次西藏工作座谈会提出，要“更加注重保护高原生态环境”，并作出一系列重要部署。2011年5月，国务院以国发〔2011〕10号文正式印发的《青藏高原区域生态建设与环境保护规划（2011—2030年）》（简称《规划》），是青藏高原区域生态建设与环境保护的纲领性文件，是《国民经济和社会发展第十二个五年规划纲要》和中央第五次西藏工作座谈会总体部署的具体化。《规划》定位于综合性、宏观性和战略性，规划期为20年。为便于与国家五年规划相衔接，规划期限分为3个阶段：近期2011—2015年、中期2016—2020年、远期2021—2030年。近期的主要目标是着力解决重点地区生态退化和环境污染问题，使生态环境进一步改善，部分地区环境质量明显好转；中期的主要目标是已有治理成果得到巩固，生态治理范围稳步扩大，环境污染防治力度进一步加大，使生态安全屏障建设取得明显成效，经济社会和生态环境协调发展格局基本形成，区域生态环境总体改善，达到全面建成小康社会的环境要求；远期目标是自然生态系统趋于良性循环，城乡环境清洁优美，人与自然和谐相处。

在《规划》的宏观指导下，高效地利用青藏高原地区宝贵的自然资源和人文资源，实现“人与自然”和谐发展，不仅可以更好地保护青藏高原的生态环境，维系生态平衡，还能促进高原经济社会的有序发展。如何对青藏高原的资源进行合理的可持续利用是目前及今后面临的关键问题，深入剖析青藏高原地区人口、资源、环境、文化、经济之间的联系对该地区人与自然和谐相处具有重大的理论价值和重要的现实意义。

本书主要分为三篇，第 1 篇是理论基础篇，第 2 篇是青藏高原地区资源可持续利用实证分析，第 3 篇是青藏高原地区特殊资源可持续利用分析。

理论基础篇

资源可持续利用的理论首先是可持续发展理论，其理论内涵丰富，覆盖生态学、经济学、社会学和人口学等不同学科。同时本书对生态足迹、万元 GDP 生态足迹、资源福利指数、生态文明健商指数分别进行了介绍。

生态足迹是反映人类对自然资源需求的重要指标，紧扣可持续发展理论，是涉及系统性、公平性和发展的一个综合指标。将生态足迹的计算结果与自然资源提供生态服务的能力进行比较，能反映在一定的社会发展阶段和一定的技术条件下，人们的社会经济活动与当时生态承载力之间的差距，从自然的角度反映资源利用情况。万元 GDP 生态足迹表示每产生万元的 GDP 需要的生态足迹大小，其数值的改变可以反映一个国家或地区资源利用效率的变化。万元 GDP 生态足迹越大，资源利用效率越高，反之相反。

资源可持续利用是可持续发展的核心和重要组成部分，本书将资源可持续利用置于“自然—经济—社会”三位一体的复杂系统中进行研究，以资源的综合利用效率为视角，结合人类发展指数(HDI)和生态足迹指数(EFI)，提出资源福利指数(RWI)，即单位资源投入所产出的福利水平，目的是全面地反映在利用资源发展经济的同时反馈给社会的综合效率水平。

生态文明健商指数是结合“健商”概念提出的用于评价生态文明健康状况的指标。本书构建生态文明健商指数体系，应用层次分析法(AHP)定量得出体系中各指标比重，结合模糊分析法计算出生态文明健商指数的数值，根据生态文明健商指数的正负来判断生态文明的健康状况，从社会角度反映各地区资源利用情况。

青藏高原地区资源可持续利用实证分析篇

资源可持续利用研究涉及“自然—经济—社会”三位一体的复杂巨系统。本书按照自然系统→“自然—经济”系统→“自然—经济—社会”系统逐层深入进行青藏高原地区资源可持续利用实证分析。

本篇以青海、西藏、四川、云南、甘肃和新疆 6 个省(区)作为研究对象，选取生态足迹(ecological footprint，EF)指标对 6 种资源(耕地、草地、林地、水域、化石能源和建设用地)贡献力进行实证分析，选取万元 GDP 生态足迹指标对 6 种资源利用效率进行实证分析，选取资源福利指数(resource welfare index，RWI)、生态文明健商指数对资源可持续利用状态与社会福利进行实证分析。

青藏高原地区特殊资源可持续利用分析篇

青藏高原高寒草地放牧生态系统可持续利用——青藏高原由于受地理位置和气候条件的影响，大气、水源、土壤、草原、生物等保持着原生的洁净状态，是发展生态畜牧业的理想之地，高寒草地也是当地牧民赖以生存和世代经营的基础。本书结合放牧对青藏高原高寒草地植物和土壤的影响，从放牧生态系统的“结构—需求—供给”角度分析青藏高原高寒草地的可持续利用，探索青藏高原高寒草地放牧生态系统可持续发展的对策。

青藏高原高寒草地生态补偿机制研究——青藏高原高寒草地的生态环境是高原生态环境的重要组成部分。近年来，由于人为和自然的因素导致草原生态环境不断恶化，而生态补偿是使退化的草原恢复自然平衡状态的有效手段之一。现状要求在完善高原生态保护制度化、规范化的基础上，尽快建立和完善生态屏障保护投入机制、青藏高原生态补偿机制和农牧区的社会保障制度，着力解决青藏高原区域性的经济贫困、发展滞后与生态恶化的问题，逐步缓解区域间、民族间发展中的不平等，实现小康青藏、和谐青藏、可持续发展的青藏高原。本书在借鉴已有研究成果的基础上，提出了“六位一体”结合型青藏高原高寒草地生态补偿机制的构想，是一种将政府补偿、市场补偿与社区补偿有机结合的生态补偿机制。

青藏高原山地林业资源优化利用研究——山地不仅是资源富集区，还是生态脆弱区、经济落后区，青藏高原地区的山区面积在全国所占比例最大，研究青藏高原地区山地林业资源的优化利用，是促进农民增收和经济社会进一步发展的客观要求。本书应用多目标线性规划方法构建山地林业资源优化利用模型，结合 DPER 分析山地林业资源优化机制，最后提出山地林业资源优化利用对策及建议。

青藏高原地区旅游资源可持续利用研究——青藏高原地区发展旅游业有着得天独厚的优势。青藏高原保持着原始的自然生态景观，加之绚丽多彩的少数民族文化，造就了独特的旅游景区，使游客深深地感受到大自然的魅力所在。同时，游客在领略原始风光和原汁原味的民族风俗时，通过人文生态旅游资源能够实现人类灵魂的升华。因此，发展青藏高原地区生态旅游、乡村旅游、青藏铁路沿线旅游产业，可以使生态环境得到合理保护、民族文化得到有效传承，实现经济效益、生态效益和社会效益的共赢。

青藏高原地区生态位与可持续发展——青藏高原地区享有特殊的资源禀赋，生态位势重要。本书结合可持续发展的内涵，从生态因子和生态关系两个方面来分析研究青藏高原地区的生态位。最后，提出发展青藏高原地区山地立体生态农业和特色生态畜牧业的优势生态产业的对策。

山地立体生态农业是一种“以山为梯、立体开发”地充分利用空间、时间和地形的差异进行多层次配置，实现多物种稳定共存、多质能循环转换的科学农业。本书以生态学的观点全方位解析山地立体生态农业，以云南的山地立体农业为例进行分析，提出山地立体生态农业的生态单元，并用 Lotka-Volterra 模型解释山地立体生态农业物种稳定共存的生态学因由，从而对山地立体生态农业在认识上达到一个新的高度。

综上所述，青藏高原生态环境保护要从实际出发，依据高原藏区的自然、地理、历史和社会文化的特殊性，选择适合高原生态环境的发展道路，实现生态环境、藏族文化与经济社会的和谐发展。未来青藏高原要充分利用优势条件，在保护和合理利用资源的前提下调整经济产业结构，高效开发与持续节约并重，实现资源的可持续利用。

作者

2016 年 12 月

目　录

第 1 章　青藏高原概况

青藏高原耸立在欧亚大陆的东南部，是我国乃至亚洲重要的生态功能区，也是重要的生态安全屏障。青藏高原独特的地质地貌孕育了长江、黄河、黑河、澜沧江等大江大河，既是我国的“江河源”和“生态源”，又是北半球气候的“调节区”和“气候流”。虽然青藏高原地区特殊的地理环境孕育了多样性的生物资源，但其生态环境既严酷又脆弱，且高原的生态系统受到破坏后不易恢复。不合理的开发利用资源，严重威胁着脆弱的环境和生态系统，是高原可持续发展潜伏的巨大危机。

1.1　青藏高原研究范围界定

青藏高原旧称青康藏高原，地理位置约北纬 26°10′～39°30′，东经 73°20′～104°20′，平均海拔 4000 m 以上，是世界上最高的高原，素有“世界屋脊”和“第三极”之称，其面积约占中国国土面积的 1/4（张继承，2008）。青藏高原位于我国西南部，主体部分在青海和西藏，高原由此得名（李炳元，1987）。青藏高原范围的界定由于技术手段、专业领域的不同存在多种方案。

李炳元（1987）提出青藏高原北界位于西昆仑山—阿尔金山—祁连山高山带北侧；南界处在喜马拉雅山高山带的南侧；西界绕帕米尔山结西缘；东界沿横断山中段和北段的东缘；东北界大致在文县—武都—岷县—康乐—民和一线以西；东南界大致在泸水—丽江一线的北面。

孙鸿烈（1996）提出我国境内的青藏高原区地域辽阔，西起帕米尔高原，东接秦岭，南自东喜马拉雅山脉南麓，北迄祁连山西段北麓上，纵贯约 13 个纬度，南北宽达 1400 km，总面积 250 万 km^2。在行政区划上，它包括西藏和青海全部，云南西北部迪庆藏族自治州，四川西部甘孜藏族自治州、阿坝藏族自治州、木里藏族自治县，甘肃的甘南藏族自治州、天祝藏族自治县、肃南裕固族自治县、肃北蒙古族自治县、阿克塞哈萨克自治县，以及新疆维吾尔自治区南缘巴音郭楞蒙古族自治州、和田地区、喀什地区及克孜勒苏柯尔克孜自治州等的部分区域。

成升魁等（2002a）认为青藏高原地处我国西部，包括青海、西藏两省（区）和四川甘孜、阿坝，云南迪庆及甘肃甘南 4 个藏族自治州，土地面积 225 万 km^2。

张镱锂等（2002）从地理学角度，应用 GIS 技术方法对青藏高原范围进行了划定，得出青藏高原在我国境内部分西起帕米尔高原，东至横断山脉，南自喜马拉雅山脉南缘，北迄昆仑山—祁连山北侧，面积为 2572.4×10^3 km^2。在行政区划上，青藏高原范围涉及 6 个省（区）、201 个县（市），即西藏（错那、墨脱和察隅等 3 县仅包括少部分地区）和青海（部分县仅含局部地区），云南西北部迪庆藏族自治州，四川西部甘孜和阿坝藏族自治州、木里藏族自治县，甘肃的甘南藏族自治州、天祝藏族自治县、肃南裕固族自治县、肃北蒙古族自治县、阿克塞哈萨克族自治县，以及新疆维吾尔自治区南缘巴音郭楞蒙古族自治州、和田地区、喀什地区及克孜勒苏柯尔克孜自治州等的部分地区。

方洪宾等(2009)认为青藏高原西起喀喇昆仑山，东至大雪山，北自昆仑山—阿尔金山—祁连山北麓，南抵喜马拉雅山。行政区划包括西藏自治区和青海省全部、云南西北部、四川西北部、甘肃西南部及新疆维吾自治区西南一隅，总面积约 258 万 km^2，约占我国陆域面积的 1/4。

马生林(2011)提出青藏高原核心区域的大部分在中国西南部，从行政区划上来说包括青海省和西藏自治区全部、四川省西部、甘肃省南部、云南省北部以及新疆维吾尔自治区西南部地区，面积达 250 万 km^2，占全国陆地总面积的 26.04%。除此之外，青藏高原还包括国外的不丹、尼泊尔、印度、巴基斯坦、阿富汗、塔吉克斯坦、吉尔吉斯斯坦的部分地区，面积约 40 万 km^2，占青藏高原总面积的 13.79%。

《青藏高原区域生态建设与环境保护规划(2011—2030 年)》(环境保护部规划财务司，2011)中指出，青藏高原范围包括西藏、青海、四川、云南、甘肃、新疆 6 省(区)27 个地区(市、州)179 个县(市、区、行委)。

张惠远等(2012)根据前人的研究和《青藏高原区域生态建设与环境保护规划(2011—2030 年)》，得出青藏高原的区域范围包括西藏自治区全区，青海全省，四川阿坝藏族羌族自治州、甘孜藏族自治州、凉山彝族自治州的 33 个县(市)的全部或部分区域，云南怒江傈僳族自治州、迪庆藏族自治州和丽江市的 9 个县(市)的全部或部分区域，甘肃甘南藏族自治州、武威市、张掖市、酒泉市的 12 个县(市)的全部或部分区域，新疆维吾尔自治区巴音郭楞蒙古自治州、和田地区的 6 个县(市)的部分区域，总面积约 248 万 km^2。

为了方便分析和统计口径上的一致，本书从行政区划上对青藏高原地区进行资源可持续利用的分析，即青藏高原范围涉及的 6 个省(区)——青海、西藏、四川、云南、甘肃和新疆，大致范围见图 1-1。

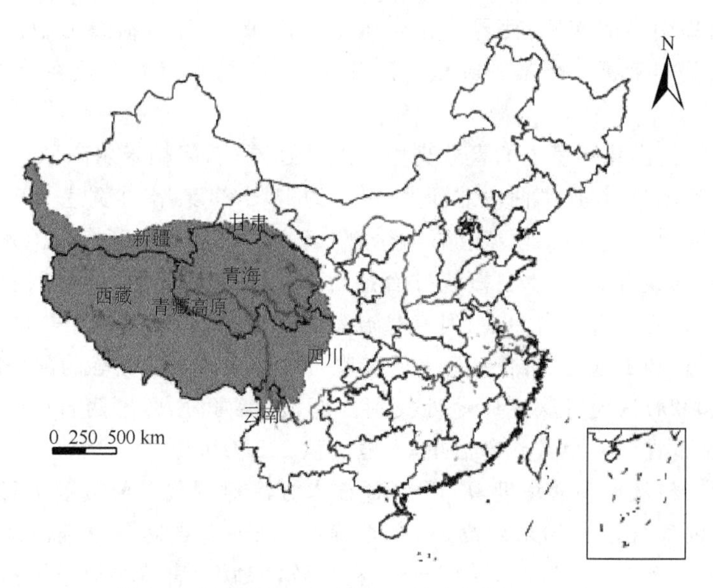

图 1-1　研究范围(注：图片来源于张继承，2008)

1.2　自然环境特征

1.2.1　地貌特征

青藏高原是世界上面积最大、海拔最高，也是最“年轻”的高原。高原有4/5以上的地面海拔超过3000 m，平均海拔超过4000 m（张惠远等，2012）。它拥有世界最高的珠穆朗玛峰（海拔8844.43 m），总体地势呈“西北高、东南低”的特征。高原的北缘，即昆仑山—阿尔金山—祁连山的北翼，以近4000 m的落差急降到海拔约1000 m的塔里木盆地和河西走廊；高原南缘的喜马拉雅山南翼，在不到200 km的水平距离内，从海拔仅几十米的印度恒河平原，台阶式上升主脉耸入云霄，平均海拔达6000 m以上；高原西起帕米尔和喀喇昆仑山脉；东缘的川西山系与海拔300～400 m的四川盆地的高差约有3000 m（莫申国等，2004）。

青藏高原的高海拔和晚近时期强烈的地质活动造就了其独特的区域环境和资源禀赋。青藏高原是我国最高的一级地形阶梯，既有高山大川，又有低山丘陵、高原台地等多种地貌类型。青藏高原山系之间分布着宽谷、高原、盆地和峡谷，地貌格局呈网状结构。青藏高原的山系有喜马拉雅山系、冈底斯—念青唐古拉山系、喀喇昆仑—昆仑山系、唐古拉山系、阿尔金山—祁连山系、横断山系、西秦岭山脉、梅里雪山。阿尔金山—祁连山系与东昆仑山之间是柴达木盆地、青海湖盆地、河湟谷地、临夏盆地；东昆仑山与唐古拉山之间是青南高原、甘南高原；西、中昆仑山系以南至冈底斯—念青唐古拉山系之间是藏北高原；喜马拉雅山系和冈底斯—念青唐古拉山系之间是藏南谷地，谷地东段是雅鲁藏布江侵蚀形成的雅鲁藏布江大峡谷景观（张忠孝等，2013）。

1.2.2　气候特征

青藏高原的热力和动力作用形成了其独特的气候特征，总体上具有高寒、干旱、低氧和强辐射的特点。青藏高原有地球的“第三极”之称，除了它的高度，还包括它的寒冷（方洪宾等，2009）。张忠孝等（2013）将青藏高原气候特点总结为七个方面：

（1）太阳辐射强、日照时数多：太阳辐射是高原热力和动力作用的主要能量来源，太阳辐射强是青藏高原的一个重要的气候特点。青藏高原太阳总辐射高达5400～7900 MJ/(m^2·a)，比同纬度的低海拔地区高50%～100%不等，居全国第一（方洪宾等，2009）。西藏是中国太阳辐射能量最多的地方，日照时间也是全国最长的。

（2）气温远低于同纬度东部地区：青藏高原是我国著名的雪域高地，气候寒冷干燥，在海拔4500 m以上的腹地年均气温在0℃以下，即使在7月份，平均气温也比同纬度地区低15～20℃。青藏高原有“五月解冻，八月草黄”之说，青海湖区、玉树、果洛、拉萨、那曲等大多数地方年均气温低于0℃。

（3）气温年较差小、日较差大：青藏高原夏季气温比较低，而冬季太阳辐射强，气候干燥，气温年较差较小。青藏高原的气温日较差大于同纬度的平原和盆地，由于地面植被稀疏，多沙砾和裸露岩石，地面白天气温迅速升高，夜晚因温差大、地面散热快而气温又迅速降至15℃以下。因此，人们常用“一年无四季，一日见四季”概括青藏高原的气候特点。

(4)降水集中、区域差异明显、多夜雨:青藏高原因受印度洋和太平洋暖湿气流影响,每年5—9月为湿季(或雨季),相对多雨;10月至翌年4月,地面受冷高压控制,风大,少雨,为干季(或风季)。

(5)气压低、空气密度小、含氧量少:青藏高原由于地势高,空气稀薄,空气密度随海拔升高而减小,每立方米空气中的氧气含量逐渐递减,其含氧量大多不到海平面大气含氧量的72%。

(6)多大风:青藏高原大风日数比我国同纬度东部地区多几倍甚至数十倍。高原腹心地带大风天气多,昆仑山以南、以西的广大区域年均大风日数达100 d以上。

(7)山地气候垂直变化显著:青藏高原垂直海拔变化较大,最低海拔100 m,最高海拔为8844.43 m,由于海拔差异大,使得青藏高原的生态系统复杂多样,既有环境恶劣、生产力低下的高寒荒漠生态系统,又有水热条件优越、生产力较高的亚热带森林生态系统。随着海拔由高到低,景观依次表现出冰雪带、寒带、寒温带、温带、亚热带和热带特点。多种多样的生境造就了高原生物多样性的维持基地,为人类提供着多样的生态商品和服务。

1.2.3 生态位势

青藏高原独特的自然地域格局和丰富多样的生态系统对我国生态安全具有重要的屏障作用(孙鸿烈等,2012),享有“中华水塔”“江河之源”“高原物种基因库”“世界四大无公害超净区之一”等殊荣,生态地位十分重要。

1.2.3.1 生态系统服务价值巨大

青藏高原具有巨大的生态系统服务价值。生态系统最早是由英国植物生态学家A. G. Tansley(1935)提出的,它是生态学的功能单位。生态系统服务(Ecosystem Services)的概念最早由Holdren和Ehrlich在1974年提出。美国马里兰大学生态经济学研究所所长Costanza et al.(1997)在《Nature》期刊发表《世界生态系统服务和自然资本的价值》一文,推动了研究生态系统服务的热潮,提出生态系统服务就是由自然生态系统的生境、物种,生物学状态、性质和生态过程所产生的物质和维持的良好生活环境对人类提供的直接福利,如气候调节、干扰调节、养分循环和休闲娱乐等。

青藏高原自东南向西北随水、热条件的变化依次分布着森林、高寒灌丛、高寒草甸、高寒草原、高寒荒漠和高寒垫状植被以及独特的高原农田生态系统(李文华等,1998)。在漫长的地质发育与自然演替过程中,其生态系统的分布自东南向西北出现明显的森林—草甸—草原—荒漠的植被带状更替。谢高地等(2003a)对青藏高原生态系统的价值进行了评估:青藏高原天然生态系统每年提供的总生态系统服务价值为9363.9×10^8元/年,占全国生态系统每年服务价值的17.68%,全球的0.61%。其中土壤形成与保护价值占19.3%,水源涵养价值占16.5%,生物多样性维持的价值占16%。高原不同生态系统类型中,森林生态系统和草地生态系统对青藏高原生态系统总服务价值的贡献最大,贡献率分别为31.3%和48.3%。

1.2.3.2 生物资源独特

青藏高原具有独特的生物资源价值。独特的植被地理和气候带为青藏高原多种生物提供了栖息地,并且不少地区仍保持着原始状态,使得青藏高原孕育了独特的生物多样性,尤其青藏高原边缘地区的典型生态过渡带,物种十分丰富。青藏高原已记录的真菌5000种,维管束植物12 000种，脊椎动物约1300种，昆虫4100种（武高林等，2007）。谢高地等（2003a）评估表明，青藏高原生态系统生物多样性维持的价值高达1494.5×10^8元/年。

正是由于青藏高原地区生态区位明显，生物资源丰富，截至目前，全区有国家级自然保护区36处，占全国自然保护区的12%。其中，青海有循化孟达、青海湖、可可西里、龙宝滩、三江源5处；西藏有雅鲁藏布江中游河谷黑颈鹤、芒康滇金丝猴、珠穆朗玛峰、色林错、羌塘、雅鲁藏布大峡谷、察隅慈巴沟、拉鲁湿地、类乌齐马鹿保护区9处；四川西部有白水河、王朗、卧龙、九寨沟、小金四姑娘山、若尔盖湿地、贡嘎山、察青松多白唇鹿自然保护区、亚丁、美姑大风顶、雪宝顶、海子山12处；甘肃西南部和西北部有祁连山、莲花山、尕海—则岔、连城、盐池湾、安南坝野骆驼保护区6处；云南西北有高黎贡山、白马雪山2处；新疆西南部昆仑山北麓有阿尔金山、罗布泊野骆驼保护区2处（张忠孝等，2013）。

1.3　自然资源状况

1.3.1　土地资源

青藏高原的高寒自然环境，水热分布的垂直与水平剧烈变化，对各类土地资源的形成与分布具有深刻影响（孙鸿烈，1980）。青藏高原土地利用以畜牧业为主，耕地资源较少。现有耕地面积占全区农用地面积不到1%，是全国耕地面积最少、比重最小的地区（姜鑫磊，2013）。种植业主要集中在青海东北部的河湟谷地，西藏南部的雅鲁藏布江谷地、东部的三江河谷地等地区，这些区域地势平坦，地势较低，气候条件较好，水资源丰富，被称为河谷农业区，是青藏高原粮食、油料、蔬菜、水果的生产基地（张忠孝等，2013）。

本书论述的土地资源主要侧重于珍贵的耕地资源，着重分析青海和西藏的耕地资源利用情况，其他的草地资源、林地资源等在后文论述。

根据《青海统计年鉴2010》，2008年年末，青海有耕地8 140 788.9亩①（水浇地2 658 592.6亩、旱地5 362 158.6亩、菜地120 037.7亩），占全省总面积（1 076 220 784.4亩）的0.756%。

西藏耕地集中分布在藏南河谷及河谷盆地中，东部和东南部也有少量分布。根据《西藏统计年鉴2012》得出，西藏的耕地面积在2002—2011年出现先减少后增加的情况，10年间的耕地面积变化如图1-2所示。2002年年末耕地面积为229 890 hm^2（旱地228 890 hm^2，水田1000 hm^2），2004年降至最低为222 740 hm^2（旱地221 770 hm^2，水田970 hm^2），之后有所回升，期间虽有波动但至2011年年末耕地面积达231 570 hm^2（旱地230 440 hm^2，水田1130 hm^2）。

在西藏各地区中日喀则耕地所占面积最大，2011年年末耕地所占面积达40%，其次是昌都地区（21%）和拉萨市（15%）；阿里地区和那曲地区所占面积较小，分别各占1%和2%（图1-3）。

① 1亩≈666.67 m^2。

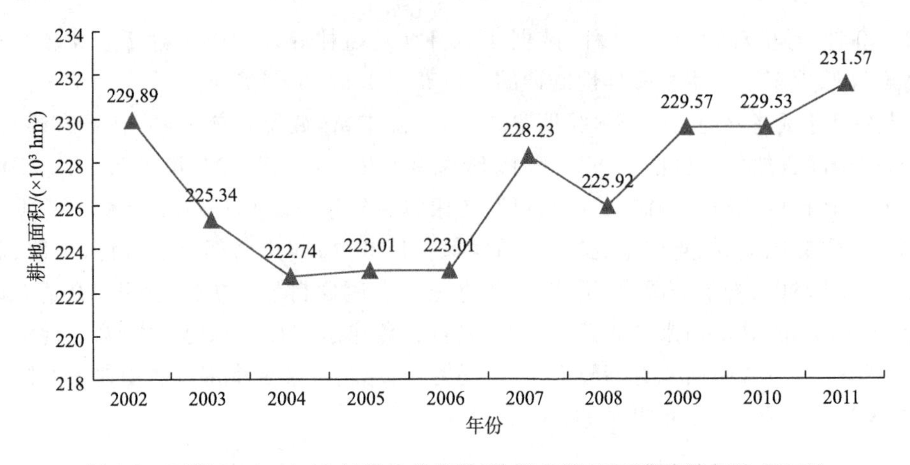

图 1-2　西藏 2002—2011 年耕地变化图(数据来源于《西藏统计年鉴 2012》)

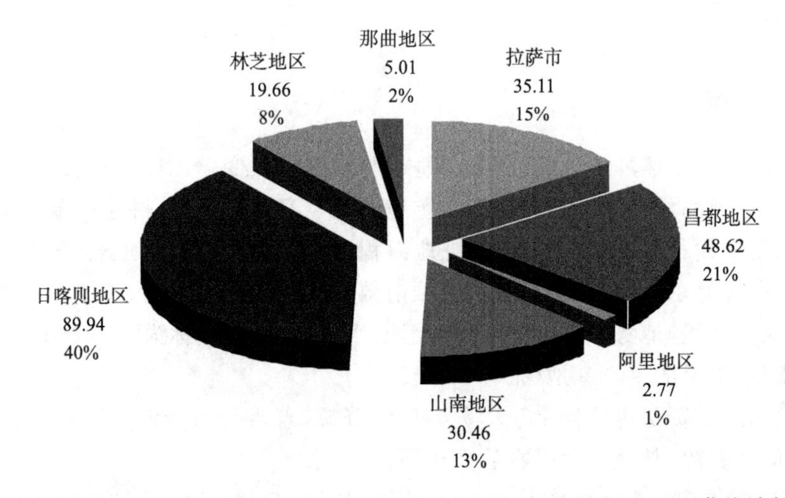

图 1-3　2011 年西藏各地区耕地面积($\times 10^3$ hm²)及所占百分比(数据来源于《西藏统计年鉴 2012》)

1.3.2　草地资源

草地生态系统具有重要的生态系统服务功能，赵同谦等(2004a)选取侵蚀控制、截留降水、土壤碳积累、废弃物降解、营养物质循环和生境提供 6 类功能进行了评价，得出我国草地生态系统 6 类服务功能的年生态经济价值分别为 228.21×10^8、692×10^8、6575.06×10^8、228.35×10^8、832.62×10^8、246.77×10^8 元，6 类功能的总价值为 8803.01×10^8 元。

青藏高原是我国重要的牧区，草原面积广阔，是发展畜牧业的物质基础和优势资源。全区天然草地面积约 1.5×10^8 hm²，占土地面积的 3/5。西藏的天然草地有 8207 万 hm²，约占全国草地面积的 21%，青海草地面积有 5.7 万亩，占全省土地总面积的 53.3%(李虹，2016)。谢高地等(2003b)基于 Constanza 等提出的方法，在对青藏高原天然草地生态系统服务价值根据生物量订正的基础上，逐项估算了各种草地类型的各项生态服务价值，得出青藏高原天然草地生态系统每年提供的生态服务价值为 2571.78×10^8 元，占全国草地生态系统每年服务价值的 17.68%。

孙鸿烈(1996)将青藏高原主要的草地类型归结为高山草甸草地类、高山灌丛草甸草地类、亚高山疏林灌木草甸草地类、高山草原草地类、高山山地荒漠草地类、高寒沼泽草地类、山地灌丛草地类和高山稀疏及垫状草地类八类。

青藏高原草地资源丰富，但质量不高。姜立鹏等(2007)对2003年我国草地生态系统服务价值进行估算得出，青藏高原地区虽是我国草地分布面积较大的地区，且以畜牧业生产为主体，但其单位面积服务价值还不到20×10^4元/km^2，大多数地区在10^5元/km^2以下，只有青藏高原东部和东北部地区属于草地高值区，青藏高原的东部单位面积服务价值一般在50×10^4元/km^2以上，青藏高原东北部地区(青海、甘肃、四川的交界处)的草地单位面积服务价值在90×10^4元/km^2以上。

1.3.3 森林资源

森林是陆地生态系统的主要组成部分，为人类提供木材、果品、野生动植物、中草药和其他林副产品，还具有防风固沙、涵养水源、维持生物多样性以及生态旅游等功能，被誉为“煤炭鼻祖”“天然的监测仪”“兵家的天然屏障”和“大自然的美容师”等。赵同谦等(2004b)在分析森林生态系统服务功能的基础上，根据其提供服务的机制、类型和效用，把森林生态系统服务功能划分为提供产品、调节功能、文化功能和生命支持功能四大类，建立了由林木产品、林副产品、气候调节、光合固碳、涵养水源、土壤保持、净化环境、养分循环、防风固沙、文化多样性、休闲旅游、释放氧气、维持生物多样性等13项功能指标构成的森林生态系统评价指标体系，并对其中的10项功能指标以2000年为评价基准年份进行了初步评价。结果表明，森林生态系统10类生态系统服务功能的总生态经济价值为14 060.05亿元/年，其中直接价值和间接价值分别为2519.45亿元和11 540.6亿元。

青藏高原地区是我国重要的林区，还是我国少有的原始林区。原始森林和天然次生林就占高原林区的96%以上。青藏高原宝贵的森林资源不仅是国内木材供应的后备基地，而且关系到青藏高原地区环境质量和生态平衡。

青藏高原的森林生态系统以寒温性的针叶林为主，主要分布在高原的东南部，包括川西、西藏东部、甘南、青海的东部和云南西北部，属于我国东部亚热带和温带向青藏高原过渡的高山峡谷区域，此外，在喜马拉雅山南坡、藏东南和横断山的南坡高山峡谷的下部和低山还分布着少量的热带雨林、季雨林及亚热带常绿阔叶林(李文华等，1998)。从水平分布而言，东南部以云南昆明、四川的攀枝花和西昌为中心，东到云南的宣威，南到个旧、景谷，西到保山，沿澜沧江北上至西藏的东南部，北到四川的石棉等地，以云南松林和思茅松林为主；在东南部和西部的边界地带分布有亚热带和热带的常绿阔叶林及山地雨林(西双版纳和波密、察隅等地)；在成都平原西部和南部地带分布着针叶阔叶混交林；从四川成都平原西部边缘往南至泸定、木里至云南的宁蒗、维西一线以北的广大地区，以冷杉林、高山松林、柏木林等山地针叶林以及疏林、灌木林等为主(邓坤枚，2000)。

青藏高原常见的树种有乔松(*Pinus griffithii* McClelland)、高山松(*Pinus densata* Mast.)、云南松(*Pinus yunnanensis* Franch)、铁杉(*Tsuga chinensis*)、大果红杉(*Larix potaninii* var. *macrocarpa*)、西藏柏(*Cupressus torulosa* D. Don)和祁连圆柏(*Sabina przewalskii*)等，其森林类型主要有亚高山暗针叶林带、松林、亚热带长绿阔叶林、低山热带森林、落叶阔叶林和落叶松林等(马生林，2011)。

青藏高原虽然森林类型多样、树种繁多，但森林覆盖率低。青藏高原森林资源概况如表

1-1 所示。从表 1-1 可以看出，青海的森林覆盖率仅为 4.40%，西藏也只有 11.31%，甘肃和新疆也很低，分别只有 6.66%和 2.94%，都低于全国平均水平 18.21%。森林面积也较小，西藏和青海的森林面积总和（1706.81 万 hm^2）仅占全国森林面积的 8.91%，其中天然林面积最大，经济林和人工林面积较小。青藏高原地区虽然森林覆盖率低，但其森林蓄积量和单位面积蓄积量较高，特别是西藏，森林蓄积量达到 22.66 亿 m^3，单位面积蓄积量为 268.33 m^3/hm^2，是全国单位面积蓄积量的 3.17 倍。

表 1-1 青藏高原森林资源概况

	森林覆盖率/%	森林面积/万 hm^2	森林蓄积量/万 m^3	经济林面积/万 hm^2	天然林面积/万 hm^2	人工林面积/万 hm^2	林分单位面积蓄积量/(m^3/hm^2)
全国	18.21	19 146.88	1 245 584.58	2139.00	11 747.18	5364.99	84.73
西藏	11.31	1389.61	226 606.41	0.64	842.38	2.76	268.33
青海	4.40	317.20	3592.62	0.52	30.35	4.36	105.08
云南	40.77	1560.03	139 929.16	136.28	1250.05	251.45	103.15
四川	30.27	1464.34	149 543.36	93.23	890.95	343.29	135.50
甘肃	6.66	299.63	17 504.33	28.04	152.86	67.32	91.10
新疆	2.94	484.07	28 039.68	24.57	134.83	45.90	179.56

注：资料来源于（江泽慧，2007）。

1.3.4 生物资源

青藏高原是受污染较少的原始自然地区。特殊的地理环境使青藏高原成为中国乃至世界上生物多样性及遗传基因物种最丰富和最集中的地区之一。它蕴含着丰富的动植物资源，有“珍稀野生动植物天然园”和“高原物种基因库”等美誉。青藏高原既是某些古老物种的天然庇护所，也是现代许多物种的分化中心，不仅野生动植物资源丰富，其作物品种、畜种和药用动植物资源也很丰富。

青藏高原的西南地区动植物种类繁多，数量巨大，如云南享有“动物王国”和“植物王国”的美誉。现已知包括苔藓在内的高等植物有 13 000 余种，陆栖脊椎动物近 1100 种，分别占全国各自物种总数的 45%左右（张忠孝等，2013）。陆栖脊椎动物种类中共有 191 种哺乳类、532 种鸟类、49 种爬行类和 24 种两栖类，总计 796 种动物，分属 4 个纲、31 个目和 95 个科（张继承，2008）。国家一级保护动物有藏羚羊、野牦牛、雪豹、黑颈鹤、白唇鹿、马鹿、雪雀、长嘴百灵、普氏原羚、玉带海雕、藏雪鸡等 38 种，占全国一级保护动物的 36.7%；二级保护动物如大头盘羊、香獐、猞猁、蓝马鸡、金獭等 85 种，占全国二级保护动物的 46%；高等植物 6800 多种，药用植物就有 1000 多种，约占全国的 70%；名贵珍稀种类如冬虫夏草、红景天、藏茵陈、贝母、雪灵芝、天麻、大黄、秦艽、雪莲等都是青藏高原特有的物种；食用菌有 400 多种，药菌有 200 多种（马生林，2011）。

由于青藏高原地区海拔差异较大，分布着山地热带、高山寒带等多种气候带。立体气候带的变化造就了作物种质资源的多样性，既有喜温、喜凉、耐寒的作物品种，又有湿生、水生的作物分布。青藏高原不仅种质资源丰富，高寒的地理环境还造就了牦牛等我国珍贵的畜种资源。

青藏高原是有着 2300 多年的发展历史并被称为“雪域奇葩”的藏医药的发源地，具有丰富的野生药用植物资源。藏药中长期使用的特有属有 16 属，占中国特有属的 3.2%，如黄三七（*Soulia*）、八角莲（*Dysosma*）、羌活（*Notopterygium*）、马尿泡（*Przewalskia*）等（青海省藏医药研究所，1996）。据初步调查统计，藏药资源有 2436 种，其中药用植物 2172 种，其特点是绝大多数为野生种类且多为高原特产品种，产自高原的药用植物占藏医用药的 70%以上（蔡运龙等，2007）。此外，冬虫夏草（*Ophiocordyceps sinensis*）、红景天（*Rhodiola rosea*）、雪莲（*Saussurea involucrata*）等名贵药用植物也是青藏高原独有的。藏医药学早在 2000 多年前就有了“有毒就有药”的防病治病知识，具有独具高原特色的火疗法、按摩疗法等藏医疗法，无污染、纯天然的藏药成为当今人们首选的绿色药品。据不完全统计，全国的藏药制药和藏药保健品企业已近千家，所生产的藏药品种近 200 种，保健品约 100 种（李轩豪等，2016）。

1.3.5　水资源

青藏高原水资源丰富，是重要水源涵养区，被誉为“黄河蓄水池”“中华水塔”“亚洲水塔”，是亚洲众多大江大河的发源地，包括长江、黄河、澜沧江（下游为湄公河）、怒江（下游称萨尔温江）、狮泉河（印度河）、雅鲁藏布江（下游称布拉马普特拉河）以及全国第一、第二大内陆河——塔里木河和黑河（马生林，2011）。西藏和青海境内流域面积分别在 0.2×10^4 km^2 和 0.1×10^4 km^2 以上的河流各 100 多条，享有“江河之源”的美称。

青藏高原是我国湖泊最多的地区，主要集中分布在海拔 4500～5000 m 处，是世界上高原湖泊分布最密集地区之一。湖泊储水量占全国的 52%，冰川面积 4.4 万 km^2，沼泽 1 万 km^2（师守祥等，2005）。

同时，青藏高原的湿地资源丰富。湿地是介于陆地和水域之间的过渡带。1971 年湿地公约中把湿地定义为：不论其为天然或人工、长久或暂时的沼泽地、泥炭地或水域地带，带有或静止或流动，或淡水、半咸水或咸水水体，包括低潮时水深不超过 6 m 的水域。湿地是水资源的“贮存库”和“净化器”，是“生物超市”和“物种基因库”。湿地生态系统可以有效地阻滞、截留地表径流所携带的悬浮物，降解氮、磷等营养物质，是重要的“储碳库”和“吸碳器”，是孕育和传承人类文明的重要载体。青海、西藏以及甘肃、四川有很多重要湿地，其中黄河首曲湿地是青藏高原面积较大、特征明显、最具代表性的高寒沼泽湿地，对维持黄河中下游生态平衡起着重要的作用。

1.4　人文资源

文化是民族的血脉。青藏高原不仅在高度、面积上堪称世界第一，同时它还具有独特的人文资源。

1.4.1　民族文化

青藏高原是我国多民族聚居地，现除汉族、藏族、回族、珞巴族、门巴族、羌族、纳西族、怒族、土族、撒拉族、蒙古族等世居民族外，还有维吾尔族、东乡族、满族、哈萨克族、裕固族、壮族等 43 个民族成分（马生林，2011）。

藏族自称“博”。唐、宋时称“吐蕃”，元代称“吐蕃”“西番”，明朝称“西番”，清初称“图伯特”

“唐古特”，后改称“藏番”，现正式命名为藏族(张忠孝等，2013)。我国藏族主要的聚居区地处青藏高原，藏区范围大致与青藏高原重合，包括西藏自治区，青海省 6 个藏族自治州(海北藏族自治州、黄南藏族自治州、海南藏族自治州、果洛藏族自治州、玉树藏族自治州、海西蒙古族藏族自治州)，四川 2 个藏族自治州(甘孜藏族自治州、阿坝藏族羌族自治州)，甘肃甘南藏族自治州和云南迪庆藏族自治州，即“十州一区”，面积约 230 万 km^2，占青藏高原总面积的 90%(付伟等，2013a)。藏族有本民族的语言和文字，多居住在高海拔地区，从事逐水草而居的畜牧生产，全民信仰藏传佛教(俗称喇嘛教)，少数信奉苯教。宗教文化对藏族等少数民族影响深远，其生态伦理思想保留了雪域高原文化的生态原貌，人与自然和谐相处的思想世代相传。

藏族的人与自然一体观、自然崇拜观、节制简朴的生活观等是藏族传统生态伦理中优秀的、合理的思想内容，具有可持续性。在我国进入大规模生态环境保护的背景下，以积极肯定的态度尊重和挖掘传统文化的价值，调节人与自然的利益关系，确保青藏高原的生态系统平衡，确保藏区经济社会的可持续发展，是保护青藏高原生态环境的需要，也是创造新的生态文明的需要。

1.4.1.1 青藏文化区

青藏文化区主要指青海省、西藏自治区及四川的阿坝、滇西北的部分区域(蔡运龙等，2007)。宗教是青藏文化的灵魂，影响着社会的各个层面。民族文化在青藏高原人文资源中占据了重要的地位。藏族、回族、土族、撒拉族和蒙古族等世居在青藏高原的少数民族分布集中，具有比较一致的民族风俗，形成了独具一格的社会人文风俗、宗教、医药、建筑、语言文字和手工艺等。其中，藏文化博大精深，影响深远，寺庙在历史上数量最多达到 2700 余座，以布达拉宫、塔尔寺、大昭寺等为代表。宏大的规模和金碧辉煌的建筑无不展现了藏传佛教的历史和文化。

1.4.1.2 藏族传统生态伦理

生态伦理是指生态的伦理价值与人类对生态环境的行为规范(南文渊，2004)。藏族传统生态伦理是藏族关于宇宙、自然和人生的伦理道德观念，思考人在自然环境中的角色和地位，人与其他生物之间的关系，人应该如何将人与人的关系、人与社会的关系纳入尊重自然的轨道中。

藏族传统生态伦理与青藏高原生态环境息息相关。藏族传统生态伦理围绕协调人与自然的关系展开，是藏族适应青藏高原独特自然环境的关于自然、人生的基本观念和人与自然和谐相处的一整套价值观念和生活方式(付伟等，2013a)。其主要特征有以下几个方面：

第一，保护自然，珍惜生命。藏族传统生态伦理提出了崇敬自然、尊重生命和万物一体的价值观。青藏高原重要的生态战略地位和其脆弱的生态环境促成了藏族生态传统伦理以保护自然环境、爱惜自然资源为出发点。藏族传统生态伦理认为大自然有其生命特性，既具有生物生命特征，又具有精神生命特征。

第二，自然崇拜和自然禁忌。藏族传统生态伦理认为，大自然有其自己的生命权利和生存功能，人类应该尊重自然的生命权，顺从自然生存的规律。藏族通过崇拜自然神灵来表达对自然的崇敬，藏区到处都有神山、神水、神圣的动植物。藏族传统生态伦理通过自然崇拜和自然禁忌，尊重自然界所有生物的生命价值和生存权利，建立了尊重自然内在价值和权利的价值观与行为规范。

第三，人与自然、人与社会和谐统一。藏族传统生态伦理建构了人与自然为一体的宇宙观，人与自然互相依存的自然—人文生态系统。人与自然的和谐统一是藏族传统生态伦理具有东方民族传统文化的特征之一，体现了人与自然的整体和谐统一。

藏族传统生态伦理主张有节制的生活方式，实现人与社会和谐。在自然资源开发与环境保护的关系上，藏族传统生态伦理文化更加注重保护，其经济开发活动以维持人的基本需求为目的，进行局部的、有限的开发，同时不鼓励高消费。自然影响人，人感应自然，人与自然和谐，社会便会和谐，社会和谐又有利于自然和谐，最终达到人与自然、人与社会的高度和谐。

保护自然、珍惜生命的价值观使青藏高原成为野生动植物生存和繁衍的栖息地，物种多样性丰富；自然崇拜理念使青藏高原保持原始的自然景观，成为地球上的“最后一片净土”；和谐、节制的生活方式将高原经济行为控制在自然资源可持续利用的范围内，实现青藏高原社会经济的长久发展，惠及子孙后代。因此从本质上讲，藏族传统生态伦理文化是一种追求人与自然和谐、人与社会和谐的观念文化，是一种经济、社会、自然、生态和谐发展的社会文化，更是一种崇尚和谐理念、体现和谐精神的和谐文化。

1.4.1.3 资源利用伦理文化

蔡运龙等(2007)指出，资源是文化的函数，文化在相当程度上决定了对自然资源的需求和开发能力。因此，文化通过资源的桥梁与生态环境密切相关。不同民族由于文化不同，对自然、环境与资源的认识和适应方式不同，因而产生不同的资源利用与管理方式。青藏高原自然地理环境独特，在其漫长的历史演进、文化变迁中，逐步形成了具有多元性和民族性的高原特色文化，其中宗教文化的影响较为深远。宗教通过其巨大的精神信仰影响和改变着人们的行为方式，因此“绿色宗教”会使生态保护的观念深深地印入人们的信仰中，使人们自觉地保护生态环境。

(1)宗教信仰中的资源利用伦理。青藏高原是我国乃至世界上宗教色彩浓郁、宗教势力强大的地区之一。藏族、蒙古族、土族、裕固族等民族几乎全民信奉藏传佛教或苯教；回族、维吾尔族、撒拉族、保安族、东乡族、塔吉克族等民族几乎全民信仰伊斯兰教；较多的汉族群众除信奉佛教外，还信奉道教、天主教、基督教等；羌族、纳西族群众以信仰原始宗教居多，崇拜自然和祖先(西藏旅游志编写组，2010)。

藏民族世代生活在青藏高原上，经过千百年的发展，对高原的自然生态环境有着独特的认识和体会。为更好地生存与发展，他们凝聚民族的智慧，形成了与其他民族不同的藏族传统伦理文化以适应艰苦的自然环境和复杂的社会环境，独具本民族的生态文化思想和生态伦理观念。藏族生态伦理经历了三次转型，即原始生态伦理向苯教生态伦理转型、苯教生态伦理向藏传佛教生态伦理转型、藏传佛教生态伦理向现代生态伦理转型，产生了三大基本形态(梁艳，2009)，从不同的生态伦理中可以解读出藏族居民对资源的认识和利用伦理。苯教和佛教文化造就了藏族传统生态伦理，资源利用伦理文化蕴含其中。

苯教生态伦理的特点是崇拜自然界及其中的生灵万物，多神崇拜，到处都是神山、神湖。在苯教的长期影响下，苯教的生态价值观在藏民族中根深蒂固，藏族把生物和非生物环境视为一体，体现出人对自然的尊重与保护，人与自然融为一体的思想已内化为藏民族日常生产和生活中约定俗成的道德规范。

佛教生态伦理信奉“慈悲博爱”“因果报应”和“六道轮回”等，弘扬善行等佛教利他精神，平等对待一切生命，不随意杀生，爱护动植物，这无疑对保护青藏高原这片净土有着重大的贡献。例如，甘肃甘南藏族自治州的拉卜楞寺对面山上茂盛的森林，当地僧侣和群众称为“禅林”。它的形成和保护就是宗教使藏区民众恪守生态保护规则的典型案例。

(2)农业生产中的资源利用伦理。藏族传统生态伦理对资源保护和利用的价值体现在形成了适应高原环境的游牧方式和传统高原放牧生态系统等方面(付伟等，2013a)。游牧生态文化是藏族人们特有的资源利用方式，青藏高原的农村地区大致可以分为农区和牧区两种类型。牧区主要分布在高寒平坦的高原面上，青海地区海拔一般在 3000 m 以上，西藏地区海拔一般在 4000 m 以上，占整个青藏高原面积的 2/3 以上(张惠远等，2012)。由于青藏高原地区地势险峻，气候寒冷，草被的生长期较短，高原藏族牧民在长期的生产实践中按照各地区资源和气候的特点进行游牧，对牧场进行季节放牧的划分，依次在夏季牧场、秋季牧场、冬季牧场轮牧。

(3)生活习俗中的资源利用伦理。藏族能源文化也有着其独特的生态意义。青藏高原地势险峻、环境特殊，人们从自然界获取能源的来源受地域性的限制较大。藏族所使用的能源主要以生物质能为主。在历史上，藏族所使用的生物质能源主要有畜粪、薪柴、茅柴(藏语叫“坎巴”)、秸秆、泥炭等(先巴，2005)。青藏高原的藏族高原民族是一个农牧兼营的民族，由于受到高原特殊生态环境的制约，生活燃料几乎全年都以牛羊粪便为主。这种选择体现了藏族人民的生活智慧，使他们不仅解决了基本的生存问题，还减轻了当地生态环境的压力。这一特殊的资源利用模式不仅有利于藏族居民更好地适应高原的自然环境，而且有利于资源的有效循环利用，更好地保护了青藏高原地区的资源与环境。

1.4.2 游牧文化

游牧方式是一种比较典型的既饲养家畜又保护草原的方式。藏族传统游牧方式就是随季节而游牧。游牧方式的基本特点是人类通过畜牧活动，保护和改善了草原生态系统的能量流动、物质循环与信息传递功能，使畜牧活动与之达到高度适应、和谐发展的状态(南文渊，2007)。古人称游牧为“逐水草而居”，实际上“逐”是一种遵循自然规律而动，按照自然变化而行的行为。

高原藏族牧民在长期的生产实践中按照各地区资源和气候的特点，对牧场进行季节放牧的划分。他们采取“暖季上高山牧场，冷季下低洼牧场”的游牧方式，藏北有“春放水边、夏放山，秋放山坡、冬放滩”的习俗；藏南有“春季牧场在山腰，夏季牧场在平坡，秋季牧场在山顶，冬季牧场在阳坡”的惯例。

游牧文化关注人类的长远利益，通过原始的生态保护实现可持续发展，不断改善着自身在自然界中的处境。藏区游牧方式能长期存在且在保护青藏高原生态环境中发挥积极作用的原因有以下几个方面：首先，牧民保持一定区域面积的草地，使之能持续承载家畜和各类野生动物的生存；其次，按照不同区域草场水草分布和季节气候变化，选择不同的畜群种类，合理调配，使藏羊、牦牛与马匹的选择与草场生态环境相适应，同时分地区、分时节轮回游牧，使不同区域的草地在不同季节得到休养，又让家畜及时利用了生长期的牧草，达到了既保证家畜的生长又维持草场的可持续发展的效果。

1.4.3　旅游资源

青藏高原的旅游资源十分丰富，景观旅游、人文旅游等各具特色的生态旅游吸引着国内外的游客。世界闻名的景点不计其数，素有“生命禁区”之称的羌塘高原、雄伟壮观的世界第一高峰——珠穆朗玛峰、世界第一咸水湖——青海湖、被誉为“童话世界”的九寨沟和险峻幽深的世界第一大峡谷——雅鲁藏布大峡谷等高品位的自然景观，均堪称国内之最，甚至世界之最(杨春燕等，2012)。

张连生(2009)将青藏高原的旅游资源类别分为地文景观(珠峰自然保护区、九寨沟风景区)、水域风光(青海湖、“三江并流”自然景观)、天象与天气景观、生物景观(卧龙自然保护区、可可西里自然保护区)、遗址遗迹(古格王国遗址、第一个核武器研制基地旧址)、宗教旅游资源(布达拉宫、塔尔寺)、民俗旅游资源、旅游商品(青海昆仑玉、藏毯)、人文活动(土族於菟、环青海湖国际公路自行车赛)。另外，四川和云南也是我国的旅游大省，旅游资源丰富，拥有高品位的自然和人文旅游景观，其中云南的三江并流、丽江古城等均已被列入世界遗产名录。

除自然景观外，少数民族文化也是青藏高原旅游业中不可缺少的元素。拉萨圣城闻名中外，民族节庆独具一格，工艺服饰风格迥异，源源不断地吸引着世界各地的游客。

第2章 国内外资源相关研究

2.1 国外研究概况

2.1.1 微观经济学

资源的合理配置一直是西方经济学家关注的问题。经济学家将生产看作是投入与产出的关系，并将投入要素统称为资源。资源又分为自由取用资源和经济资源。自由取用资源是人们不必付费即可获得的，如空气等。经济资源主要指生产中的投入品。在19世纪，经济学家习惯把经济资源分为三类：土地、劳动和资本。土地是自然资源的简称；劳动包括体力劳动和脑力劳动，现在被称为人力资本；资本是包括原材料、厂房等非人力的生产性资源。现代西方经济学家还将企业家才能看作是除了上述三种资源之外的一种独立资源。

由于资源具有稀缺性的特点，而人类的需求具有无限性的特点，所以资源的优化配置问题就成为研究的重点。资源的配置是指一定量的资源按某种规则分配到不同产品的生产中，以满足不同的需要。经济学家不再满足于靠资源投入实现经济的增长，而把目光转向资源利用的效率方面。前苏联经济学家根据马克思(Karl Marx)在《资本论》第2卷中关于扩大再生产的两种形式的论述，提出了增长方式的概念，并把增长方式分为两种：一种是靠增加自然资源、资本和劳动等资源投入实现的增长，叫作外延增长(extensive growth，或译为粗放增长)；一种是靠提高效率实现的增长，叫作内涵增长(intensive growth，或译为集约增长)(吴敬琏，2013)。如何才能使得实际产出组合点尽可能接近社会需要的产出组合点，实现资源配置效率最高，一直是微观经济学重视的问题。

古典经济学家对经济发展与资源要素的关系研究内容丰富。本节选取了具有代表性的三位人物：亚当·斯密、托马斯·罗伯特·马尔萨斯和大卫·李嘉图，分别介绍他们主要的研究内容。

2.1.1.1 亚当·斯密

经济学鼻祖亚当·斯密(Adam Smith)的著名代表作《国民财富的性质和原因的研究》(即《国富论》)，被称为西方经济学"圣经"，其中就涉及市场对资源配置的重要性问题。他主张政治中立，不随便干预经济活动，商品的价格由市场来决定，一只"看不见的手"(指市场)使社会资源分配达到最佳状态。

《国富论》以经济增长为主线，认为国民增长取决于两个条件，即劳动生产率和劳动者的数量。影响劳动生产率的是分工。斯密在第一篇《论劳动生产力进步的原因，兼论劳动产品在不同阶级人民之间自然分配的顺序》中就详细论证了劳动分工的原因及劳动分工对于经济增长的作用。同时,国民财富的增长,在一个封闭的社会,受到本国的资源和技术条件的限制。斯密认为国际贸易可以打破这种限制。

胡跃龙(2015)从土地资源约束的角度对《国富论》中经济增长的三种情况“进步状态、退步状态和静止状态”中的静止状态进行了解读。斯密将静止状态描述为:一国所获的财富,已达到它的土壤、气候和相对于他国而言的位置所允许获得的限度,因而没有再进步的可能,于是它的劳动工资和资本利润也许都会非常低。

设 L 为土地,K 为资本,G 为经济增长,用现代数理分析的模式来分析,斯密有关经济增长进入静止状态的思想,可以描述为:

(1)$G=f(L,K)$ 或 $G'=f'(L,K)$。

(2)L 数量有限,即为一个常量,因此,$L'\to 0$;这必然导致 $K'\to 0$。

因此,$G'=f'(L,K)\to 0$,$G=f(L,K)$ 静止不变。

所以,斯密所谓的静止状态,实际上是指经济发展因受到土地资源有限性的制约而达到的一种停滞不前的极限状态。

2.1.1.2 托马斯·罗伯特·马尔萨斯

托马斯·罗伯特·马尔萨斯(Thomas Robert Malthus)的《人口原理》深入论证了人口增长与自然资源局限的矛盾。它提出的人口学原理的基本思想是,如果没有限制,人口是呈指数速率增长,而食物供应呈线性速率增长,人口增长超越食物供应,会导致人均占有食物的减少。马尔萨斯理论影响深远,如达尔文的《物种起源》和1972年罗马俱乐部发表的报告《增长的极限》就受其影响。

马尔萨斯的人口论虽然颇受争议,但其思想体系远不止人口问题。他提出经济发展的三大约束:人口约束、需求约束和土地约束。马尔萨斯是悲观学派的代表,从他的理论中可以看到经济增长的停滞。马尔萨斯还具体分析了三种可能出现的停滞:第一,人口增长与生活资料增长的失衡引起的经济停滞;第二,在经济发展的初期由于有效需求缺失,即总供给与总需求失衡引起的经济停滞;第三,经济发展到较高阶段之后,由于土地报酬递减规律的制约,导致资本积累下降引起的经济停滞(谭崇台,1983)。

2.1.1.3 大卫·李嘉图

大卫·李嘉图(David Ricardo)建立起了以劳动价值论为基础,以分配论为中心的理论体系。他在《政治经济学及赋税原理》中指出,“一件商品的价值,取决于生产此件商品所必需的相对劳动量”。他看到了知识增长和技术进步对农业的补偿作用,认为生产技术的创新,可抵消或延缓报酬递减趋势。

李嘉图(1962)在《政治经济学及赋税原理》中提出除去农产品和劳动以外,一切商品的自然价格在财富和人口发展时都有下降的趋势。它们的实际价值虽然会由于制造它们所用的原料的自然价格上涨而增加,但机器的改良、劳动分工和分配的改进、生产者在科学和技艺两方面熟练程度的提高,却可以抵消这种趋势而有余。

2.1.2 福利经济学

资源配置问题还是福利经济学研究的重点内容,福利经济学是研究社会经济福利的一种经济学理论体系。1920年,马歇尔(Alfred Marshall)的学生“福利经济学之父”——庇古

(Arthur Cecil Pigou)出版的《福利经济学》标志着福利经济学的创立。福利经济学试图提供一个对经济行为结构进行评价的框架,要求在不同情形下的资源配置中判断出一种资源配置是否优于另一种。

2.1.2.1　帕累托最优

福利经济学将经济效率的概念叫作有效配置和帕累托最优。它是这样一种状态,资源配置的任何改变都不可能使一个人的境况变好而又不使其他人的境况变坏。资源配置达到帕累托最优则表明在技术、消费者偏好、收入分配等既定条件下,资源配置的效率最高,从而使社会经济福利达到最大(刘东等,2005)。假设有 A 和 B 两个消费者,消费一定量的 X、Y 两种产品,要实现消费领域的帕累托最优的条件是 A、B 对 X、Y 的边际替代率相等。公式为

$$\mathrm{MRS}_{XY}^{A} = \mathrm{MRS}_{XY}^{B} \tag{2-1}$$

实现帕累托最优需要外部宏观的市场条件,即在完全竞争的市场条件下,消费者为追求效用的最大化,往往会选择产品的边际替代率与产品的价格比相等的条件,即:

$$\mathrm{MRS}_{XY}^{A} = \left(\frac{Px}{Py}\right)_{A} \tag{2-2}$$

所以最终消费领域的帕累托最优实现的条件为

$$\mathrm{MRS}_{XY}^{A} = \left(\frac{Px}{Py}\right)_{A} = \left(\frac{Px}{Py}\right)_{B} = \mathrm{MRS}_{XY}^{B} \tag{2-3}$$

福利经济学关注效率与平等的矛盾问题,资源有效配置可以提高社会的福利水平,但是追求资源有效配置的市场运行会造成收入差距,因此,效率和平等是一个两难的问题。如果通过市场进行资源配置受到扭曲,就会出现市场失灵,市场机制能够引导资源的优化配置,但这只是针对私人产品而言。

2.1.2.2　公共产品利用的特殊性

在经济学中,产品可以分为公共产品(public goods)和私人产品(private goods)两大类。公共产品的研究始于萨缪尔森(1954)。他认为将物品或服务满足不同的对象来区分是否为公共产品,满足私人个别需要的是私人物品或服务,满足社会公共需要的是公共物品或服务。因此,与私人产品相比,公共产品主要具有以下两个基本特征:非竞争性和非排他性。非竞争性,主要是指消费的非竞争性,是公共物品在消费上不具有竞争的特征,即每增加一个消费者的边际生产成本为零。非排他性,主要是指受益的非排他,任何人都不能阻止其他人从中获益。同时具备这两个特征的是纯公共产品,只具备其中之一的是准公共产品或混合公共产品。另外,公共物品还具有效用的不可分割性。

萨缪尔森关于"公共物品"的理论模型,可以用数学公式来严格表述私人物品与公共物品的区别(傅国华等,2015):

$$X_{\text{私人物品}} = \sum_{i=1}^{n} X_i (i = 1,2,3,\cdots,n)$$

$$X_{\text{公共物品}} = X_1 = X_2 = X_3 = \cdots = X_n$$

由于私人物品具有排他性和竞争性的特点,并且是可以分割的,所以私人物品总量等于每一个消费所拥有或消费的该物品 X_i 的总和。但是公共物品的效用是不可分割的,所以,每一个人消费的公共物品的数量等于该公共物品的总量。

2.1.2.3　外部性扭曲资源配置

斯密的“看不见的手”理论适用于不存在外部性的理想市场。在这种市场条件下，个体的利己行为最终会产生社会有效的结果。但外部性存在时，资源的配置会被扭曲。例如，私人企业或个体进行生产时，其行为会带来自身利益的最大化，而不会考虑对其他企业或环境的影响，从而使社会资源无法有效配置。

外部性理论的研究起源于 19 世纪末 20 世纪初，外部性概念是马歇尔（Marshall）在 1890 年出版的《经济学原理》中提出的。马歇尔认为一种货物的生产规模扩大可以引发两类经济效率：外部经济和内部经济。其中，外部经济是由于该产业成长而带来的经济；内部经济则是由生产组织内部资源、组织和经营效率带来的经济（傅国华等，2015）。

一般来说，公共产品容易产生外部性。外部性可以分为外部经济性（正外部性）（external economy）和外部不经济性（负外部性）（external diseconomy）。外部经济指在市场经济中，一个市场主体（消费者或者生产者）的行为致使他人受益，而受益者却无须为此支付费用的现象；外部不经济指一个市场主体（消费者或者生产者）的行为使他人受损而经济行为个体却没有为此承担成本的现象。

随后，庇古在《福利经济学》中提出了“边际社会净产值”与“边际私人净产值”两个概念。当外部不经济时，企业的边际私人成本小于边际社会成本。同时，庇古首次将污染作为外部性进行分析，提出“外部效应内部化”，并在此基础上提出征收“庇古税”。庇古对福利经济学的解释一直被视为“经典性”的，因此他被称为“福利经济学之父”。

外部经济和外部不经济都会影响资源的有效配置，影响社会效率，如何解决外部不经济问题成为研究的重点。弗兰克（Frank）编著的《微观经济学》（第 3 版）提出，我们称某种现象缺乏效率，是指人们可以进行一些改动，在不损害他人利益的前提下使一些人的情况变得更好。在现实生活中我们经常能见到这种现象，它会促使创新动力的产生，现实生活中缺乏效率现象的存在就如同桌上的现金，很容易引发争夺大战。外部性造成的缺乏效率也会产生类似的补偿激励。

芝加哥大学罗纳德·科斯教授（Coase，1960）第一次明确提出了“科斯定理”来解决外部性问题，即对于那些会产生外部性的行为，不管行为的执行权利归属于谁，如果人们可以无成本地进行谈判协商，那么他们总能有效解决问题。正是这一见解的影响深远，意义重大，科斯获得了 1991 年的诺贝尔经济学奖，并被誉为制度经济学的鼻祖。

由于公共物品的非竞争性和非排他性，还会产生“公地悲剧”，即公共的放牧场地。当它不属于任何个人时，也就没有人会考虑使用它的机会成本。一旦这种行为发生，人们就会不断使用它直到产生的边际效益为零。导致“公地悲剧”的关键原因是个体对公有财产的使用会减少该财产的价值，从而对其他人造成外部成本。将公有牧场划归私人所有就是解决“公地悲剧”的一种方法。

科斯也提出外部效应的产生主要是因为产权不明晰造成的。一般来说，有效的产权结构具有三个主要特征：①排他性，即拥有和使用资源产生的所有收益和成本只属于所有者，并且可以直接或间接地出售给他人；②可转让性，即所有产权能以资源交换的方式从一个所有者转移到另一个所有者；③强制性，即产权受到保护因而可以避免被他人强制性地夺取和侵犯（何立华，2016）。在交易费用为零的情况下，通过初试产权的界定最终可以实现资源的最优配置，但如果交易费用很高，运用产权方式就不可行。

2.1.3 其他经济学

资源的利用问题还是其他从经济学分离出的独立学科的研究重点，如生态经济学和资源经济学。

通常自然资源会被分为可再生资源和不可再生资源。不可再生资源最优利用模型早在1931年就由霍特林(Hotelling)(1931)提出。他发表的《耗竭性资源经济学》提出了"霍特林规则"，在开采成本不变的前提下，租用的增长率等于利息率。Dasgupta et al.(1979)对不可再生资源的利用得出"优先开采成本较低资源"准则。不可再生资源最优利用的研究还有Solow(1974)、Baumol et al.(1988)。对于可再生资源采用社会最优的优化目标，一般采用古典或新古典经济增长模型，对渔业资源(Gorgon，1954；Scott，1955；Joana et al.，2012；Cissé et al.，2014)、草地资源(Liu et al.，2002；Bao，2009)、森林资源(Hickey，2008；Ghajar et al.，2012)利用的研究较多。除此之外，还涉及传统文化对资源利用的影响(Lado，2004)和政策对资源可持续利用的影响(Chipofya et al.，2009)。

目前对于青藏高原地区的地质、气候变化的研究较多，对于其资源的可持续利用方面的研究不多，主要针对高山草地资源(Chen et al.，2008；Miehe et al.，2011)、高山湿地资源(Zhang et al.，2011)等。Wang et al.(2011)以青海湖为例分析青藏高原的经济与环境之间的关系，得出：在第一阶段(1977—1987年)，经济与环境之间呈高冲突性；1984—2004年期间，呈低冲突性，国家的政策和工业的调整对此起到关键的作用。

2.2 国内研究概况

资源是财富的源泉，是人类创造社会财富的起点。人类社会经济的高速发展加剧了对资源的需求，资源的稀缺性问题越来越引起人们的关注，资源可持续利用则成为可持续发展的核心和主要组成部分。国内资源可持续利用问题涉及的内容很广，研究的角度也各不相同。

2.2.1 资源可持续利用内涵解释

对资源可持续利用的解释目前还没有公认的统一表述。

李文华(1994)提出持续发展的资源观，强调对不同属性的资源，要采取不同的对策，要提高其利用率。陈健飞(1998)认为资源可持续利用是指代际分配合理，部门配置得当，经济、社会和生态综合效益最佳的资源利用方式。赵士洞等(2000)认为，资源可持续利用是一种技术可能、经济可行、社会可接受和无生态负效应的资源利用方式。厉伟(2001)认为可持续的过程是指该过程在一个无限长的时期内，可以永远地保持下去，而系统的内外不仅没有数量和质量的衰退，甚至还有所提高。针对自然资源和环境，则应该理解为保持或延长自然资源的生产使用性和自然资源基础的完整性，意味着使自然资源能够永远为人类所利用，不至于因其耗竭而影响后代人的生产与活动。所以，将"自然资源的可持续利用"定义为：在人类现有认识水平可预知的时期内，在保证经济发展对自然资源需求满足的基础上，能够保持或延长自然资源生产使用性和自然资源基础完整性的利用方式。石玉林等(2006)提出资源可持续利用是社会经济可持续发展的核心和主要的组成部分，资源的可持续原则要求人们珍惜人类赖以生存基础的各类资源，要求改变传统的生产模式与消费模式，建立资源节约、高效、防污的生产模式和与生产相一致的、合理的、适度的消费模式，使有限的资源满足人类的需求。林颖(2009)认为资源可持续利用应包括四层含义：一是不可再生资源的利用消耗速率尽可能低；二是资源的利用要以提高资源的循环能力为前提；三是资源的利用要以资源、环境的承载能力为极限；四是资源的利用要以社会价值为核心。

由上述对资源可持续利用的解释可以看出，资源利用方式与社会经济发展息息相关，资源的可持续利用要符合人类社会发展的要求，是社会可持续发展的物质基础。马世骏等(1984)将人类社会定义为是一类以人的行为为主导、自然环境为依托、资源流动为命脉、社会文化为经络的“社会—经济—自然”复合生态系统。

本书认为资源可持续利用也应置于“自然—经济—社会”三位一体的复杂系统中进行研究，人类的生产发展与资源密不可分，资源是自然系统、社会系统和经济系统交接的桥梁和纽带，资源可持续利用要实现自然系统、经济系统和社会系统的协调统一。所以，资源可持续利用是资源高效配置、经济适度可行、社会认可接受的综合效益最佳的资源利用方式。

资源的利用效率问题一直是资源可持续发展研究的重点，具体而言，大多是关于资源利用的经济效率问题，如张志强等(2001)提出的万元 GDP 生态足迹，直接反映资源利用的经济效率。而侧重于资源利用的自然、经济与社会综合利用效率的研究甚少。因此提出了“资源福利指数”(resource welfare index，RWI)(付伟等，2014)，即单位资源投入所产出的社会福利水平。社会福利不仅包括经济发展水平，还包括健康、教育等社会发展水平。所以，RWI 可以反映一个国家或地区资源的综合利用效率，并可以根据 RWI 的变化趋势来评价一个国家或地区资源可持续利用状况。

2.2.2　资源可持续利用研究

研究内容按照资源的分类，涉及可再生资源、不可再生资源，具体为土地资源、草地资源、森林资源、耕地资源、水资源、渔业资源、矿产资源、旅游资源等(傅伯杰等，1997；张新时等，1998；陈新军等，2001；吕翠美等，2010；崔国发等，2011；尹晓青，2015；张文斌等，2015；王祥兵等，2015；韩美等，2015；于婉婷等，2016)。

按照研究的区域涉及旱区、山区、生态脆弱带、经济发达地区、城市、农村等(陈志刚等，2001；邹尚伟等，2008；王壬等，2015)不同地区的资源可持续利用。

按照研究方法可分为生态足迹法(ecological footprint，EF)、层次分析法(analytic hierarchy process，AHP)、网络分析法(analytic network process，ANP)等(顾晓薇等，2005；孙才志等，2007；李玲等，2007；孙向宇，2011；冷建飞等，2015)。

按照资源可持续发展利用的影响因素划分，涉及政策制度、技术、道德、教育等(陈健飞，1998；谭荣，2010)方面的研究。

其他研究内容还有资源可持续发展的评价指标、预警系统、构建模型、发展模式、经济学角度分析、资源利用伦理等(孙鸿烈等，1991；傅伯杰，1993；王松霈，1995；李金昌，1997；陈安宁，2001；黄凤兰等，2008；王莉芳等，2016；梁晓龙等，2016)。

2.2.3　中国生态功能区划

2008 年，环境保护部和中国科学院根据《全国生态环境保护纲要》和《关于落实科学发展观加强环境保护的决定》(国发〔2005〕39 号)的要求，联合编制了《全国生态功能区划》，以指导我国生态保护与建设、自然资源有序开发和产业合理布局，推动我国经济社会与生态保护协调、健康发展。

2015 年 11 月 23 日，环境保护部在《全国生态功能区划》基础上，开展修编后公布了《全国生态功能区划(修编版)》。《全国生态功能区划(修编版)》(简称修编版区划)对我国的主要资源进行了分类和介绍，根据气候和地势特征确定了森林、灌丛、草地、湿地、荒漠、农田、城市等各类陆地生态系统的生态价值及空间格局。

修编版区划表明，我国森林面积为 190.8 万 km^2，森林覆盖率为 20.2%，主要分布在我国湿润、半湿润地区。灌丛面积为 69.2 万 km^2，占全国国土面积的 7.3%，主要类型有阔叶灌丛、针叶灌丛和稀疏灌丛。其中，阔叶灌丛集中分布于华北、西北山地，以及云贵高原和青藏高原等地；针叶灌丛主要分布于川藏交界高海拔区及青藏高原；稀疏灌丛多见于塔克拉玛干、腾格里等荒漠地区。我国草地包括草甸、草原、草丛，面积为 283.7 万 km^2，占全国国土面积的 30.0%。其中，高寒草甸主要分布在青藏高原东部。我国湿地总面积为 35.6 万 km^2，居亚洲第一位、世界第四位。荒漠总面积为 127.7 万 km^2，约占全国国土面积的 13.5%，主要分布在我国的西北干旱区和青藏高原北部。农田包括耕地与园地，面积为 181.6 万 km^2，占全国国土面积的 19.2%，主要分布在东北平原、华北平原、长江中下游平原、珠江三角洲、四川盆地等区域。全国城镇生态系统面积为 25.4 万 km^2，占全国国土面积的 2.7%，主要分布在中东部的京津冀、长江三角洲、珠江三角洲、辽东南、胶东半岛、成渝地区、长江中游等地区。

修编版区划包括 3 大类、9 个类型和 242 个生态功能区，确定 63 个重要生态功能区，覆盖我国陆地国土面积的 49.4%，具体如表 2-1、表 2-2 所示。生态系统服务功能根据生态系统的自然属性和所具有的主导服务功能类型分为生态调节、产品提供与人居保障 3 大类。每个生态功能大类下又具体细分不同的生态功能类型：生态调节功能包括水源涵养、生物多样性保护、土壤保持、防风固沙、洪水调蓄 5 个类型；产品提供功能包括农产品和林产品提供 2 个类型；人居保障功能包括人口和经济密集的大都市群和重点城镇群 2 个类型。

表 2-1 我国陆地生态功能区类型

生态功能大类	生态功能类型	生态功能区/个	面积/万 km^2	面积比例/%
生态调节	水源涵养	47	256.85	26.86
	生物多样性保护	43	220.84	23.09
	土壤保持	20	61.40	6.42
	防风固沙	30	198.95	20.81
	洪水调蓄	8	4.89	0.51
产品提供	农产品提供	58	180.57	18.89
	林产品提供	5	10.90	1.14
人居保障	大都市群	3	10.84	1.13
	重点城镇群	28	11.04	1.15
	合计	242	956.28	100.00

表 2-2　全国重要生态功能区

序号	重要生态功能区名称	水源涵养	生物多样性保护	土壤保持	防风固沙	洪水调蓄
1	大兴安岭水源涵养与生物多样性保护重要区	++	++	++		+
2	长白山区水源涵养与生物多样性保护重要区	++	++	++		
3	辽河源水源涵养重要区	++		+	+	
4	京津冀北部水源涵养重要区	++		+		
5	太行山区水源涵养与土壤保持重要区	++		++	+	
6	大别山水源涵养与生物多样性保护重要区	++	++	+		
7	天目山—怀玉山区水源涵养与生物多样性保护重要区	++	++	++		
8	罗霄山脉水源涵养与生物多样性保护重要区	++	++	+		
9	闽南山地水源涵养重要区	++		+		
10	南岭山地水源涵养与生物多样性保护重要区	++	++	++		
11	云开大山水源涵养重要区	++		+		
12	西江上游水源涵养与土壤保持重要区	++		++		
13	大娄山区水源涵养与生物多样性保护重要区	++	++	++		
14	川西北水源涵养与生物多样性保护重要区	++	++	+	+	
15	甘南山地水源涵养重要区	++	+			
16	三江源水源涵养与生物多样性保护重要区	++	++		++	
17	祁连山水源涵养重要区	++	+	+	++	
18	天山水源涵养与生物多样性保护重要区	++	++		+	
19	阿尔泰山地水源涵养与生物多样性保护重要区	++	+		+	
20	帕米尔—喀喇昆仑山地水源涵养与生物多样性保护重要区	++	++	+		
21	小兴安岭生物多样性保护重要区	+	++			
22	三江平原湿地生物多样性保护重要区		++			++
23	松嫩平原生物多样性保护与洪水调蓄重要区	+	++			++
24	辽河三角洲湿地生物多样性保护重要区		++			
25	黄河三角洲湿地生物多样性保护重要区		++			
26	苏北滨海湿地生物多样性保护重要区		++			
27	浙闽山地生物多样性保护与水源涵养重要区	++	++	+		
28	武夷山—戴云山生物多样性保护重要区	++	++	++		
29	秦岭—大巴山生物多样性保护与水源涵养重要区	++	++	++		
30	武陵山区生物多样性保护与水源涵养重要区	++	++	++		
31	大瑶山地生物多样性保护重要区	++	++	+		

续表

序号	重要生态功能区名称	水源涵养	生物多样性保护	土壤保持	防风固沙	洪水调蓄
32	海南中部生物多样性保护与水源涵养重要区	++	++	+		
33	滇南生物多样性保护重要区	+	++	+		
34	无量山—哀牢山生物多样性保护重要区	++	++			
35	滇西山地生物多样性保护重要区	+	++	+		
36	滇西北高原生物多样性保护与水源涵养重要区	++	++	+		
37	岷山—邛崃山—凉山生物多样性保护与水源涵养重要区	++	++	++		
38	藏东南生物多样性保护重要区	++	++	+		
39	珠穆朗玛峰生物多样性保护与水源涵养重要区	++	++			
40	藏西北羌塘高原生物多样性保护重要区		++		++	
41	阿尔金山南麓生物多样性保护重要区		++		++	
42	西鄂尔多斯—贺兰山—阴山生物多样性保护与防风固沙重要区	+	++		++	
43	准噶尔盆地东部生物多样性保护与防风固沙重要区		++		++	
44	准噶尔盆地西部生物多样性保护与防风固沙重要区		++		++	
45	东南沿海红树林保护重要区		++			
46	黄土高原土壤保持重要区	+	+	++	+	
47	鲁中山区土壤保持重要区	+		++		
48	三峡库区土壤保持重要区	+	+	++		++
49	西南喀斯特土壤保持重要区	+	+	++		
50	川滇干热河谷土壤保持重要区		+	++		
51	科尔沁沙地防风固沙重要区		+		++	
52	呼伦贝尔草原防风固沙重要区		+		++	
53	浑善达克沙地防风固沙重要区		+		++	
54	阴山北部防风固沙重要区		++		++	
55	鄂尔多斯高原防风固沙重要区				++	
56	黑河中下游防风固沙重要区				++	
57	塔里木河流域防风固沙重要区				++	
58	江汉平原湖泊湿地洪水调蓄重要区		+			++
59	洞庭湖洪水调蓄与生物多样性保护重要区		++			++
60	鄱阳湖洪水调蓄与生物多样性保护重要区		++			++
61	皖江湿地洪水调蓄重要区		+			++
62	淮河中游湿地洪水调蓄重要区					++
63	洪泽湖洪水调蓄重要区					++

注：+表示该项功能较重要；++表示该项功能极重要。

从图 2-1 和表 2-2 中可以看出，青藏高原地区的重要生态功能区较多，其生态系统服务功能在水源涵养、生物多样性保护、土壤保持等方面尤为重要。

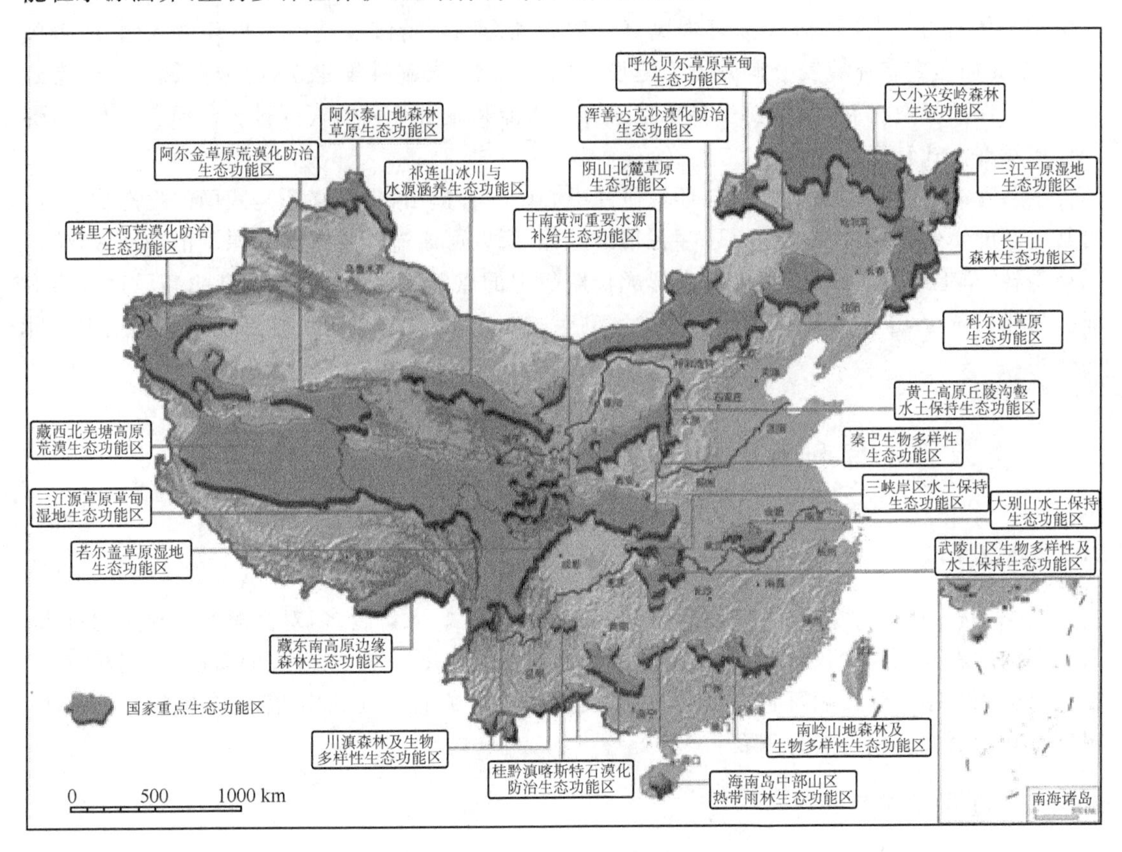

图 2-1　全国重要生态功能区分布图

2.2.4　青藏高原地区资源可持续利用

对于青藏高原地区的资源可持续利用研究主要集中在土地资源（姜鑫磊，2013）、森林资源（邓坤枚，2000）、草地资源（王秀红等，1999；王晓鹏等，2005；蔡虹等，2016）、生物资源（楼浙辉等，2002）、旅游资源（张连生，2009）等方面。

成升魁等（2000b）对青藏高原地区可持续发展进行了研究，提出了具体的可持续发展基本模式：人口有序发展模式、比较优势资源开发模式、防御型环境保护模式、局部区域突破发展模式和经济社会开放模式。

刘同德（2009）研究分析了青藏高原区域可持续发展，构建人口（population）、资源（resource）、环境（environment）与发展（development）系统（简称 PRED），系统中的 P 系统修正为社会系统 S（society），形成 SRED 系统，并主要以青海和西藏为研究对象，对青藏高原 SRED 系统进行全面分析，提出了青藏高原区域可持续发展的建设性意见。

张惠远等（2012）对青藏高原区域的生态环境进行研究，提出青藏高原区域生态建设与环境保护的总体战略，概括为“一个目标，两大战略，四个重点”。“一个目标”是以建设国家生态安全屏障为核心，将生态建设与环境保护作为青藏高原全面建设小康社会、维护社会稳定和民族团结的重要举措。“两大战略”是指生态优先和空间优化战略，将保护生态环境作为青藏高原产业发展、资源开发的前提，通过制定环境功能区划，优化引导经济社会与生态环境保护协调发展。“四个重点”是指要重点解决的四个问题：一是要强化自然生态系统的保护和恢复，确保生态环境良好；二是要解决损害人民群众健康和影响可持续发展的突出环境问题，改善民生；三是要加强生态环境安全监管能力建设及创新机制，依靠科技建立、健全青藏高原生态建设与环境保护长效机制；四是要引导草地、矿产、水能和旅游等自然资源科学合理有序开发，促进经济发展方式转变。

中共青海省委党校人口资源与环境研究中心(2016)提出，青藏高原是我国的生态功能区，与其生态屏障作用的重要性相比还存在很大差距，所以可通过建立青藏高原碳汇功能区，确定区域森林、草地碳汇基线，以制度约束形成长期稳定的碳汇交易机制，保障青藏高原地区生态保护与建设资金，进一步提高青藏高原地区的生态功能，强化青藏高原地区作为我国生态屏障的作用。

2.3 资源可持续利用影响因素

2.3.1 人口

资源的利用问题首先与人口的数量和质量关系较大。人口越多，对资源的需求压力越大，人均资源的占有量越少，容易引起对自然资源的掠夺性使用。同时，人口的素质及受教育程度也会对资源利用产生影响，而且其影响力越发重要。资源的持续利用，需要全民的共同努力，树立正确的资源使用观尤为重要。

2.3.2 资源丰裕度

马克思从人类社会创造社会财富的源泉的角度，将资源分为自然资源与劳动力两大类，这是对资源概念的较早的理解。胡跃龙(2015)认为资源是受一定时间定义域与一定空间定义域约束的经济发展不可或缺的生产要素的集合，或者说，凡是直接影响经济发展的物质的与非物质的因素，都可以统称为资源。可以看出，资源的外延十分丰富，既包括有形的自然资源、人力资源，还包括无形的制度、文化等。本书中所指的资源主要是自然资源。

自然资源丰裕一般会提高社会劳动生产率。如同刘易斯指出的，在其他因素相等的条件下，人们对丰富资源的利用会比贫瘠资源的利用更好(王智辉，2008)。厉伟(2001)也认为自然资源丰裕度是影响某个地区自然资源利用方式的首要因素。通常意义上讲，一个自然资源和环境条件较优的地区要比较差的地区更易实现自然资源的可持续利用。

2.3.3 技术进步

技术进步对资源利用的影响得到经济学家的认识经历了一个过程。Hotelling(1931)在20世纪初指出，世界范围内，预期矿石、森林和其他不可再生资源将不断减少，必须对其进行有规划的开采。对我们的后代来说，目前这些产品价格很低，并且正在以过快的速度进行“自私”的开采，更为严重的是，由于价格很低，这些资源在生产及消费过程中被大量地浪费。他首先提出了决定资源价格的霍特林法则(Hotelling rule)，认为在开采成本不取决于资源储量或已经开采的累计总量时，即边际开采成为常数，且没有技术进步的情况下，资源的影子价格等于市场价格减去边际开采成本,并以利率的速度增长,这个价格显示了资源的稀缺性(王双,2015)。

但是霍特林法则有很多部分与实证研究的结果并不相符。Slade Margaret E.(1982)论证了霍特林法则失效的原因之一就是技术进步。技术创新不仅提高了资源开采的水平,降低了开采成本,还能对不可再生资源创造替代产品,节约资源的利用。

第1篇 理论基础篇

我们的生存发展主要应依靠“自然界的利息”而不是靠“自然界的本底”供养（罗其友等，1998）。研究人与自然的关系，探寻人与自然环境和谐共处之道贯穿人类的发展史。

第 3 章　可持续发展理论及评价方法

3.1　可持续发展理念的由来及发展

持续(sustain)一词来自拉丁语 sustenere，意思是保持继续提高。"可持续性"一词最初应用于林业和渔业，主要指保持林业和渔业资源源源不断的一种管理战略(钱易等，2010)。

"可持续性"的思想源来已久，在中国传统思想中，自古就把天地万物看成是一个整体，如阴阳学说、五行学说和"天人合一、道法自然"思想。管子主张天与人的协调，认为"人与天调，然后天地之美生"。儒家的"仁"，体现了对其他生物的爱心；道家的"道法自然"，提倡顺应一切自然规律，不去做违反自然规律的事。《老子》《论语》和《庄子》等古代著作中也体现出我国朴素的生态保护和资源循环利用的思想。对于自然资源利用，朱熹将其归纳为"取之有时，用之有节"，即开发和利用自然资源必须符合时令，开发和利用自然资源必须要有节制；藏族传统生态伦理提出了崇敬自然、尊重生命和万物一体的价值观；藏传佛教以系统的理论体系构建完善了自然—人文生态系统，肯定了一切生命体的生命价值，强化了藏族保护一切生命的意识；苯教的宇宙观确立了人与自然是互为依存的统一体关系。可持续发展观念的形成既可以追溯到我国古代文明的哲理精华，同时又蕴含着人类活动的现代实践和理念。它是对"人与自然""人与人"关系两大认识的综合。

胡鞍钢(2012)总结了中国的人与自然关系的历史发展轨迹，归纳为四个阶段：第一阶段是生存性环境问题主导的生态赤字缓慢扩大期，这一时期涵盖了中国五千多年的农业垦殖历史，并一直延伸到近代和新中国成立初期；第二阶段是工业化时期生态赤字的迅速扩大期，这一时期大体指新中国成立以来，中国进入的经济起飞期，出现了人类历史上最大规模的城镇化、工业化过程，生态赤字快速扩大；第三阶段是生态赤字缩小期，这一时期由于控制污染排放，能源集约利用，加强生态建设，使得生态赤字开始持续缩小，中国于 20 世纪 90 年代中后期进入这一过程；第四阶段是生态盈余期，中国于 21 世纪前 10 年开始转入全面生态建设期和局部生态盈余期，到 2020 年前后将进入全面生态盈余期。

人类的历史是一部发展的历史，发展是人类社会永恒的主题。在漫长的历史长河中，人类为了生存，以人与自然、人与人的关系为纽带，在实践中不断认识、不断发展、不断深化，持续发展(马子清，2004)。人类对自然环境与发展关系的认识经历了一个漫长而又复杂的过程。从古典经济学到新古典经济学，从哈罗德—多马的经济增长理论，再到索洛的经济增长理论和新增长理论，以至到新制度经济学，资源都不是经济增长的决定性因素，而总是可以被替代的(中国 21 世纪议程管理中心可持续发展战略研究组，2004)。劳动、资本、技术因素被奉为经济发展的三大要素。在经济发展、人口激增和城市化的压力下，资源环境遭到破坏，"公害"加剧，能源匮乏。直到 20 世纪 70 年代，人们对这种以破坏自然环境为代价换取经济高速发展的社会经济发展模式进行反思。

3.1.1 形成推动可持续发展理论的著作及报告

3.1.1.1 《寂静的春天》——可持续发展的启蒙之作

美国海洋生物学家莱切尔·卡逊(Rachel Carson,1962)在潜心研究美国使用杀虫剂所产生的种种危害之后,在1962年出版了著名科普读物《寂静的春天》(*Silent Spring*)一书。著作主要描述了滥用杀虫剂所造成的后果,书中详细描述了滥用化学农药造成的生态破坏:"从前,在美国中部有一个城镇,这里的一切生物看来与其周围环境相处得很和谐……然而现在,鸟儿都到哪里去了?而现在一切声音都没有了,只有一片寂静覆盖着田野、树木和沼地。"此书的出版像是一声巨雷惊醒了整个世界,揭示了近代工业对自然生态的影响,使大家认识到传统经济增长的环境影响,开始了20世纪70年代以来的日益庞大的环境运动,如1972年的联合国环境首脑会议、1992年的联合国环境与发展首脑会议、2002年的联合国可持续发展首脑会议等。所以,此书被称为"一本20世纪里程碑式的著作",同时,此书首次提出保护地球的"另一条道路"。书中指出:"我们正站在两条道路的交叉口上。这两条道路完全不一样,一条道路是我们长期以来一直行驶的使人容易错认为是一条舒适的、平坦的超级公路,我们可以在上面高速前进。实际上,这条路的终点却有灾难等待着。另一条人迹罕至的道路却为我们提供了最后唯一的机会让我们保住自己的地球。"(原文:We stand now where two roads diverge. The road we have long been traveling is deceptively easy, a smooth superhighway on which we progress with great speed, but at its end lies disaster. The other fork of the road— the one "less traveled by"—offers our last, our only chance to reach a destination that assures the preservation of our earth)

诸大建对卡逊的评价极高,将她评价为环境与发展的思想史上第一个绿色精英,《寂静的春天》被认为是与马克思、恩格斯的《共产党宣言》一样,具有全方位的社会影响。它虽然没有确切地提出"另一条道路"的内涵,但却是人们认识自身行为对环境影响的导火索,是可持续发展思想的启蒙之作。

3.1.1.2 《增长的极限》——极大地推动可持续发展

《寂静的春天》发表后的10年间,全球的经济社会格局乃至生态环境状况发生了深刻变化。20世纪70年代初,美国麻省理工学院的福雷斯特(J. Forrester)应用系统动态学的方法,研究了当代世界人口、资本,以及粮食、资源和环境等因素的相互作用关系,将研究结果于1971年以"世界2"的模型公布于《世界动态学》一书中(胡跃龙,2015)。1968年,来自世界各国的几十位科学家、教育家和经济学家等聚于罗马,成立了一个非正式的国际协会——罗马俱乐部。它的工作目标就是关注、探讨与研究人类面临的共同问题。受俱乐部的委托,以福雷斯特的学生梅多斯(Dennis. L. Meadows)为首的研究小组继承了系统动态学的方法,于1972年提交了第一份研究报告《增长的极限》(the limits to growth)。该报告对"世界2"模型进行了修正,提出"世界3"模型。此报告告诫人们,为了人类社会美好的未来,我们再也不能为所欲为地向自然界贪婪地索取,肆意地掠夺。因为我们不只是继承了父辈的地球,也同样借用了儿孙的地球。

《增长的极限》又名《罗马俱乐部关于人类困境的报告》,其模型中"所有的标准(人口、资本、污染等)都从 1900 年的值开始。从 1900—1970 年,大致和它们的历史上的数值相符。人口从 1900 年的 16 亿增加到 1970 年的 35 亿。虽然出生率逐渐降低,但死亡率下降得更快,特别是 1940 年以后,人口增长率上升。工业产量、粮食和按人口计算的服务呈指数地增加。1970 年的资源基数仍然是 1900 年值的 95%,但此后由于人口和工业产量持续增长而急剧下降"(胡跃龙,2015)。根据梅多斯等(1984)的论述,衰退的原因是不可更新的资源耗尽,如表 3-1 所示。

表 3-1　指数增长下不可再生资源的极限

资源	已知的世界储藏量	固定的指标/年数	估计增长率/每年%			指数的指标/年数	指数的指标用 5 倍于已知的储藏量/年数
			高	平均	低		
石油	455×10^{9} 桶	31	4.9	3.9	2.9	20	50
煤	5×10^{12} t	2300	5.3	4.1	3.0	111	150
铁	1×10^{11} t	240	2.3	1.8	1.3	93	173
铝	1.17×10^{9} t	100	7.7	6.4	5.1	31	55
铜	308×10^{6} t	36	5.8	4.6	3.4	21	48
黄金	353×10^{6} 英两(金衡)	11	4.8	4.1	3.4	9	29

注:1 英两=31.1035 g。

根据表 3-1 所示,随着指数的经济增长,人类未来衰退的前景不可避免,预测人类的前途悲观,人类只有采取限制经济增长的"零增长"方式才能避免灾难。《增长的极限》等论著的出版,导致了一场关于经济增长的争论。通过历经近 10 年的经济增长的争论,经济学家对于资源浪费、环境污染等经济发展存在的问题给予肯定。由于种种因素的局限,其结果和观点存在十分明显的缺陷,如经济学家包莫尔提出的技术不断改进和生产过程中投入要素的替代性就对增长的极限论予以打击。

但是它明确提出了"持续增长"和"合理的持久的均衡发展"的概念,阐明了环境、资源与人类之间的基本关系。报告极大地推动了可持续发展的形成和发展,为其后的可持续发展思想的孕育提供了养料和土壤。

3.1.1.3　《世界自然保护大纲》——可持续发展的首次提出

1980 年世界自然保护联盟(IUCN)制定并发布《世界自然保护大纲》。该报告是全球首次提出"可持续发展"的国际文件,也被认为是第一个可持续发展的全球宣言。大纲提出自然保护的三大目标,即维持基本生态过程和生命支持系统、保护遗传多样性以及保证生态系统和生物物种的持续利用,并要求所有国家政府对此做出响应和制定行动。它提出的可持续发展概念及其实现途径,对 20 世纪 80 年代以来的可持续发展的研究起了重要的作用,但是它忽视了可持续发展的经济和政治因素,因而不是完整的可持续发展概念。

3.1.1.4　《我们共同的未来》——可持续发展的系统阐述

联合国于 1980 年向世界呼吁,为实现全球可持续发展,要进行利用资源过程中的基本关系研究,主要包括自然、生态、社会和经济等各方面的研究。随后的 1983 年,世界环境与发展委员会(world commission on environment development,WCED)成立,时任挪威首相的布伦特兰夫人(G. H. Brundland)为主席,成员为包括我国马世骏教授在内的 22 位不同领域专家代表,以“持续发展”为基本纲领,制定了“全球的变革日程”。1987年,委员会向联合国提交《我们共同的未来》(our common future)(WCED,1987)报告,正式提出了可持续发展模式,并首次对“可持续发展”的概念进行了系统的阐述。《我们共同的未来》分为“共同的问题”“共同的挑战”和“共同的努力”三大部分,以可持续发展为主线,系统探讨了人类未来发展所面临的一系列重大经济、社会、环境问题,标志着可持续发展观在全球范围的正式形成。

从《寂静的春天》到《增长的极限》《世界自然保护大纲》,直至《我们共同的未来》,以不同的视角阐述共同的理念,无数的著作和报告逐步形成和完善了可持续发展理论,并得到世界的广泛关注和接受。

3.1.2 形成推动可持续发展理论的会议

3.1.2.1 1972年,联合国人类环境会议

1972年6月5—16日,联合国人类环境会议在瑞典斯德哥尔摩召开,会议由113个国家和一些国际机构的1300多名代表参加。这是联合国历史上首次研讨保护人类环境的会议,标志着全人类对环境问题的觉醒。该会议意义重大,被认为是可持续发展的第一座里程碑。可持续发展的概念在很大程度上是由资源问题引发的。自然资源的有限性,人类需求增长的无限性,导致两者矛盾的加剧。为解决这一问题,会议通过广泛的讨论,通过了《只有一个地球》和《联合国人类环境宣言》等重要文件,呼吁各国政府和人民为全体人民和他们的子孙后代的利益而做出共同的努力。此后,联合国确定每年的6月5日为世界环境日。联合国人类环境大会是探讨保护全球环境战略的第一次国际会议,唤起了各国政府共同对环境问题,特别是对环境污染问题的觉醒和关注。

会议之后,联合国迅速成立了联合国环境规划署(united nations environment programme,UNEP),负责全球环境事务的牵头部门和权威机构,主要任务是激发、提倡、教育和促进全球资源的合理利用并推动全球环境的可持续发展。

3.1.2.2 1992年,联合国环境与发展会议

1992年6月3—14日,联合国在巴西里约热内卢召开了“联合国环境与发展会议”,178个国家派团(其中103个国家元首或政府首脑)参加了会议。这次会议的召开是在国际社会关注的热点已由单纯注重环境问题,逐步转移到环境与发展两者的关系上来的背景下,同时为了纪念联合国人类环境会议20周年而召开的。时任我国总理的李鹏参加了这次大会。会议通过了《21世纪议程》、《里约热内卢环境与发展宣言》(简称《里约宣言》)、《联合国气候变化框架公约》、《联合国生物多样性公约》等重要文件。其中的《21世纪议程》是一份将环境、经济和社会纳入统一政策框架的具有划时代意义的文件,涵盖了可持续发展的内容,并将可持续发展的理念具体化为世界各国具体行动方案。其提出了2500余项各种各样的行动建议,包括减少浪费、改变消费形态、扶贫、保护大气和海洋、维护生物多样性、促进可持续农业等方面的详细提议。人类对环境与发展的认识提高到了一个崭新的阶段。此次会议被认为是可持续发展的第二座里程碑。

3.1.2.3 2002年,可持续发展世界首脑会议

2002年8月2日—9月4日,在南非约翰内斯堡召开了可持续发展世界首脑会议,191个

国家派团参加。时任我国总理的朱镕基参加了这次会议。这次会议回顾了《21世纪议程》的执行情况，总结了1992年联合国环境与发展会议召开的10年来，世界可持续发展取得的进展以及存在的问题，并制订了新的行动计划。经过长时间的讨论和复杂谈判，会议通过了《关于可持续发展的约翰内斯堡宣言》《可持续发展世界首脑会议实施计划》重要文件。这次会议进一步推动了世界可持续发展的共同行动，被认为是可持续发展的第三座里程碑。

3.1.2.4　2015年，联合国可持续发展峰会

2015年是联合国成立70周年，也是联合国千年发展目标执行的最后一年。联合国提出“2015年是可持续发展年”。2015年9月25日，联合国可持续发展峰会通过了一份由193个会员国共同达成的成果性文件，即《2030年可持续发展议程》。文件包含17个大项、169个具体目标，于2016年1月1日正式启动。旨在从2015年到2030年间以综合方式彻底解决社会、经济和环境三个维度的发展问题，转向可持续发展道路。时任联合国秘书长潘基文指出：“这17项可持续发展目标是人类的共同愿景，也是世界各国领导人与各国人民之间达成的社会契约。它们既是一份造福人类和地球的行动清单，也是谋求取得成功的一幅蓝图。”

除了此次会议之外，2015年7月在埃塞俄比亚首都亚的斯亚贝巴召开的关于“发展筹资问题”会议、12月在巴黎召开的《联合国气候变化框架公约》第21次缔约方会议，都是围绕可持续发展议题的会议。2015年在世界发展进程中具有重要的意义，潘基文称“2015年是可持续发展的关键之年”。

3.2　可持续发展的定义及内涵

1987年，布伦特兰夫人提交联合国的《我们共同的未来》报告中对可持续发展的定义通常被认为是权威性定义，即可持续发展是既满足当代人发展的需要，又不对后代人满足其需要的能力构成危害的发展(原文：Sustainable development is development that meets the needs of the present without compromising the ability of future generations to meet their own needs)。这通常被作为可持续发展的权威性定义，提出了实现可持续发展目标所应采取的行动，包括以下七个方面(戈峰，2002)：

(1)提高经济增长速度，解决贫困问题。

(2)改善增长的质量，改变以破坏环境与资源为代价的增长模式。

(3)尽可能地满足人民对就业、粮食、能源、住房、水、卫生保健等方面的需要。

(4)将人口增长控制在可持续发展的水平。

(5)保护与加强资源基础。

(6)技术发展要与环境保护相适应。

(7)将环境与发展问题落实到政策、法令和政府决策之中。

这个定义表达了三个基本观点：一是人类发展的需求，尤其是不发达国家；二是发展要有限度，要考虑环境与资源的承载能力；三是平等，当代人与后代人之间的平等。

随着人们对可持续发展的深入研究和研究视角的不同，可持续发展的定义和内涵也得到了不同的解释。牛文元(2000)指出，可持续发展理论的建立与完善，一直沿着三个主要的方向(经济学方向、社会学方向和生态学方向)去揭示其内涵与实质。除了以上的三个方向，可持续

发展的第四个系统学方向是由中国科学院可持续发展战略组针对中国的情况提出的。除此之外，实施可持续发展，除了政策和管理国家之外，科技进步起着重大作用，所以，还有学者从技术属性角度提出可持续发展的定义。

3.2.1 社会学方向

可持续发展的社会学方向以人类社会发展为落脚点，以生活质量、社会平等等为基本内容进行研究，以 UNDP 的《人类发展报告》及其衡量指标 HDI（人类发展指数）为代表。1981 年，Lester R. Brown 提出可持续发展是人口趋于平稳、经济稳定、政治安定、社会秩序井然的一种社会发展。1991 年由世界自然保护联盟、世界野生生物基金会和联合国环境规划署共同发表的《保护地球——可持续生存战略》（caring for the earth：a strategy for sustainable living，简称《生存战略》），提出可持续发展是在生存于不超出维系生态系统涵容能力的情况下，改善人类的生活品质（钱易等，2010），并且提出可持续生存的九条基本原则和人类可持续发展的价值观和 130 个行动方案。1994 年，Takashi Onish 认为可持续发展是在环境允许的范围内，现在和将来给社会上所有的人提供充足的生活保障。此方向强调的可持续发展目的在于改善人类生活水平，提高人类生活质量和健康水平，努力实现和谐、自由和平等的社会环境。

3.2.2 经济学方向

可持续发展的经济学方向对可持续发展的定义是以经济发展为核心进行阐述的，以世界自然基金会（WWF）的研究为代表。1985 年，Edward B. Barbier 在《经济、自然资源、不足和发展》一书中，从经济属性提出可持续发展的定义为在保持自然资源的质量和所提供服务的前提下，使经济的净利益增加到最大限度。Costanza 认为，可持续发展可定义为能够无期限地持续下去而不会降低包括各种“自然资本”存量（质和量）在内的整个资本存量的消费。1989 年，英国经济学家皮尔斯（Pearce）将可持续发展表达为“在维持动态服务和自然质量的条件下的经济发展收益最大化”。1992 年，世界资源研究所给可持续发展的定义为不降低环境质量和不破坏世界自然资源基础的经济发展。可持续发展中的经济发展是在不破坏自然资源，不以牺牲环境为代价的经济可持续发展。

3.2.3 生态学方向

可持续发展的生态学方向从生态学角度和自然属性角度对可持续发展进行定义，即由生态学家最早提出的“生态持续性”。1991 年国际生物科学联合会和国际生态学联合会从生态学角度将可持续发展定义为保护和加强环境系统的生产、更新能力，使其不超越环境系统的再生能力（钱易和唐孝炎，2010）。世界自然保护联盟在其发表的《保护地球》中将可持续发展定义为“在生命支持系统的承载能力内，提高人类的生活质量”（戈峰，2002）。美国著名生态经济学家赫尔曼·E·戴利于 1996 年在美国波士顿出版社出版了他的生态经济与可持续发展的集成之作《超越增长——可持续发展的经济学》，给可持续发展的定义是没有超越环境承载能力的发展，这里，发展意味着质量性改进，增长意味着数量增加。他进一步指出，可持续发展是经济规模增长没有超越生物环境承载能力的发展（盖志毅，2005）。1990 年，Forman 认为可持续发展是寻求一种最佳的生态系统，以支持生态系统的完整性和人类愿望的实现，使人类的生存环境得以持续。1994 年，Robert Goodland 等将其定义为不超过环境承载能力的发展（张智光,2010)。此方向着重研究资源与开发利用程度的平衡关系,使得生态系统既能保持自我的完整性又能满足人类的需求,实现人类资源环境的持续发展。

3.2.4　系统学方向

马世骏等(1984)指出,可持续发展问题的实质是以人为主体的生命与其栖息劳作环境、物质生产环境及社会文化环境间关系的协调发展,它们在一起构成社会—经济—自然复合生态系统(1984)。可持续发展的系统学方向是中国在吸收上述三个主要方向的基础上开创的,将可持续发展作为"自然—经济—社会"的三位一体的复杂巨系统去探索"人口、资源、环境、发展"演化规律,充分地体现出可持续发展的发展性原则、公平性原则和持续性原则。从1999年开始每年发布一次的《中国可持续发展战略报告》,就是在可持续发展系统学方向理论思想延续下的代表。

该方向将可持续发展作为"自然、经济、社会"复合巨系统,以综合协同的观点,整体探索可持续发展的本源和演化规律,有序地演绎可持续发展的时空耦合与相互作用、相互制约的关系,建立人与自然的关系、人与人关系解释的统一基础和系统层级结构。牛文元等(2007)提出,可持续发展的系统学本质具有三个明显的特征:其一,它必须能衡量一个国家或区域的"发展度"(通常亦称之为"数量维");其二,它是衡量一个国家或区域的"协调度"(通常亦称之为"质量维");其三,它是衡量一个国家或区域的"持续度"(通常亦称之为"时间维")。总括而言,识别可持续发展系统所提炼的三大特征,即数量维(发展度)、质量维(协调度)、时间维(持续度),并力图实现"三维交集"的最大化,表达了科学度量可持续发展的完满追求。

3.2.5　技术属性角度

没有科学技术的支持,人类的可持续发展便无从谈起。有的学者从技术的角度认为可持续发展就是转向更清洁、更有效的技术,尽可能接近"零排放"或"循环"工艺方法,尽可能减少能源和其他自然资源的消耗。还有的学者提出,"建立极少产生废料和污染物的工艺或技术系统"。他们认为,污染并不是工业活动不可避免的结果,而是技术差、效益低的表现。

3.3　可持续发展的原则

3.3.1　公平性原则

公平是指机会的公平、机会选择的平等性。可持续发展强调人类需求和欲望的满足是发展的主要目标,因而应努力消除人类需求方面存在的诸多不公平性因素。可持续发展所遵循的公平性原则,包括两层内涵:

一是同代人之间的横向公平性。可持续发展要求满足全体人类的基本需求,并给予全体人类平等性的机会以满足他们实现较好生活的愿望。当今全球人口26%的发达国家耗用了80%的资源,资源利用的不合理及全球的贫富悬殊严重损害着同代人之间的公平,是当今世界实现可持续发展的重大障碍。

二是代际间的纵向公平,即各代人之间的公平。人类赖以生存与发展的自然资源是有限的,当代人对于后代人的生存具有不可推卸的责任,当代人不能因为自己的发展与需求而损害后代人需求的自然资源和自然环境，要给后代人利用自然资源以满足需求的权利。

3.3.2 可持续性原则

可持续性是指生态系统受到某种干扰时能保持其生产率的能力。人类社会经济发展不能超越资源与环境的承载能力是可持续性原则的核心内容，这就要求人类的社会经济发展不应损害支持地球生命的自然系统，使其维持自身正常的物质、能量、信息流动。对于可再生资源的使用强度应限制在其最大持续收获量之内；对不可再生资源的使用速度不应超过寻求作为代用品的资源的速度；对环境排放的废物量不应超出环境的自净能力。

3.3.3 共同性原则

1992年召开的联合国环境与发展大会通过的重要文件之一《里约宣言》指出，"致力于达成既尊重所有各方的利益，又保护全球环境与发展体系的国际规定，认识到我们的家园——地球的整体性和相互依存性"。因此，不同国家、地区虽然地域、文化、发展阶段等存在差异，但实现可持续发展这个总目标及应遵循的公平性及持续性两个原则是相同的，最终目的都是为了促进人类之间及人类与自然之间的和谐发展。共同性原则包括发展目标的共同性和行动的共同性两个方面。

3.4 可持续发展的理论阐释

过去以破坏环境为代价来发展经济的道路使人类遭到自然界的严重惩罚，社会发展走进了死胡同。人类要摆脱这种困境，必须从根本上改变人与自然的关系，可持续发展正是人类在对传统工业化道路进行反思的基础之上形成的。可持续发展既不同于"零增长模式"，又不同于"传统式增长模式"的基本发展战略。可持续发展以人与自然的关系、人与人的关系为研究的两大基础，从而探讨人类活动的时空耦合、人类活动的理性控制，人类活动的效益准则、人与自然的演化动态、人对于环境的调控与改造、人与人之间关系的伦理道德规范，最终达到人与自然之间的高度统一，同时达到人与人之间的高度和谐（中国科学院可持续发展研究组，1999）。

3.4.1 "弱可持续性"条件下的可持续发展

可持续发展的一个关键问题是未来的需求如何满足，而满足需求，资本是必需的。资本是用来生产有价值的物品和服务所需的物质，包括自然资本和人造资本。要实现经济的可持续发展，资本总量不能随时间改变。保持资本总量不变的方法有两种：一是总资本存量不变，即自然资本和人造资本总和保持不变，在世代之间保持总量不减少，而每个组成部分可以增减；二是每个组成部分保持自己的资本量不变，自然资本存量不随时间而改变，在世代之间保持自然资本存量。

"弱可持续性"(weak sustainability)就是指第一种方法，即自然资本与人造资本可以相互替代，自然资本的损耗可以通过投资创造等价值的人造资本来弥补，实现总量不变。可以看出，实现弱可持续性的条件是资本存量的不同要素之间可以互相替代，由于自然资本的不断减少，要保持资本总量不变，人造资本必须可以替代日益减少的自然资本，生态系统利益的减少可以用同等量级的人类利益的增加来弥补,如一个伐木场(人造资本)可以取代一片森林(自然资本)。因此,可以说弱可持续性并不关心局部,而只关心整体。在弱可持续性的条件下,自然资本的稀缺性成为制约可持续发展的约束条件,要实现人造资本替代自然资本,转变增长方式、推进技术进步是解决资源对经济发展制约的关键。

3.4.2 "强可持续性"条件下的可持续发展

"强可持续性"(strong sustainability)指第二种方法,即自然资本与人造资本是互补性的关系,不能相互替代,自然资本总量必须保持不变,如果一个国家的自然资本不随时间而减少,就可以实现可持续发展。在"强可持续性"条件下,人造资本与自然资本的基本关系是互补性的,而非替代性的。例如,在一个地方造成的森林滥伐,只能由在其他地方建造同类森林来弥补;消耗化石能源所得的收益只能用于可再生能源的生产。强可持续发展要求一个国家的关键自然资本存量不随时间而减少。因而,持这种观点的人认为由于要素间是互补关系,那么供给最短缺的要素便是可持续发展的制约因素,不认为技术进步是可持续发展的保证。

可持续发展的"弱"与"强"之争的关键是自然资本与人造资本之间的关系,是互补性还是替代性。如果物品是互补的,它们之间具有协同作用,那么它们在一起比它们分开更具有价值;而替代性使得它们可以互相替代而不损失价值,在大多数情况下这似乎是可能的。"弱可持续性"与"强可持续性"在现实中并非完全对立,多数情况下,自然资本与人造资本以及它们的不同形式之间的关系是部分替代与部分互补的结合,而非完全替代或完全互补。从这个意义上说,"弱可持续性"是可持续发展起始阶段的基本要求,为当前可持续发展战略的实践提供手段支持,"强可持续性"是可持续发展的最终目标,指明未来发展的方向(叶裕民,2007)。

3.5 "发展观"变化

可持续发展涉及"发展"和"可持续性"两个概念,其中,发展是不变的主题。发展最初由经济学家定义为"经济增长",在《辞海》中定义为事物由小到大,由简到繁,由低级到高级,由旧质到新质的运动变化过程。斯蒂格利茨(Joseph E. Stiglitz)认为:"发展代表着社会的变革。它是使各种传统关系、传统思维方式、教育卫生问题的处理以及生产方式等变得更'现代'的一种变革。然而变化本身不是目的,而是实现其他目标的手段。发展带来的变化能够使个人和社会更好地掌握自己的命运。发展能使个人拓宽视野、减少闭塞,从而使人生更丰富,发展能减少疾病、贫困带来的痛苦,从而不仅延长寿命,而且使生命更加充满活力。根据这一发展定义,发展战略应以促进社会变革为目标,找出不利变革的障碍以及潜在的促进变革的催化剂。"(胡鞍钢等,2000)。

随着社会的进步,发展观经历着一个变化的过程。对待发展的态度,即发展观,决定着社会的发展道路、发展模式和发展战略。发展观基本经历了由传统发展观到可持续发展观到绿色发展观到"创新、协调、绿色、开放、共享"五大发展理念。发展观的变化也代表着人类社会的进步和人类对待自然态度的变化。

3.5.1　传统发展观

传统发展观的核心是物质财富的增长。把经济的发展等同于经济的增长，并把经济的增长率作为经济发展的衡量指标，认为只要提供经济增长率，社会财富就会自然增长，经济自然会发展。国民生产总值(GNP)和国内生产总值(GDP)的增长成为度量发展的一个基础性指标，但正如森(Amartya Sen)所指出的，将发展简单地等同于GNP增长、个人收入提高、工业化等，是一种狭隘的发展观(吴敬琏，2013)。为了追求经济高速增长，人们对自然资源进行掠夺式的开发利用，在这种发展观的引导下，加重了环境破坏的广度与深度。把发展问题单纯看作一个经济问题，同时把资源、环境问题看作是经济发展的外生变量。

3.5.1.1　经济增长与经济发展

经济增长与经济发展一直是经济学家探讨的学术问题。早在20世纪70年代，两者之间的联系与区别曾经是国际论坛上的一个热门话题。少数学者将两者等同，经济学家雷诺兹认为，除了已计算出来的增长和与之相联系的结构变化外，人们还可以给"发展"一个特殊的含义：它表示在增长导向下经济和政治体制的系统变化……由于这些理由，我们把增长和发展视为可以互相替代使用的两个名词。

但随着理论研究的不断深入，经济学家们基本认为两者应区别对待。经典经济增长通常被定义为一国或一地区内与商品和劳务生产的增长相结合的其生产能力的增长，它一般以一国的国民生产总值经价格变化调整后的年增长率来衡量，且较好的衡量尺度是按人口平均的实际国民生产总值的增长(秦富，2000)。美国经济学家西蒙·库兹涅茨还为经典经济增长描述了六条特征：按人口计算的产量的高增长率；生产率本身的高增长；经济结构变革的高速度(如迅速从农业转向非农业，从工业转向服务业)；社会结构与意识形态的迅速改变；增长在世界范围的迅速扩大；世界各国增长的不平衡性。

经济发展是发展的构成部分，它不仅包括国民经济的增长，同时包含着各个社会主要追求的经济和社会目标的价值。熊彼特将经济发展定义为对现在劳力及土地的服务以不同方式加以利用。

我国著名的经济学家谭崇台(1989)对经济增长和经济发展进行了描述，认为经济增长仅仅指一国或地区在一定时期(一季度、一年、三年、五年、十年)包括产品和劳务在内的产出(output)的增长；经济发展则意味着随着产出的增长而出现的经济、社会和政治结构的变化，这些变化包括投入结构、产出结构、产业比重、分配状况、消费模式、社会福利、文教卫生、群众参与等在内的变化。因此，经济增长强调例如GDP等统计指标数量的变化，而经济发展的内涵更加广泛，不仅包含量的增加，更注重质的变化。

秦富(2000)从学术上对经济增长与经济发展进行详细的区分：一是研究方法上，经济增长偏重于实证分析、定量分析，经济发展偏重于规范分析、制度分析；二是内涵方面，经济增长侧重更多的产出，经济发展既侧重更多的产出，也包括产品生产和交换所依赖的技术、体制、产出结构的变革；三是范围不同，经济发展是相互依赖条件下整个体制的向上运动，而经济增长仅仅是经济发展整个运动中若干因果关联的条件之一；四是在过程上，经济增长可以是物质财富的单方面变化过程，经济发展则是涉及社会结构、人的态度和国家制度以及加速经济增长、减少不平等、改善营养不良、根除极度贫困等的过程；五是在表现形式上，经济增长侧重于物质现实，经济发展则既是一个物质现实，又是一种社会心理状况。

而胡跃龙(2015)侧重于从经济增长与经济发展两者之间的关系方面来阐述。他认为，经济增长与经济发展是两个不可分割的概念，根据中国处于经济快速增长阶段资源支撑问题的现实背景，对于资源支撑相联系的经济发展的特定内涵进行定义：经济发展是一种连续不间断的经济增长过程。所谓连续不间断，就是在时间、空间及速率三个定义域里，经济发展都能保持在正常的路径中运行，即经济增长不出现中断或间断等情况。

综上可以看出，经济增长与经济发展相互联系，各具内涵。与经济增长相比而言，经济发展的内涵更为广阔，研究范围涵盖经济、社会、环境、资源、人口、技术等各个方面。

3.5.1.2　经济发展的阶段

经济学家萨缪尔森在其《经济学》著作中，把先行工业化国家的经济发展大体上划分为四个阶段(吴敬琏，2013)：

(1)“起飞”前，即第一次产业革命以前的阶段。这个阶段的主要特点是，经济增长缓慢并且主要靠增加土地和其他自然资源投入实现。波特(Michael E. Porter)把它定义为“生产要素驱动阶段”。

(2)从18世纪后期第一次产业革命发生到19世纪后期第二次产业革命开始前的“早期经济增长”阶段。在这个阶段中，经济增长开始加速，原因是产业革命用机械操作代替手工劳动，打破了自然资源对增长的限制，使机器大工业迅速发展，劳动生产率大幅提高。因此，经济增长归根到底要靠投资驱动。波特把这一发展阶段定义为“投资驱动阶段”。

(3)第二次产业革命以后的“现代经济增长”阶段。这个阶段的经济增长模式和早期经济增长阶段的增长模式的区别在于，经济增长已经不是主要靠资本积累驱动，而主要靠技术进步和效率提高实现。库兹涅茨把这种增长模式叫“现代经济增长”，波特把这个阶段定义为“创新驱动阶段”。

(4)20世纪50年代以后开始逐步向信息时代或者知识经济时代过渡。这个时期出现了以电子计算机、互联网等为核心的现代信息技术(IT)或信息通信技术(ICT)，信息化成为经济增长的重要特征。

美国经济学家罗斯托(W. W. Rostow)认为经济发展是从农业社会向工业社会转变的过程。这个过程分为六个阶段：一是传统社会阶段，二是为起飞创造前提阶段，三是起飞阶段，四是成熟推进阶段，五是高额群众消费阶段，六是追求生活质量阶段。在这六个阶段中，起飞阶段最为重要，是经济社会发展过程中的重大突破。

从经济发展阶段可以看出，虽然具体划分的阶段不同，但有个相同点，就是社会发展的起步都是依靠消耗资源来带动经济的发展，随后随着技术的进步，经济发展逐步转向提供资源的利用效率方面。

3.5.1.3　传统发展观的局限

传统发展观是一种片面的发展观，长期发展下去会导致资源的过度利用和环境的恶化。在《自然辩证法》(1957)中，恩格斯指出：“我们不要过于得意我们对自然界的胜利。对于我们的每一次胜利，自然界都报复了我们。每一次的这种胜利，第一步我们确实达到预期的结果，但第二步和第三步却有了完全不同的意想不到的结果，常常正好把第一个经过的意义又取消了。美索不达米亚、希腊、小亚细亚以及其他各地的居民，为了想得到耕地把森林都砍完了，但是他们却做梦也想不到这些地方今天竟因此成为荒芜不毛之地。因为他们把森林砍完之后,水分积聚和储存的中心也不存在了……因此我们必须时刻记住:我们统治自然界,绝不像征服者统治异民族一样,相反,我们同我们的肉、血和头脑一起属于自然界,存在于自然界中;我们对自然界的整个支配,仅仅是因为我们胜于其他一切动物,能够认识和正确运用自然规律而已。"

同时传统的发展观强调的是实用主义,在人与自然的关系中,注重人类利益,忽视自然及其他物种的价值。其局限性在于只考虑眼前的功利,不顾人类的长远利益。

3.5.2 可持续发展观

20世纪70年代以来,国际社会对"经济发展"与"经济增长"两者之间的联系与区别进行了激烈争论,萨缪尔森(Paul A. Samuelson)在他1976年出版的第10版《经济学》一开头就为我们讲述了这样的故事:"近来出现了许多政治经济学的批判者。他们非常反对以实利主义的态度来把注意力集中于经济物品的数量。用一位年轻的激进派引人注意的话来说:'不要向我提国民生产总值(GNP)这一概念。对我而言,GNP的意思是国民总污染。'"(吴敬琏,2013)我国著名社会学家费孝通(2004)提出,人类对地球竭泽而渔导致的资源枯竭、生态破坏、环境污染、气候异常等问题在后工业时代必将引发人类对自己所创造的文明进行全面反思。这些都反映出经济学家、社会学家对传统经济增长带来的环境问题的深刻反思。

可持续发展观就是在对传统发展观所出现问题的反思及环境保护运动的开展背景下产生的。孙显元(1999)认为可持续发展是由可持续性和发展所构成的一个整体概念,它所强调的既不是单纯的发展,也不是单纯的可持续性,如果强调发展是它的核心思想,就有可能重新回到传统的发展观上去;如果强调可持续是它的核心思想,也会有可能照搬"零增长"的模式。因此,我们在思考可持续发展的核心和重点的时候,必须从它是一个整体概念这个前提出发,形成发展与可持续性相互制约的机制。李彬(2009)提出可持续发展具有深刻的价值内涵,它涉及人与自身(价值观、人生观、生活方式等)、人与自然和人与社会的关系,实现社会的可持续发展,最终要落实到经济、政策、生活消费、技术、医疗卫生等社会子系统的可持续发展上。

可持续发展观是人类全面发展和持续发展的高度概括,不仅研究持续的自然资源、生态问题,还要研究持续的人文资源、人文环境。其核心思想是经济发展应建立在社会公正、公平和环境、生态可持续的前提下,既要达到发展的目的,又要保护好人类赖以生存的大气、土地、森林、水资源等自然资源和环境,使子孙后代能永续发展和安居乐业。

3.5.3 绿色发展观

"绿色经济"这一词汇最早出现在英国环境经济学家皮尔斯于1989年出版的《绿色经济蓝皮书》中。绿色发展概念是在2002年召开的联合国开发计划署公布的《2002年中国人类发展报告:让绿色发展成为一种选择》中首先提出的。

胡鞍钢(2012)将绿色发展界定为经济、社会、生态三位一体的新型发展道路,以合理消费、低消耗、低排放、生态资本不断增加为主要特征,以绿色创新为基本途径,以积累绿色财富和增加人类绿色福利为根本目标,以实现人与人之间和谐、人与自然之间和谐为根本宗旨。绿色发展理念以人与自然和谐为价值取向,以绿色低碳循环为主要原则,以生态文明建设为基本抓手。柯水发(2013)将绿色发展与可持续发展进行了比较,如表3-2所示。

表 3-2　绿色发展与可持续发展的比较

异同点	类别	可持续发展	绿色发展
相同点	原则	公平性原则、持续性原则、共同性原则	
	核心	环境资源作为经济发展的内在要素，在不降低环境质量和不破坏自然的前提下发展经济	
不同点	目标	建立节约资源的经济体系	经济、社会、环境的可持续发展
	内容与途径	传统发展模式的转变，由粗放型向集约型的转变	经济活动过程的“绿色化”“生态化”

胡鞍钢在 2005 年就提出，进入 21 世纪，世界发展的核心是人类发展，人类发展的主题是绿色发展。发展绿色经济已经成为全球普遍共识。美国以绿色新政为基本概念来推动本国的绿色经济发展，欧盟提出以绿色经济来振兴地区经济，日本计划成为全球第一个低碳绿色国家。

我国对于绿色发展也十分重视。《中华人民共和国国民经济和社会发展第十二个五年规划纲要》(简称“十二五”规划)专设“绿色发展建设资源节约型、环境友好型社会”篇章，进一步增强了气候变化指标，绿色发展指标比重达到 43%，是我国第一部绿色发展规划。根据“十二五”规划和《国家环境保护“十二五”规划》得出“十二五”规划纲要绿色发展的主要指标，如表 3-3 所示。

表 3-3　“十二五”规划纲要绿色发展主要指标

类型	指标	重要性	2010 年	2015 年规划值
绿色增长	服务业增加值比重/%	优先	43	47
	单位 GDP 能源消耗降低/%	优先	—	—
	单位国内生产总值二氧化硫排放总量减少/%	优先	—	—
	研究与试验发展经费支出占 GDP 比重/%	优先	1.76	2.2
	每万人口发明专利量/件	优先	1.7	3.3
绿色财富	耕地保有量/亿亩	优先	18.18	18.18
	单位工业增加值用水量降低/%	优先	—	—
	农业灌溉用水有效利用系数	优先	0.50	0.53
	森林蓄积量/亿 m^3	优先	137	143
	森林覆盖率/%	优先	20.36	21.66
	化学需氧量排放总量/万 t	优先	2551.7	2343.4
	二氧化碳排放总量/万 t	优先	2267.8	2086.4
	氨氮排放总量/万 t	优先	264.4	238
	氢氧化物/万 t	优先	2273.6	2046.2
	资源产出率提高/%	次优先	—	—
	地级以上城市空气质量达到二级标准以上的比例/%	次优先	72	80
	高效节水灌溉面积/万亩	次优先	—	—
	单位国内生产总值建设用地下降/%	次优先	—	—
	绿色能源县/个	次优先	—	200
	改良草原/亿亩	次优先	—	—
	人工种草/亿亩	次优先	—	—

续表

类型	指标	重要性	2010 年	2015 年规划值
绿色福利	人口平均预期寿命/岁	优先	73.5	74.5
	孕产妇死亡率/(个/10 万)	次优先	30.0	22
	城镇新增就业人数/万人	优先	—	—
	城镇保障性安居工程建设/万套	优先	—	—
	农村居民人均纯收入/元	次优先	5919	8310
	婴儿死亡率/‰	次优先	13.1	12
	新增农村安全饮用水人口/亿	次优先	—	—
	农村困难家庭危房改造/万户	次优先	—	—
	全国保障性住房覆盖面积/%	次优先	—	—

绿色发展观是一种“生态兴则文明兴,生态衰则文明衰”的文明观。现代经济社会的发展,对生态环境的依赖度越来越高,生态环境越好,对生产要素的吸引力、集聚力就越强。2013 年,习近平总书记在海南考察时就指出:“保护生态环境就是保护生产力,改善生态环境就是发展生产力。”

3.5.3.1 两山理论

中国同样倡导科学发展,建设资源节约型,环境友好型社会。2013 年,习近平总书记在谈到环境保护问题时明确指出:“我们既要绿水青山,也要金山银山。宁要绿水青山,不要金山银山,而且绿水青山就是金山银山。”这就是“两山理论”的生动阐释。绿水青山代表我们赖以生存的良好的生态环境,将其称为“生态山”。绿水青山中蕴藏宝贵的自然资源,人的命脉在田,田的命脉在水,水的命脉在山,山的命脉在土,土的命脉在树,人类的生存发展离不开山水林田湖的呵护和庇佑,要想“生态山”长远发展,必须保护好自然资源。金山银山代表我们得以发展的社会经济效益,将其称为“经济山”,要想“经济山”长远发展,必须开发利用好自然资源。“两山理论”是对“生态山”与“经济山”互利共生关系的生动阐述,是生态文明建设的重要组成部分。2015 年 9 月 21 日,中共中央、国务院印发了《生态文明体制改革总体方案》,明确提出要“树立绿水青山就是金山银山的理念”(王永生等,2015)。

3.5.3.2 “生态山”与“经济山”关系演化概述

“生态山”与“经济山”的总和就是人类赖以生存的自然资源与环境。本书借鉴生态学中的种间关系来阐释“生态山”与“经济山”的相互作用类型,如表 3-4 所示,其中“+”表示有利,“−”表示有害,“0”表示不受影响。生态学种间关系分为正相互作用、中性作用和负相互作用。正相互作用分为偏利共生和互利共生。偏利共生对一方有利,另一方无影响;互利共生对双方都有利。中性作用两者彼此不受影响。负相互作用包括竞争、偏害和单害单利。竞争双方两者都受到不利影响;偏害对一方有利,另一方无影响;单害单利对一方有利,另一方有害。

表 3-4 “生态山”与“经济山”的相互作用类型

作用类型		“生态山”	“经济山”	特征
正相互作用(共生)	偏利共生	+	0	“生态山”受益,“经济山”无影响
		0	+	“经济山”受益,“生态山”无影响
	互利共生	+	+	相互作用对两者都有利
中性作用		0	0	两者彼此不受影响

续表

作用类型		"生态山"	"经济山"	特征
负相互作用(共生)	竞争	—	—	两者都受到不利影响
	偏害	—	0	"生态山"受损,"经济山"无影响
		0	—	"生态山"无影响,"经济山"受损
	单害单利	+	—	"生态山"受益,"经济山"受损
		—	+	"生态山"受损,"经济山"受益

3.5.3.3 人类文明演化过程中"两山"关系变化

人类社会经历了"原始文明→农业文明→工业文明→生态文明"的过程。在这四个人类文明演化的过程中,"生态山"与"经济山"的关系也发生着变化。

原始文明时期,生产力水平极其低下,人类活动简单,主要是狩猎与采集,崇拜和依赖自然界,称为"无色文明"。"生态山"与"经济山"的关系极为微弱,我们认为"两山"之间关系为中性,"生态山""经济山"关系记为(0,0)。

农业文明时期,种植业、畜牧业得到了发展,人类开始认识自然,利用自然,经济得到一定的发展,人类开发利用一定的资源,产生的废弃物自然界基本可以分解消耗。此阶段对自然界的利用基本在生态系统稳定状态下,生态基本平衡,结构相对稳定,受到的外界干扰没有超出生态系统的恢复能力。所以将"两山"之间的关系界定为"经济山"偏利"生态山"共生关系,"生态山""经济山"关系记为(0,+)。

工业文明时期,科技取得了一定的发展,人类不仅是利用自然,更多的是征服自然,大量使用化肥农药和物理工具,排放大量的垃圾废弃物,导致生态系统的严重退化,将"两山"之间的关系界定为"经济山"单利"生态山"单害关系,"生态山""经济山"关系记为(−,+)。

随着经济发展和资源环境之间的矛盾开始凸显,《寂静的春天》《增长的极限》等著作的出版推动着人类思想的转变,生态环境问题不仅是一个发展问题,已逐渐变为民生问题。人类逐渐意识到自然环境是人类长远发展的基础,既要维持经济增长,也要维持基本的生态环境,将此阶段称之为浅绿色文明阶段。此阶段"两山"之间的关系界定为"经济山"偏利"生态山"共生关系,"生态山""经济山"关系记为(0,+)。

随着可持续发展的推进,"两山"关系得到了根本性的变化,人类逐渐意识到"生态山"就是"经济山",生态优势与经济优势可以相互转化,两者是互利共生,相互促进,共同发展的关系,此阶段我们称之为绿色文明阶段。此阶段"两山"之间的关系界定为"经济山"与"生态山"互利共生关系,"生态山""经济山"关系记为(+,+)。

3.5.3.4 "生态山"与"经济山"的 Lotka-Volterra 共生模型

"生态山"与"经济山"两者存在竞争资源的关系,要定量测度两者的共生关系程度。本书借鉴生态学中的 Lotka-Volterra(洛特卡—沃尔泰勒)模型来解析"生态山"与"经济山"的共生关系。Lotka-Volterra 模型是由 Lotka(1925 年在美国)和 Volterra(1926 年在意大利)分别独立提出的,在单种群逻辑斯蒂增长基础上发展起来的描述种间竞争的模型。种间竞争是指两种或更多种生物共同利用同一资源而产生的相互妨碍作用(孙儒泳,2001)。公式如下所示:

$$\frac{dN_1}{dt} = r_1 N_1 (1 - N_1/K_1 - \alpha N_2/K_1) \tag{3-1}$$

$$\frac{dN_2}{dt} = r_2 N_2 (1 - N_2/K_2 - \beta N_1/K_2) \tag{3-2}$$

公式(3-1)是在竞争中物种甲的种群增长方程；公式(3-2)是在竞争中物种乙的种群增长方程；N_1 和 N_2 分别为物种 1 和物种 2 的种群数量；dN_1/dt 和 dN_2/dt 分别为单位时间内物种 1 和物种 2 的数量变化；K_1 和 K_2 分别为两个物种种群的环境容纳量；r_1 和 r_2 分别为两个物种种群的增长率；α 和 β 为竞争系数，表示物种 2(物种 1)对于物种 1(物种 2)的竞争抑制效应。

从理论上讲，两物种竞争会产生 3 种结果：①物种甲被排挤，物种乙生存；②物种乙被排挤，物种甲生存；③物种甲、乙共存。

两个物种共存，即两个物种处于平衡状态，也就是说在 N_1 和 N_2 都是正值的条件下，dN_1/dt 和 dN_2/dt 两者都等于零。从图 3-1 中可以看出，当 $K_1 < K_2/\beta, K_2 < K_1/\alpha$ 时，两条对角线相交于其平衡点 E。从生态学意义上讲，当两物种都是种内竞争强度大于种间竞争强度时，彼此都不能将对方排挤掉，从而出现稳定的共存局面。

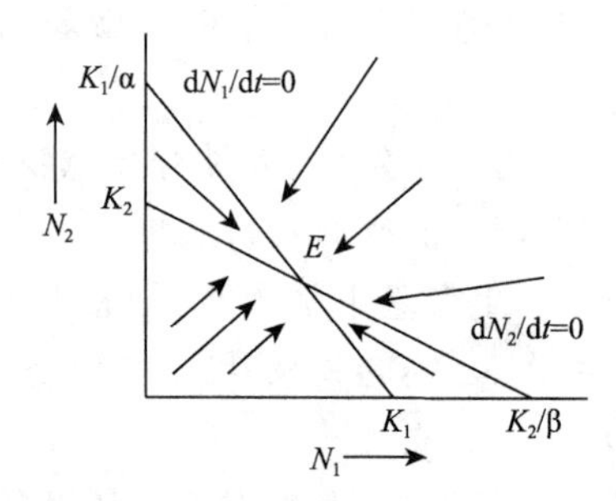

图 3-1　两个物种稳定共存图

类似地，设定“生态山”与“经济山”的总容量为 T，“生态山”的容量用 E_1 表示，“经济山”的容量用 E_2 表示，dE_1/dt 和 dE_2/dt 分别为单位时间内“生态山”和“经济山”的容量变化。α 为“经济山”对“生态山”的竞争抑制系数，β 为“生态山”对“经济山”的竞争抑制系数。

$$\frac{dE_1}{dt} = r_1 E_1 (1 - E_1/T - \alpha E_2/T) \tag{3-3}$$

$$\frac{dE_2}{dt} = r_2 E_2 (1 - E_2/T - \beta E_1/T) \tag{3-4}$$

若两者处于平衡状态，也就是说在 E_1 和 E_2 都是正值的条件下，dE_1/dt 和 dE_2/dt 两者都等于零，

$$r_1 E_1 (1 - E_1/T - \alpha E_2/T) = 0 \tag{3-5}$$

$$r_2 E_2 (1 - E_2/T - \beta E_1/T) = 0 \tag{3-6}$$

得到：

$$E_1 = T(1-\alpha)/(1-\alpha\beta) \tag{3-7}$$

$$E_2 = T(1-\beta)/(1-\alpha\beta) \tag{3-8}$$

由推导得出的公式(3-7)和公式(3-8)得出，“生态山”与“经济山”处于共生状态时，两者的容量大小主要取决于竞争系数 α 与 β 的大小：

若 $\alpha > \beta$，则 $E_1 < E_2$；

若 $\alpha < \beta$，则 $E_1 > E_2$；

若 $\alpha = \beta$，则 $E_1 = E_2$。

即①如果“经济山”对“生态山”的竞争系数大于“生态山”对“经济山”的竞争系数，则“生态山”的容量小于“经济山”的容量；②如果“经济山”对“生态山”的竞争系数小于“生态山”对“经济山”的竞争系数，则“生态山”的容量大于“经济山”的容量；③如果“经济山”对“生态山”的竞争系数等于“生态山”对“经济山”的竞争系数，则“生态山”的容量等于“经济山”的容量。

3.5.4 五大发展理念——创新、协调、绿色、开放、共享

2015年10月26—29日在北京召开的十八届五中全会，首次提出了“创新、协调、绿色、开放、共享”的五大发展理念，是《中共中央关于制定国民经济和社会发展第十三个五年规划的建议》的精髓和主线，是“十三五”乃至更长时期我国发展思路、发展方向和发展着力点的集中体现。

(1)创新。创新是发展的核心内容，放在五大发展理念的首位。创新是民族之魂、强国之策，兼顾统筹理论、制度、文化、技术等全面创新，注重的是更高质量、更高效益的发展，是由“中国制造”向“中国创造”转变的关键。

(2)协调。协调是兼顾统筹上中下、左中右、国内外辩证的、系统的、整体的协调，在协调发展中拓宽发展空间，在加强薄弱领域中增强发展后劲，如“一带一路”、京津冀协同发展、长江经济带“三大支撑带”等。协调注重的是更加均衡、更加高效的发展。

(3)绿色。五中全会提出坚持绿色发展，推进美丽中国建设，为全球生态安全做出新贡献。绿色是兼顾统筹精神和物质的生态革命和生态文明。2015年5月，《中共中央国务院关于加快推进生态文明建设的意见》发布，确定了到2020年生态文明建设的基本原则——坚持把节约优先、保护优先、自然恢复为主体作为基本方针；坚持把绿色发展、循环发展、低碳发展作为基本途径；坚持把深化改革和创新驱动作为基本动力；坚持把培育生态文化作为重要支撑；坚持把重点突破和整体推进作为工作方式。

(4)开放。开放要求发展更高层次的开放型经济，积极参与全球经济治理和公共产品供给，提高我国在全球经济治理中的制度性话语权。开放注重的是更加优化、更有影响力和控制力的发展。

(5)共享。共享使全体人民在发展中有更多获得感，缩小收入差距，实施脱贫攻坚工程，实施精准扶贫、精准脱贫。共享注重的是更加公平正义和更加幸福快乐的发展。

如同古人所讲的金、木、水、火、土(“五行”)，“五大发展理念”是一个整体，一个不能少，一个不能游离。其中，创新是引领发展的第一动力，协调是持续健康发展的内在要求，绿色是永续发展的必要条件，开放是国家繁荣发展的必由之路，共享是中国特色社会主义的本质要求(易昌良，2016)。

3.6 可持续发展的评价方法

评价是根据确定的目的来测定对象系统的属性，并将这种属性变为客观定量的价值或主观效用的行为。评价目的就是通过对评价对象属性的定量化测度，实现对评价对象整体水平或功能的量化描述，从而揭示事物的价值或发展规律(张建龙，2012)。

评价流程为：选取评价对象；确定评价目标；建立评价指标体系；通过指标无量纲化过程消除不同指标之间的不可量度，具体方法包括综合指数法、均值化方法、标准化方法、极差变化

法；确定权重指标，具体方法包括德尔菲法、层次分析法、熵值法、组合赋权法；选择合成模型，具体方法包括加法合成、乘法合成、距离合成、混合合成、其他合成；得出评价结果。评价的流程及评价方法如图 3-2 所示。

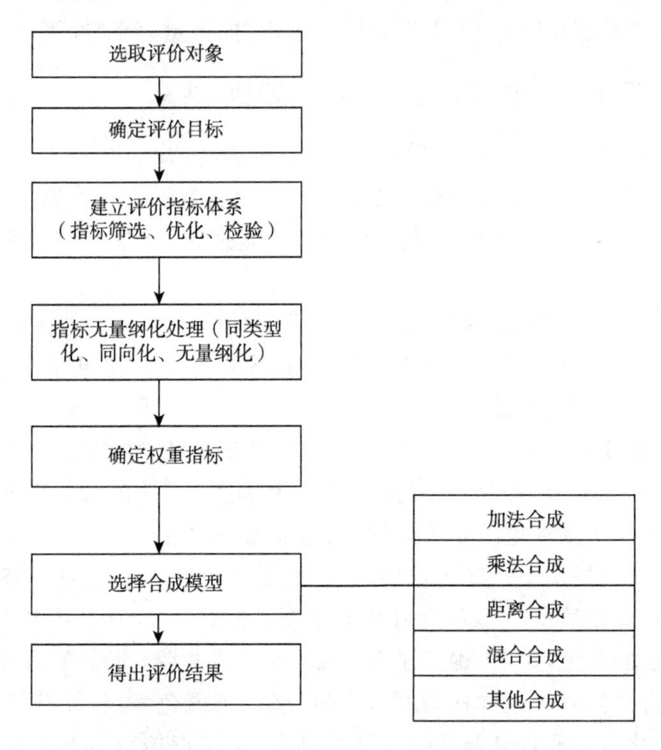

图 3-2 评价的流程及评价方法

随着国际社会对可持续发展的重视，可持续发展已从理论探讨走向实践，可持续发展的衡量及评价成为国内外学者研究的重点。根据马子清(2004)的归纳可持续发展的评价方法主要有以下几种。

3.6.1 单指标评价法

这类评价指标用一个综合的评价指数来反映可持续发展的程度。不同的计算方法分别代表不同的可持续发展观。从社会、经济和环境方面全面描述可持续发展的常见指数有可持续发展指数(SDI)、环境可持续指数(ESI)、幸福指数(WI)。

表 3-5 可持续发展单指标评价常见指标

	可持续发展指数(SDI)	环境可持续指数(ESI)	幸福指数(WI)
定义	可持续发展重要指标的算术平均值	环境可持续发展指标的平均值	人类与生态幸福指数的平均值，其各项指标亦为平均值
指标	14 个指标(每个问题领域 2 个指标)，有 58 个变量	20 个指标，有 68 个变量	5 个人类幸福领域，有 36 个变量；5 个生态幸福领域，有 51 个变量

续表

	可持续发展指数(SDI)	环境可持续指数(ESI)	幸福指数(WI)
加权	标准化处理后指标数值拥有相等权重	标准化处理后指标数值拥有相等权重	标准化处理后指标指数拥有相等权重(包括抵消不良环境状况时减少的资源使用)
可持续性概念	总体(发展)可持续性:政治、社会、人口、经济和环境指数数值均高	环境可持续发展潜力:在既定环境和社会条件下达到高产出的能力	总体(发展)可持续性:人类和生态系统福利水平达到80以上

这类指标的优点是综合性强、计算过程较简单,指标的可得性较强,易操作,容易进行国家之间、地区之间的比较。缺点是评价指标单一,指标的构建因素也不全面,因此很难整体上全面衡量某一地区或国家的可持续发展水平。

3.6.2 综合指数评价体系法

综合指数法,即将一组相同或不同指数通过统计学处理,使不同计量单位、性质的指标值标准化,最后转化成一个综合指数,以准确地评价可持续发展的综合水平。这类评价体系通常是由众多的评价指标所构成的一个具有层次结构的评价体系,从社会、经济、生态、环境、资源、科技和人口等多个方面对国家或地区可持续发展水平进行综合衡量。

常见的综合指数评价体系如下:①可持续发展指标体系。它是由联合国统计局提出的,以《21世纪议程》中的4个主题即经济问题、大气和气候、固体废弃物、机构支持为基础,形成的一个由31个指标构成的指标体系。②联合国可持续发展委员会(UNCSD)指标体系。该指标体系以"社会、经济、环境和机构4大系统"和"驱动力(driving force)—状态(state)—响应(response)"概念模型为基础,共由33个指标构成。③中国可持续发展战略研究组的可持续发展指标体系。由牛文元主持的中国可持续发展战略研究组构建,分为总体层(可持续发展的能力)、系统层(生存、发展、环境、社会和智力5大支持系统)、状态层(16组模型)、变量层(48个指数群)和要素层(多项指标)5个等级,分为4个层次逐渐递归,最后获得可持续发展能力的总评价。

综合指数法分为线性加权模型、乘法评价模型、加乘混合评价模型等几种形式。由于可持续发展指标体系涉及的指标数量很多,所以线性加权模型较为常用,而该方法的关键在于确定各指标的权重。确定权重的方法常用的是德尔菲法(Delphi)法、层次分析法(AHP法),具体介绍如下。

(1)德尔菲法

又称专家意见法,是依据系统的程序,采用匿名发表意见的方式,即团队成员之间不得相互讨论,不发生横向联系,只能与调查人员发生关系,以反复地填写问卷,集结问卷填写人的共识及搜集各方意见。具体过程如图3-3所示。

德尔菲法的要点:①匿名、反复、函讯;②选择好专家;③决定专家的人数(调查次数一般为三次,人数为45～60人);④拟订好意见征询表;⑤做好意见甄别和判断工作。

(2)层次分析法

层次分析法由美国运筹学家 A. L. Saaty 在 1977 年提出，根据因素间的相互关联影响以及隶属关系把因素按不同层次聚集组合，形成一个多层次的分析结构模型方法，相对于最高层(总目标)的重要性权值来确定问题因素的重要性排序，被普遍应用于指标体系的构建研究。

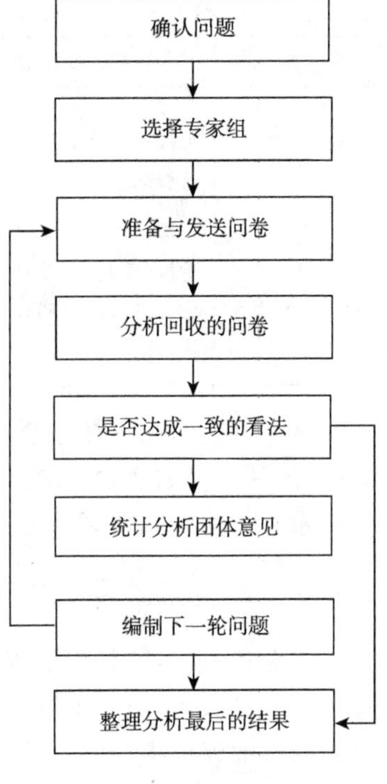

图 3-3　德尔菲法

应用层次分析法的具体步骤如下：

①建立层次结构模型，包括目标层、准则层和指标层。

②根据标度理论，构造两两比较的判断矩阵。以 A 表示指标，$U_i(i=1,2,\cdots,n)$分别表示参评的各个特征。U_{ij} 表示 U_i 对 U_j 相对重要性数值$(j=1,2,\cdots,n)$，U_{ij} 的取值依据表 3-6。

③层次单排序。根据判断矩阵，求出最大特征根所对应的特征向量，该特征向量即为各评价因素重要性排序，即权值。

④判断一致性检验。用公式 $C_R=C_i/R_i$ 来检验，其中 C_i 为判断矩阵的一般一致性指标，由公式 $C_i=(\lambda_{\max}-n)/(n-1)$ 给出($\lambda_{\max}$为矩阵最大特征根)；R_i 为判断矩阵的平均随机一致性指标。当 $C_R<0.1$ 时，接受一致性检验，说明权数分配合理。

⑤层次总排序。利用同一层次中所有层次单排序的结果，就可以计算针对上一层次而言，本层次所有因素重要性的权值，这就是层次总排序。

表 3-6　判断矩阵标度及其含义

标度	含义
1	表示因素 U_i 对 U_j 比较，具有同等重要性
3	表示因素 U_i 对 U_j 比较，U_i 对 U_j 稍微重要
5	表示因素 U_i 对 U_j 比较，U_i 对 U_j 略显重要
7	表示因素 U_i 对 U_j 比较，U_i 对 U_j 强烈重要
9	表示因素 U_i 对 U_j 比较，U_i 对 U_j 极端重要
2,4,6,8	2,4,6,8 分别表示相邻判断 1—3,3—5,5—7,7—9 的中值
倒数	表示因素 U_i 对 U_j 比较的判断，即 $U_{ji}=1/U_{ij}$

3.7　可持续发展相关理论

3.7.1　生态经济学理论

生态经济是将经济发展、资源利用和生态建设有机地结合在一起，实现人与自然协调发展。美国著名生态经济学家莱斯特・R・布朗提出："生态经济是有利于地球的经济构想，是一种能够维系环境永续不衰的经济，是能够满足我们的需求又不会危及子孙后代满足其自身需求前景的经济。"

3.7.1.1　生态经济学的产生

生态经济是发展与环境之间矛盾激化的产物，是人类对传统发展观反思的结果。在传统的经济发展引发严重的环境恶化、污染严重等问题的背景下，生态经济学应运而生。传统经济学对于经济增长与自然资源的关系研究中存在着两种系统思想：一种是将自然资源即生态系统归入经济系统，成为经济系统的子系统，将自然资源系统作为经济系统的子系统，显然是将自然资源系统作为经济系统的从属系统，主次关系、服务重点均凸显经济系统的重要性；另一种是将自然资源系统和经济系统视为两个独立的系统，独立的系统在一定程度上忽视了两个系统相互作用、相互影响的关系，认为经济系统可以通过其系统自身的运行得到自我维系和不断发展(杨皓然，2011)。传统经济学的这两种观点都对自然资源系统功能定位不当和认识不充分，相应的经济实践活动必然引发生态系统的破坏。

1966年，美国经济学家肯尼斯·鲍尔丁发表了题为《一门科学——生态经济学》的论文，首次提出"生态经济协调理论"，从此，生态经济学作为一门科学正式诞生了。2001年，美国著名学者莱斯特·R·布朗出版了《生态经济：有利于地球的经济构想》一书，强调了生态经济研究的重要性，论证了环境并非是经济的一部分，相反，经济是环境的一部分。随后，2003年出版了另外一本论著《B模式：拯救地球延续文明》。布朗认为，我们已经造成一种依靠过度消耗自然资本，使产出大为膨胀的泡沫经济。在泡沫经济中，粮食部门最为显著，世界谷物的收获依靠过度开采地下水而高速增长，一旦地下蓄水层枯竭，导致将来粮食产量的下降，驱使世界粮食价格上涨。许多食物进口国的政治动荡将证明现行的经济模式——A模式不再行得通，取而代之的是B模式——全球动员，稳定人口和气候，使A模式存在的问题不至于发展到失控的地步(聂华林等，2006)。人们开始认识到发达国家后工业社会的生产方式的后果，不仅是一个生态问题，还是一个经济问题，生态经济问题的研究逐步得到人们的重视。

3.7.1.2　生态经济学的发展

生态经济学是一门新兴学科，经济学家和生态学家都从各自的视角致力于生态经济的研究。1989年，国际生态经济学会(international society ecological economic)成立，《生态经济》(《Ecological Economics》)也于该年创刊，标志着生态经济学进入全面深入的发展阶段。此后，美国马里兰大学的国际生态经济学研究所(international institute for ecological economic)和瑞典斯德哥尔摩的瑞典皇家学会的北界国际生态经济学研究所(Beijer international institute for ecological economic)两个著名的生态经济学研究机构成立，致力于国际生态经济的研究。

我国对于生态经济的研究始于20世纪80年代。1980年8月，经济学家许涤新发起召开首次生态经济座谈会，提出了研究生态经济问题的重要性，此后组织和推动一批著名的自然科学家和经济学家来开展生态经济学的研究。1981年11月，云南省生态经济学会成立。1984年，中国生态经济学会在北京成立。1985年云南省生态经济学会创办了《生态经济》杂志，比《Ecological Economics》创刊更早，是世界上第一本生态经济期刊。同年，许涤新出版了《生态经济学探索》一书，对生态经济学的研究对象、性质、基本原理和实际应用等重要问题作了论述。随后，他主持编撰了《生态经济学》，并于1987年出版，是以生态经济协调发展理论为核心的生态经济学形成的标志。这一时期，从事自然科学和社会科学的学者对生态经济学进行了深入研究，一些高等院校也开设了生态经济学的课程。

3.7.1.3 生态经济学研究的对象

生态经济学是一门交叉学科，涉及自然科学的生态学、气象学、土壤学、地理学等，以及社会科学的经济学、社会学、人口学、伦理学、哲学等，研究整个地球生态系统和人类经济亚系统应该如何运行才能达到可持续发展。20 世纪 90 年代后期，Costanza 等（1997）生态经济学家提出了“生态经济学从最广泛的意义上讲是研究生态系统和经济系统之间关系的一个新的跨学科研究领域”，明确地把生态经济学定义为“可持续性的科学”。人类经济的一切活动，都是在一定的生态经济系统中存在和进行的，在自然和社会相统一的客观世界中，普遍存在着生态系统和经济系统相互联系、相互作用、相互耦合而形成的生态经济系统（赵超英等，2002）。

生态经济学的研究对象是生态—经济复合系统，其目的是研究人类经济活动与生态环境的关系和规律（徐中民等，2000）。发展生态经济的核心是实现经济系统与生态系统的对接与互补共进，在经济开发过程中应把握生态经济规律，将生态系统与经济系统结合起来，正确处理生态经济系统中的生态平衡与经济平衡的关系，打破“生态脆弱→经济贫困→生态脆弱”的恶性循环，实现生态经济系统的稳定、高效和持续配置。

3.7.1.4 生态学与经济学

生态学（ecology）与经济学（economics）都来自于古希腊的同一词根“eco-”。“eco-”源于古希腊文“*oikos*”，其意思是“住所”或者“栖息地”，“logy”的意思是研究，而“nomics”的意思是管理。从词源上讲，生态学是研究“住所”的科学，归属自然科学。生态学的研究对象是自然界动植物之间彼此的依存关系，着重研究自然资源管理的自然方面，所以生态学又被称为自然经济学。

经济学则是管理“住所”的学问，归属社会科学，主要研究商品和人之间的依存关系，着重研究自然资源管理的经济方面。而生态经济学可以说是这两门学科的有机结合，侧重研究人与自然的关系。生态经济学的产生源于生态学向社会经济问题研究领域的拓展。生态学和经济学试图在自然科学和社会科学的鸿沟之间架起一座桥梁，经济学家和生态学家经历了不同的思想流派。

Haeckel（1898）第一次明确了这两种科学之间的潜在关系，把经济学当作管理稀缺资源的艺术，把生态学当作“自然界的经济学”。Haeckel 也因为第一个给生态学以确切定义为“有机体与周边外部世界关系的全部科学”而享誉世界。

18 世纪初，一位来自德国萨克森地区的林业和矿产官员可能是最早提出可持续性这一概念的人。1917 年，Von Carlowitz 在《林业经济学》一书中号召人类“顺自然而动，不违背自然”，他特别提出“应当引导林木的保护和培育以提供连续的、稳定的和可持续的林木利用”（巴特姆斯，2010）。

18 世纪的重农主义者代表人物魁奈在 1971 年发表《经济表》一书，可认为是环境核算的先驱，反映了社会和经济系统相互关系及其再生产和维护过程中可持续的理念。

环境经济学家们把对资源稀缺性和环境质量日益恶化的全部宏观和微观成本及其福利含义的严谨研究作为自己的任务。大约是同一时间，与环境经济学家的货币分析相反，“生态经济学”从自然科学中派生出来，研究生态系统承载能力和恢复能力约束下的物理性阈值，研究能源和其他物质消散（熵）效应，生态经济学自称为“可持续科学”的代表。

根据各自对自然和人类活动的世界观，不同的思想流派会从环境角度或经济角度看待环境—经济问题。巴特姆斯(2010)把不同的学派归纳为从传统(新古典)经济学到“深绿”的环境主义思想四类基本流派，各自的基本原则、目标、可持续概念、战略和政策工具、评估与监控的思想观点如表3-7所示。

表3-7　生态经济思想流派

	传统(新古典经济学)	环境经济学	生态经济学	深绿(人类)生态学
基本原则	消费者主权；经济学前沿；功利主义	消费者主权受政府干预和环境成本的限制；功利主义	保护自然资产的集体责任；改良的功利主义	物种间的平等；生物与自然的关系；非功利主义
目标	利润、效用、福利和经济增长的最大化	考虑了环境成本的利润、效用、福利和经济增长的最大化	受限制的或零经济增长；质的发展	经济和人口的负增长
可持续概念	生产资本的维护(非常弱的可持续性)	生产资本和自然资本的维护(弱可持续性)	经济的减物质化(相对较强的可持续性)	生态恢复与保护(强可持续性)
战略和政策工具	经济效率；不受环境约束的市场	生态效率；由市场工具内部化环境成本	生态效率和充足性；根据环境规范和标准使经济增长与环境影响相分离	充足性和连贯性；命令与控制；道德说教
评估与监控	国民账户(GDP、资本形成等)	集成的环境与经济账户(绿化的经济指标)	物质流账户(物质投入产出)；可持续的福利和发展指标；人类生活质量指标	生态系统承载能力和恢复能力的评估；生态足迹

3.7.2　循环经济理论

3.7.2.1　循环经济的由来

循环经济思想最初来源于20世纪60年代美国经济学家鲍尔丁提出的“宇宙飞船理论”，宇宙飞船是一个孤立无援、与世隔绝的独立系统，靠不断消耗自身资源存在，最终将耗尽而毁灭。地球经济系统，犹如一艘宇宙飞船，如不借助太空帮助，尽管地球资源系统大得多，地球寿命也长得多，但是也只有实现对资源循环利用的循环经济才能得以长存。它是一种以“从摇篮到摇篮”的产品生产模式取代“从摇篮到坟墓”的模式。1966年，美国经济学家肯尼斯·鲍尔丁(Kenneth Ewert Boulding)在其《宇宙飞船经济学》一文中，主张建立“循环式经济”。随后，鲍尔丁在《一门科学——生态经济学》中提出了“循环经济”的概念。

20世纪90年代以来，发展循环经济逐渐成为国际社会的共识。德国、日本、美国、法国等国家将循环经济理论运用到城市建设和开发的方方面面，如使用循环水、回收废弃物、改善交通系统等。德国的循环经济立法走在世界前列，颁布了《循环经济与废弃物管理法》。日本是发达国家中循环经济法律体系最全面的国家，2000年颁布了《建立循环型社会基本法》，其第二条的定义为：“本法所称‘循环型社会’是指通过抑制产品成为废物，当产品成为可循环资源时则促进产品的适当循环，并确保不可循环的回收资源得到适当处置，从而使自然资源的消耗受到抑制，环境负荷得到削减的社会形态。”国内关于循环经济的研究起步于20世纪90年代末，目前涉及与循环经济相关的技术、法律、法规等具体应用领域，开始进入示范实施阶段。2012年12月，时任国务院总理温家宝召开国务院常务会议，研究部署发展循环经济，会议讨论通过了《“十二五”循环经济发展规划》。会议指出，今后一个时期，要围绕提高资源产出率，健全激励约束机制，积极构建循环型产业体系，推动再生资源利用产业化，推行绿色消费，加快形成覆盖全社会的资源循环利用体系。

3.7.2.2 循环经济的定义

循环经济是针对工业化运动以来高消耗、高排放的“牧童经济”而言的。美国著名生态学家哈丁指出，“牧童经济”是一种由“资源—产品—废物排放”单向流动，资源高消耗、废物高排放的传统经济运行模式。而循环经济以“减量化(reduce)、再利用(reuse)、再循环(recycle)”(3R原则)为经济活动的行为准则，建立“资源—产品—再生资源”的新思维，把清洁生产、资源综合利用和可持续消费等融为一体，实现经济活动的生态化转向。

对于循环经济的定义，学者给出了不同的定义。诸大建(2007)提出循环经济是以基于3R原理的物质循环为表现形式，以大幅度提高资源生产率为手段，以实现减物质化的经济增长为目标的经济模式。傅国华等(2015)提出循环经济是对物质闭环流动型(closing materials cycle)经济的简称，它是以资源的高效利用和循环利用为目标，以“减量化、再利用、资源化”为原则，以物质闭路循环和能量梯次使用为特征，运用生态学规律来指导社会的经济活动，因此其本质上是一种生态经济。张智光(2010)提出循环经济是一种全新的经济发展模式，具有崭新的科学体系和思想观念，具有新的系统观、经济观、价值观、生产观和消费观。

由循环经济的定义可以看出，循环经济改变了由“资源—产品—污染排放”单向流动的线性经济(从摇篮到坟墓的经济)，找到了“自然资源—产品—再生资源”的反馈式流程(从摇篮到摇篮的经济)，从而实现可持续发展所要求的环境与经济双赢，即在资源环境不退化甚至改善的情况下促进经济的增长。

3.7.2.3 循环经济的“3R”原则

循环经济一般遵循“3R”原则：减量化(reduce)、再利用(reuse)和再循环(recycle)。韩庆利等(2006)对循环经济“3R”原则优先顺序进行了理论研究，如图3-4表示。

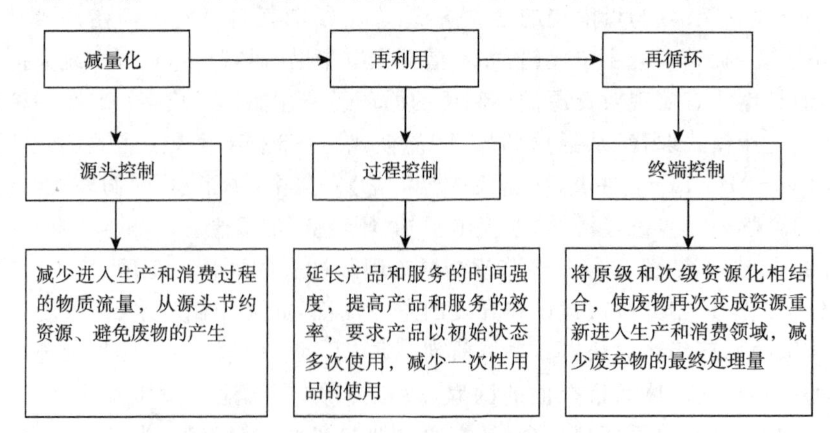

图3-4 “3R”原则的基本特征

(1)减量化原则。减量化是循环经济的源头控制或是输入端控制,其目的是减少进入生产和消费过程的物质量,从源头节约资源使用和减少污染物的排放。减量化的实施水平可用于衡量一个国家或地区循环经济的发展程度,可以运用物质利用强度公式进行评价。物质利用强度(intensity of use,IU)是用于评估生产或服务过程中所消耗物质的量与经济产出之间关系的指标(于秀娟,2003)。在数值上等于物质消耗量与附加值的比值,表达式如下:

$$IU = (X_i/\mathrm{GDP}) = (X_i/Y) \times (Y/\mathrm{GDP}) \tag{3-9}$$

式中,X_i 为物质消耗量,也可以是污染物排放量;Y 为消耗物质 i 的工业产出。

(2)再利用原则。再利用主要针对过程控制,提高产品使用次数和频率,减少一次性污染。再利用不仅要求生产者在设计产品时,选择可以再利用的原料,延长产品寿命等,同时要求消费者减少一次性商品的购买和使用,拒绝使用一次性筷子,购物时自带购物袋等,提高产品的利用效率。

(3)再循环原则。再循环主要针对终端控制或输出控制,是一种末端治理方式,要求物品完成使用的功能后重新变成再生资源。循环经济的理念是世界上没有真正的垃圾,只有放错了地方的资源。废弃物的循环利用不仅可以使循环经济过程实现闭合,而且可极大地节约资源。

吴季松等(2006)对"3R"原则的拓展进行了有益的探讨,提出了"5R"的循环经济新思想,在"3R"基础上增加了再思考(rethink)与再修复(repair)的新理念。再思考原则是以科学发展观为指导,创新经济理论。再修复原则是建立修复生态系统的新发展观。此外,还有的学者提出了再组织、再制造等内容,形成了不同内容的"4R""5R"到"nR"原则,使循环经济的原则愈发丰富。

3.7.2.4　循环经济的应用

循环经济是一种主要体现在微观、中观、宏观三个重要层面上的经济活动。具体而言,循环经济在微观上主要表现为以清洁生产为核心的企业绿色管理模式(傅国华等,2015)。

《中华人民共和国清洁生产促进法》将清洁生产定义为"不断采取改进设计、使用清洁的能源和原料、采用先进的工艺技术与设备、改善管理、综合利用等措施,从源头削减污染,提高资源利用效率,减少或者避免生产、服务和产品使用过程中污染物的产生和排放,以减轻或者消除对人类健康和环境的危害"。

《中国 21 世纪议程》将清洁生产定义为"既可满足人们的需要,又可合理使用自然资源和能源并保护环境的实用生产方法和措施"。

联合国环境规划署(UNEP)将清洁生产的概念定义为:"清洁生产是一种新的创造性的思想,该思想将整体预防的环境战略持续应用于生产过程、产品和服务,以期增加生态效率并减轻人类和环境的风险。"

综上所述,清洁生产,体现预防为主,是一个不断持续进行的过程,包含生产全过程和产品整个生命周期全过程。同时防止污染物的转移,将水、气、土地等环境介质视为一体,避免末端治理中污染物在不同介质之间进行转移。

中观上主要表现为建设生态城市模式。"生态城市"的概念是在 1971 年联合国教科文组织发起的"人与生物圈(MAB)"计划研究中提出的,其关键是城市系统循环利用资源。发展循环经济主要体现在城市建设中,发达国家的城市化水平已达 95%以上,循环经济型生态城市的概念也应运而生。我国学术理论界至少在1999年就明确提出循环经济型城市的概念。从本质上来讲,循环经济型生态城市就是将循环经济和生态学的理论融入城市规划、设计和建设中,在复杂的城市生态系统中,通过生态设计、清洁生产、资源循环利用以及可持续消费等方式实现人与自然的和谐发展(付伟等,2013c)。

宏观上主要表现为循环型社会。循环型社会的概念首次出现在德国的《循环型经济·废弃物法》和日本的《循环型社会形成推进基本法》中,是以"3R"为取向的生产方式、消费方式和社会生活方式,包括现代生态价值观和绿色消费的理念。要实现循环型社会,需要全社会各层次的共同努力,包括政府的推动与规划、法律政策的颁布与实施、科技的创新与利用、全民自觉购买可再生性消费品、节约资源性产品等。

3.7.3 低碳经济理论

3.7.3.1 低碳经济的产生

人类由原始的农业文明走向现代工业文明的过程中,伴随着对太阳能、水能、化石能、核能等能源的开发和利用,化石能源的利用造成了严重的环境问题,如大气污染、臭氧层破坏、酸雨等,严重危害人类的健康。追根溯源,是人类对化石燃料(包括煤炭、石油和天然气等)的使用,排放大量的二氧化碳、二氧化硫、粉尘等空气污染物造成的。在此背景下,"碳足迹""低碳经济""低碳生活""低碳社会""低碳城市"等一系列新概念应运而生。

"低碳经济"最早见诸政府文件是在2003年的英国能源白皮书《我们能源的未来:创建低碳经济》,将发展低碳经济作为英国能源发展的总体目标,要求到2020年使英国的CO_2排放的削减量取得实质性进展,并于2050年使CO_2排放量削减到1990年水平的60%。

3.7.3.2 低碳经济的内涵

低碳经济(low - carbon economy,LCE)中的"经济"一词,涵盖了整个国民经济和社会发展的方方面面,而所提及的"碳",狭义上指造成当前全球气候变暖的CO_2气体,特别是由于化石能源燃烧所产生的CO_2,广义上包括《京都议定书》中所提出的6种温室气体,包括二氧化碳(CO_2)、甲烷(CH_4)、氧化亚氮(N_2O)、氢氟碳化物(HFC_S)、全氟化碳(FPC_S)、六氟化硫(SF_6)。所谓"低",则是针对当前高度依赖化石燃料的能源生产消费体系所导致的"高"的碳强度及其相应"低"的碳生产率,最终要使得碳强度降低到自然资源和环境容量能够有效配置和利用的目标。

莱斯特·布朗(2002)还认为,化石燃料或以碳为基础的经济向高效的、以氢为基础的经济转变十分必要和紧迫,要建构零污染排放、无碳能源经济体系。发展"低碳经济"或者向低碳发展模式转型,其核心是在市场机制基础上,通过制度框架和政策措施的制定和创新,形成明确、稳定和长期的引导和激励,推动低碳技术的开发和运用,并且调整社会经济的发展模式和发展理念,促进整个社会经济朝向高能效、低能耗和低碳排放的模式转型。

傅国华等(2015)认为低碳经济是以低能耗、低污染、低排放为基础的经济发展模式,是人类社会继农业文明、工业文明之后的又一次重大进步,是以应对气候变化、保障能源安全、促进经济社会可持续发展有机结合为目的的规制世界发展格局的新规则,是经济发展的碳排放量、生态环境代价及社会经济成本最低的经济。

综上所述,"低碳经济"是基于碳密集能源生产方式和能源消费方式的"高碳经济"而言的,是以低能耗、低污染、低排放为基础的经济发展新模式，尤其是指以温室气体排放最小化为目标的经济发展模式。从可持续发展的角度出发，低碳经济是通过技术创新、新能源开发、产业转型等多种手段，尽可能地减少煤炭、石油等高碳能源消耗，减少温室气体排放，逐步从"高碳经济"转向"低碳经济"，达到经济发展、社会和谐和生态环境保护多赢的一种经济发展形态。

3.7.3.3　低碳经济的本质

低碳经济的基本保证是低碳能源，关键环节是清洁生产和可替代能源的开发。低碳经济的发展支撑是低碳产业，关键环节是低碳技术的创新和推广。构建低碳体系，实现低碳经济发展模式是协调经济发展和保护全球气候的根本途径。

低碳经济是基于新能源而言的经济发展模式。相对于传统的化石能源，低碳经济力求实现与能源消费引发的碳排放"脱钩"，通过能源替代、发展低碳能源，提高清洁能源和再生能源在能源利用中的比例，既实现经济增长，又能使碳排放低增长、零增长甚至为负增长。

低碳经济是相对于人为碳通量而言的经济发展模式。低碳经济是一种为解决人为碳通量增加引发的地球生态圈碳失衡而实施的人类自救行为。因此，发展低碳经济的关键在于改变人们的高碳消费倾向和碳偏好，减少化石能源的消费量，减少碳足迹，实现低碳生存。

低碳经济本质上属于碳中性经济。在正常情况下，自然界的碳循环是平衡的。由于人类大量燃烧煤炭、石油、天然气等化石燃料，使大气中的 CO_2 含量迅速增加，超过了环境的承载力，打破了生物圈中碳循环的平衡，直接威胁人类的生存和发展。低碳经济中"低"的要义在于降低经济发展对生态系统中碳循环的影响，实现碳循环的自然平衡，其根本目标是实现经济发展的碳中性，即经济发展中人为排放的 CO_2 与通过人为措施吸收的 CO_2 实现动态均衡。只有通过能源消费方式以及人类生产、生活方式的一次新变革，才能实现建立在化石能源基础上的工业文明向低碳经济和生态文明转型，实现经济、社会、自然和谐统一。

3.7.3.4　低碳经济发展模式

低碳经济的发展模式是通过政府、企业和个人等全社会的参与，在实践中将低碳经济理论运用到生产、流通、交换、消费等一系列的经济活动中，形成低碳体系的改造传统经济发展模式的新经济发展模式。低碳经济的发展方向从宏观层面的政府角度出发，低碳体系中的低碳生产、低碳流通、低碳分配从中观层面的企业出发，最后的低碳消费从微观层面的个人出发论述了低碳经济的发展模式(图 3-5)。

(1)政府引导低碳发展。低碳发展是低碳经济发展的方向，在保证经济社会健康、快速和可持续发展的条件下最大限度减少温室气体的排放。低碳发展的目的是发展，即在实现碳排量降低的前提下，实现经济社会的持续发展。实现低碳发展的前提是政府的有效引导。因为推动低碳发展的重要驱动因素是政策制度的创新和制定。政府应将低碳发展提升到战略高度，建立政府投入机制。一方面加强能源政策、法律法规和与国家可再生能源法相关的地区性配套法规和政策的体系建设；另一方面建立低碳激励机制，通过制定低碳税收优惠、财政补贴、政府采购、绿色信贷等政策，引导企业、科研院所对低碳技术及其产品研究开发的积极性。

(2)低碳体系。要实现低碳发展,低碳体系的建立必不可少。从经济过程的角度来分析,它包括低碳生产、低碳流通、低碳分配和低碳消费四个环节。低碳生产主要指物质资料生产的低碳化过程。低碳流通就是使生产要素和生产的产品在流通过程中不但实现低碳化,还能实现资源的优化配置。低碳分配更多的是关注工资、利息、地租、利润等问题,它既连着生产过程的资源配置问题,又连着消费和生产过程的人的生存条件和生活质量问题,既扮演着经济的“调节器”,更发挥着社会“稳定器”功能。低碳消费是将低碳经济的理念贯穿于消费的各个环节,它既包括在消费的过程中形成适度消费、绿色消费的观念,并在实际生活中实践低碳消费的观念;还包括在消费的结构上更加注重精神消费,提高对人力资本的投资,带动相关产业的可持续发展,最终实现资源节约型、环境友好型社会。

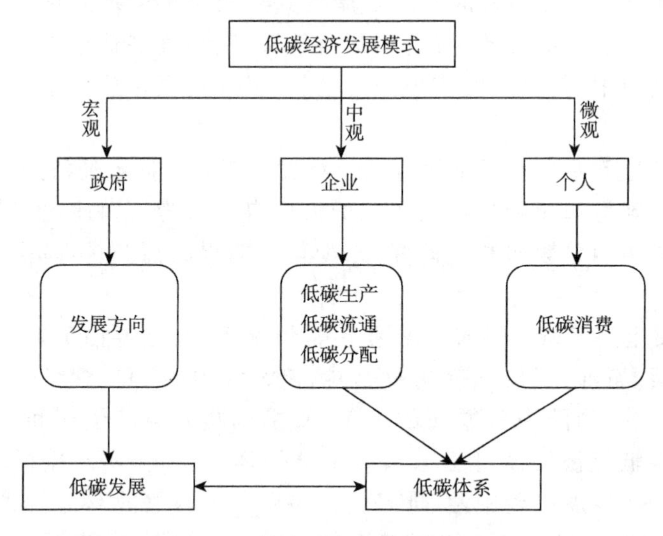

图 3-5 低碳经济发展模式框架

3.7.3.5 碳足迹

“碳足迹”来源于英语单词“carbon footprint”,是指我们每一个人、每一项活动、使用的每一项产品在排放中留下的足迹,就是“碳耗用量”。“碳”耗用得越多,导致地球暖化的“元凶”二氧化碳也制造得越多,“碳足迹”就越大;反之,“碳足迹”就越小。

碳足迹根据其产生的方式可分为第一碳足迹和第二碳足迹。第一碳足迹也称为直接碳足迹,指经济主体在生产生活中直接产生的二氧化碳排放量;第二碳足迹也称为间接碳足迹,指经济主体使用各类产品或服务时在生产、制造、使用、运输、维修、回收与销毁等整个生命周期内释放出的二氧化碳的总量,这种二氧化碳主要是在产品和服务生成的过程中形成的,通过消费活动最后把二氧化碳排放量核算在经济主体上(梅林海,2016)。根据国家发展与改革委员会能源办公室 2008 年数据,日常生活中个人碳足迹评估常用的计算公式如表 3-8 所示。

表 3-8　日常生活中个人碳足迹评估常用的计算公式

日常行为	碳足迹评估计算基本参数(排放量指二氧化碳)
家居用电	排放量(kg)＝耗电度数×0.943
1 人开车	排放量(kg)＝油耗公升数×2.25
乘火车每 100 km	排放量(kg)＝每 100 千米×0.86
乘地铁每 100 km	排放量(kg)＝每 100 千米×0.23
乘飞机每 100 km	排放量(kg)＝每 100 千米×9.1
家用燃气 1(天然气)	排放量(kg)＝天然气立方数×2.1
家用燃气 2(液化石油气)	排放量(kg)＝液化石油气立方数×2.9
集中供暖 1 年	排放量(kg)＝每平方米×47.6
食用肉食	排放量(kg)＝肉的千克数×1.4

3.7.4　资源与环境经济学理论

3.7.4.1　资源与环境经济学的产生

资源与环境经济学(natural resource and environmental economics)是 20 世纪 60 年代初随着能源、粮食、水、生态环境等问题的出现而发展起来的应用型边缘经济学科。资源与环境经济学的产生思想源远流长，在经济学的起源阶段，自然资源与劳动就在其研究范围内，且两者密不可分。马克思在《资本论》中说："劳动和土地，是财富两个原始的形成要素。"英国古典经济学家威廉·配第也指出"劳动是财富之父，土地是财富之母"，其中的土地指的就是自然资源。20 世纪 60 年代，一系列资源环境保护运动对资源环境经济思想起到了推动作用。

有的经济学家将生态环境作为一种特定的存量资源包括在"资源"的概念之中，称之为"资源经济学"。也有经济学家将自然资源供给作为环境提供的一种特定功能包含在环境经济范围之内，称之为"环境经济学"。梅林海(2016)认为，由于资源和环境密不可分，将资源与环境分立并列，采用"资源与环境经济学"这个概念。董小林(2005)将广义的环境经济学称为环境与自然资源经济学，除研究环境污染防治的经济问题之外，还研究自然资源的合理利用，以及在经济发展中生态平衡的破坏与恢复等过程中所涉及的经济问题。

3.7.4.2　PRED 问题

PRED 问题是研究人口(population)、资源(resources)、环境(environment)与发展(development)之间关系的问题。人类社会的发展过程伴随着人口的快速增长、自然资源的不合理利用、生态环境恶化等问题。这些问题错综复杂，人口、资源、环境与发展，这四个问题组成了一个相互作用、相互影响的系统。

(1)P(人口)问题：人口是关键因素。人既是生产者，又是消费者，人类从自然环境中索取资源，满足社会的发展，同时也将废弃物排放到自然环境中。如果人类排放的废弃物超过了自然环境的自净能力，会造成环境污染。人口数量的增长和生活水平的提高，使人类对自然资源的需求量日益增加，最终将引发资源危机。

人口是生活在一定社会制度下，在一定的地域范围内，具有一定数量和质量的人的总称。人口的数量和质量是人口问题的两个方面。随着人类社会的发展进步，人口的素质、受教育程度等方面的提高，对于资源环境的认识会发生改变，开发风能、太阳能等清洁能源，同时利用科技成果制造某些资源的替代品，从而在一定程度上改善自然环境，保护自然资源。所以在关注人口问题时，只是关注人口数量的控制。人口数量不是越多越好，也不是越少越好，应与社会发展水平相适应，同资源利用和环境保护相协调。而且，更应该关注人口质量的提高。

(2)R(资源)问题：所谓资源，指的是一切可被人类开发和利用的物质、能量和信息的总称。它广泛地存在于自然界和人类社会中，是一种自然存在物(梅林海，2016)。按照资源的性质，资源可划分为自然资源、社会经济资源和技术资源。在资源问题中主要指的是自然资源，自然资源是人类生存发展的基本条件。人类对于自然资源的过度开发利用是造成资源短缺的主要原因。

(3)E(环境)问题：环境是人类赖以生存的物质基础。保护环境是我国的基本国策。环境问题主要表现为生态破坏和环境污染两个方面，都是生态失衡的表现。生态系统中任何构成要素的缺损，或结构成分的改变，都会引起生态失衡。由结构和功能变化引起的生态失衡叫作生态破坏。由结构成分的改变(如异物输入)引起的生态失衡，叫作环境污染。

生态破坏问题最严重的是森林的锐减，导致水土流失加剧，土地沙漠化扩大，自然灾害频发。污染是一种结构成分的增加或被替代(如三废)。污染是外环境的物质输入，从结构(增加了某些原来系统没有或数量很少的物质)和功能(破坏了物质循环，超越了系统的自净能力)两个方面导致稳态消失。目前，我国的三大环境污染为大气污染、水污染和土壤污染。2016 年 4 月 25 日，国务院首次向全国人大做环保年度报告，"十三五"期间，环保部门将实行最严格的环境保护制度，打好大气、水、土壤污染防治"三大战役"。

(4)D(发展)问题：发展是 PRED 问题的核心，是实质问题。处理好发展与资源环境的关系，最关键的是维持生态经济系统的平衡。生态经济系统平衡是指生态系统及其物质、能量供给与经济系统对这些物质、能量需求之间的协调状态。它既是符合自然生态系统进化发展目标的经济平衡，又是符合人类经济社会发展目标的生态平衡。在经济发展中坚持最小消耗原则，即用尽可能少的消耗来取得尽可能大的经济成果，即提高经济效益；坚持全面发展、立体开发、多级生产、综合利用的原则；坚持取予平衡，养用结合原则；坚持综合效益原则。

3.8 社会—经济—自然复合系统

20 世纪 80 年代初，马世骏等(1984)在总结了以整体、协调、循环、自生为核心的生态控制论原理的基础上，提出了社会—经济—自然复合生态系统的理论和时(代际、世际)、空(地域、流域、区域)、量(各种物质、能量代谢过程)、构(产业、体制、景观)、序(竞争、共生与自生序)的生态关联及调控方法，指出可持续发展问题的实质是以人为主体的生命与其栖息劳作环境、物质生产环境及社会文化环境间关系的协调发展，它们在一起构成社会—经济—自然复合系统，而人类社会也是这样的一个复合系统。

社会—经济—自然复合系统是社会系统、经济系统和自然生态系统的耦合。戈峰(2002)将其功能概括为生产、消费、流通、控制和还原的功能，使经济得以持续、社会得以安定、自然得以平衡，如表 3-9 所示。

表 3-9 复合系统功能

	经济系统	社会系统	自然系统
生产	物质及精神产品生产	人的生产(劳力、智力、体制、文化)	可再生资源生产
消费	生产资料、原材料的消费	商品的消费、信息及文化环境的享用	资源及环境的耗竭、空间的占用
流通	物资与货币的流通	人与信息的流动	水、气及其他生态资产的流通
控制	市场规律的调节	法规、体制、政治的调节	自然生态的反馈
还原	废弃物循环再生	社会治安、保障、医疗、保健	自然缓冲、自净、人工治理、保育、恢复

3.8.1 社会系统

“社”指的就是“团体”,“会”指的就是“用来聚集的地区”,“社会”的意思就是在一个地方所聚集成的一个团体。在社会学中,社会指的是由有一定联系、相互依存的人们组成的超乎个人的、有机的整体。马克思主义的观点认为,社会是人们通过交往形成的社会关系的总和。综上所述,社会是共同生活的个体或群体通过一定的行为规范、经济关系和社会制度联合起来的集合。社会系统是由社会人与他们之间的经济关系、政治关系和文化关系构成的系统,比如一个家庭、一个公司、一个社团、一个城市、一个国家都是一个个的社会系统。

社会系统通过组织管理、规章制度、政策计划及法律条令等形式保证其正常运行。

3.8.2 经济系统

对于经济系统的解释可从不同的研究范畴和研究系统进行分析。从微观经济学的角度来看,狭义的经济系统是社会再生产过程中的生产、分配、交换、消费各环节的有机统一体;从宏观经济学的角度来看,经济系统是国民经济各产业部门的有机结合,是物质生产部门和非物质生产部门的总称;从政治经济学的角度来看,经济系统是社会生产关系与生产力相互作用的有机整体(梁山等,2007)。

由此可见,经济系统由三个子系统构成,包括生产力系统、生产关系系统和经济运行系统。

生产力系统:一般指人类改造自然的能力和生产工具,体现着人与自然的关系。

生产关系系统:一般指生产资料所有制系统,体现着人与人的关系。

经济运行系统:在商品生产条件下,经济运行系统包括生产、交换、分配、消费四个环节。这四个环节相互衔接,相互联系。生产是基础环节;交换是人们相互交换劳动和劳动产品的过程,是生产、消费的中间环节;分配主要指生产资料的分配、消费品的分配;消费是最后的环节。生产环节为消费创造条件,生产水平的高低和规模大小又决定着分配、交换和消费的水平;而消费和交换对生产又起反作用,消费水平即对商品质量要求的提高会反过来影响生产环节。上述四个环节连为一体,表现为一种周而复始、连续不断的再生产循环运动。

经济系统的结构基本分为五个方面:所有制结构、生产结构、流通结构、分配结构和消费结构。后四个结构可概括为社会再生产过程的四环结构。其中,所有制结构包括国家所有制、集体所有制、个人所有制、股份制、合资、外资等经济成分或层次。生产结构可分为产业结构、产品结构、技术结构、生产性投资结构等。

经济系统的功能是通过物质循环、能量流动和信息传递的过程完成的，并把经济系统内的各个组成部分连接成为一个有机整体。经济系统不仅是社会生产与再生产过程，而且是产品的价值形成过程。因此，经济系统的功能体现在物流、能流、信息流和价值流的传输过程中。

3.8.3　生态(自然)系统

生态系统是在一定空间中共同栖居着的所有生物与其环境之间不断进行物质循环和能量流动过程而形成的统一整体。系统是指彼此间相互作用、相互依赖的事物，有规律地联合的集合体，是有序作用的整体。构成系统至少满足三个条件：由许多成分组成，各成分间彼此相互联系，具有独立特定的功能(孙儒泳，2001)。生态系统(ecosystem)一词是英国生态学家Tansley(1935)于1935年首次提出，他认为生物与环境形成一个自然系统，正是这种系统构成了地球表面上各种大小和类型的基本单位，这就是生态系统。生态系统是生态学领域的一个主要结构和功能单位，生态系统的范围可大可小，相互交错。

生态系统的提出对生态学的发展起到了很大的推进作用。R. Lindeman于20世纪30年代末对塞达波格湖进行了营养物质转移规律的研究，论证了能量沿着食物链转移的顺序，并提出了著名的"百分之十定律"。其中的物质循环、能量流动就是生态系统的主要生态功能。

生态系统的组成成分主要分为生物和非生物两大部分。根据生物在生态系统中的作用，生物主体分为生产者、消费者和分解者。非生物部分指非生物环境，主要包括能源、气候、基质等，如图3-6所示。

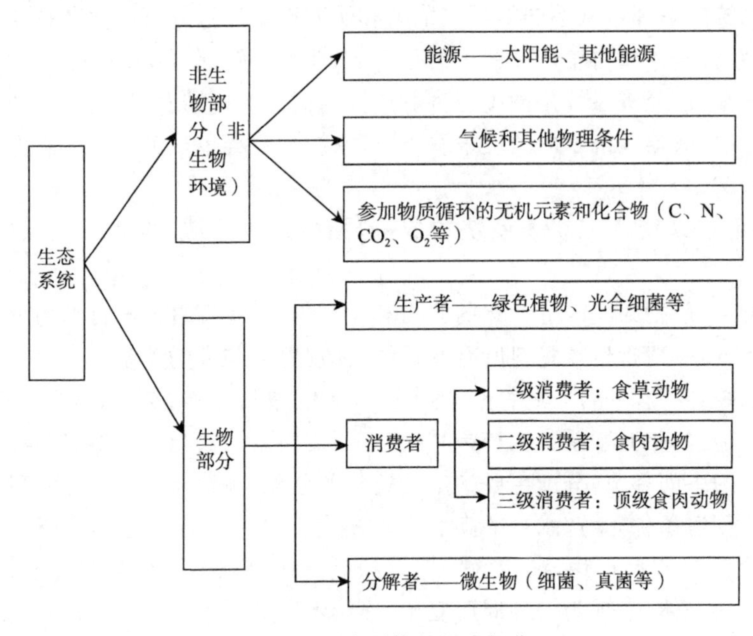

图3-6　生态系统的组成部分

3.9 可持续发展科学的“拉格朗日点”

牛文元等(2015)在《2015 世界可持续发展年度报告》中提到可持续发展“拉格朗日点”,即“人类活动强度与自然承载力”“环境与发展”“效率与公平”三者共耦的平衡点。在“拉格朗日点”上保持稳定就是可持续发展科学的平衡。

图 3-7 中,P_A 表达“发展”的目标意愿;P_B 表达环境容量对可持续发展目标的支撑能力;x 表示在不突破环境容量条件下的发展尺度;y 表示必须维持地球生命支持系统下环境所能承受的临界阈值;m 表示 P_A、P_B 可以共同表达的空间域;o 表示 P_A 与 P_B 平衡下的“拉格朗日点”,代表着在不损害生命支持系统前提下为“发展”提供的最大空间。可持续发展“拉格朗日点”维系着环境与发展平衡状态下系统(P_A+P_B)所获得交集组合的最优解,体现了获取可持续发展目标最大化的最终解。

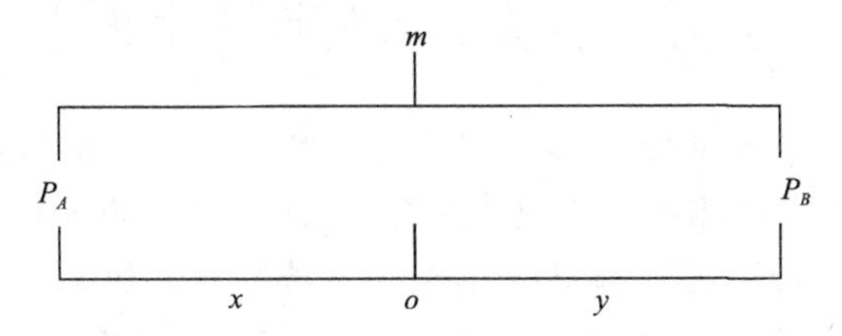

图 3-7 环境与发展的平衡

由图 3-7 得出

$$x + y = m \tag{3-10}$$

对于环境与发展的平衡状态评估,当 P_A 抵达拉格朗日点的描述:

$$x = \frac{1}{2}\left\{m\left[1+\frac{P_B - P_A}{P_B}\right]^{\left(\frac{\alpha-\beta}{\alpha}\right)}\right\} \tag{3-11}$$

式中,α 表示对于“发展”的偏好度(惯性系数)。

同样,对于 y 而言有

$$y = \frac{1}{2}\left\{m\left[1+\frac{P_A - P_B}{P_A}\right]^{\left(\frac{\beta-\alpha}{\beta}\right)}\right\} \tag{3-12}$$

式中,β 表示对于“环境”的偏好度(惯性系数)。

可以看出,只有在规范化意义上当 $P_A=P_B$,$\alpha=\beta$ 时,

$$x = 1/2m = y \tag{3-13}$$

此时所在的 o 点即为规范化意义上的平衡点,即所谓的可持续发展“拉格朗日点”。

要维系可持续发展“拉格朗日点”,就要保持平衡性随时间变化为常数。

$$\frac{\mathrm{d}P_A}{\mathrm{d}t} = r_1 P_A\left(1-\frac{P_A}{m}-\beta\frac{P_B}{m}\right)=0 \tag{3-14}$$

$$\frac{\mathrm{d}P_B}{\mathrm{d}t} = r_2 P_B\left(1-\frac{P_B}{m}-\alpha\frac{P_A}{m}\right)=0 \tag{3-15}$$

式中,r_1、r_2 分别表示 P_A 与 P_B 达到临界时的增长率和容忍度。当达到可持续发展“拉格朗日点”o 时,分别求出

$$\alpha = \left[\frac{\mathrm{d}P_B}{\mathrm{d}t} \cdot mP_A \Big/ r_2 P_B\right] - \left(\frac{m + P_B}{P_A}\right) = 0 \tag{3-16}$$

$$\beta = \left[\frac{\mathrm{d}P_A}{\mathrm{d}t} \cdot mP_B \Big/ r_1 P_A\right] - \left(\frac{m + P_A}{P_B}\right) = 0 \tag{3-17}$$

在现实解释中,规范化意义上的“拉格朗日点”的保持,必然服从:

$$(\mathrm{d}P_A/\mathrm{d}t) = 0, (\mathrm{d}P_B/\mathrm{d}t) = 0, (\alpha - \beta) = 0 \tag{3-18}$$

在可持续发展“拉格朗日点”的整体寻优过程中,会出现三种情况的预期后果:

(1)$x > y$,发展干预了环境,削弱了“生存支持系统”,最终导致“经济失灵”;

(2)$y > x$,环境过分限制了发展,削弱了“发展支持系统”,最终导致“社会失灵”;

(3)$x = y$,即环境选择与发展平衡下的可持续发展“拉格朗日点”,发展处于理想的水平。

3.10 青藏高原地区资源可持续利用的两条主线

可持续发展一直沿着两条主线进行——“人与自然关系的平衡”与“人与人关系的和谐”,它是对“人与自然”“人与人”关系两大认识的综合。《我们共同的未来》(WCED,1987)报告的结论部分对可持续发展进行了概括,从广义上来说可持续发展战略旨在促进人与人以及人与自然之间的和谐。在全世界可持续发展的研究领域和行动领域普遍存在着基本的共识,即无一例外地承认“人与人之间关系的和谐”与“人与自然之间关系的平衡”,是贯穿于整个可持续发展的两大核心主线(牛文元等,2007)。可持续发展理论的“外部响应”表现在对于“人与自然”之间关系的认识,“内部响应”表现在对于“人与人”之间关系的认识(牛文元,2012)。人与自然和谐发展是人类发展的基础条件,是可持续发展的“外部响应”。人类的生产和生活离不开自然界所提供的基础环境,更离不开资源的外部保证。

青藏高原地势高耸、气候寒冷,被地质学家称之为“世界屋脊”“地球第三极”,空气稀薄、生态脆弱,又被人类学家认为是“生命的禁区”(李清源,2008)。自古以来高原脆弱的生态环境一直困扰着生活在青藏高原上的民众。如何在脆弱而有限的自然环境中生存,是面临的重大问题。人与自然、人与社会这两大问题是人类生存的基本问题,也是青藏高原地区资源可持续利用的两条主线。

3.10.1 外部响应——人与自然和谐发展

青藏高原地区资源可持续利用的两条主线同样也是如此。“人与自然和谐发展”是青藏高原地区资源利用与可持续发展的“外部响应”。从哲学上讲,任何事物的发展都是内因和外因共同作用的结果。“外部响应”就是一个外因,自然资源和社会资源给人类提供了一个基础的生存环境。

3.10.2 内部响应——人与人和谐发展

“人与人和谐发展”是青藏高原地区资源可持续利用的“内部响应”。“内部响应”就是一个内因,人与人之间的关系主要包括世界不同区域之间、不同国家之间、不同群体之间的关系等。处理好人与自然的关系,是青藏高原地区资源可持续利用的基础;处理好人与人之间的关系,是实现青藏高原地区资源可持续利用的核心。基础关系着当代和未来人口的生存与发展；核心关系着人类行为的协调统一。

3.11　青藏高原地区可持续发展状况

随着可持续发展思想在全球的广泛传播，中国在可持续发展方面也取得了很大的进步和成就，Wang 等(2012)归纳了中国可持续发展的进程和规划：自 1992 年以来，中国可持续发展的进程主要体现在制度安排、政策制定、技术进步等方面；第 11 个五年计划期间(2006—2010 年)，中国主要进行节能减排和经济结构的调整；在“十二五”规划期间，中国主要进行绿色经济发展模式的转型和发展低碳经济。

《2015 年世界可持续发展年度报告》将世界分为五大类型：发达国家、新兴经济体国家、发展中国家、最不发达国家、小岛国家，并获得世界不同类型国家的可持续发展目标选择图，同时还指出，全球整体进入可持续发展门槛并保持可持续发展状态，是人类历史进程中最为期待的时间。依据所定标准和国际公认数据，各国达到可持续发展目标的基本预测为：目前世界上最早可以实现可持续发展的国家是挪威(2040 年)；世界最大发达国家美国进入可持续发展门槛的时间是 2068 年；世界最大发展中国家中国进入可持续发展门槛的时间是 2079 年，世界最后实现可持续发展所定标准的国家是非洲的莫桑比克(2141 年)。

3.11.1　《中国可持续发展总论》研究结果

中国可持续发展指标体系是由中国科学院可持续发展战略研究组应用可持续发展的系统学理论创建的，运用层次分析法把指标体系分成三个层次(图 3-8)：第一层次由生存支持指标、发展支持指标、环境支持指标、社会支持指标和智力支持指标构成；第二层次是对第一层次的二级分类；第三层次是对第二层次的每个指标的具体要素分类。三个层次共有 5 个一级指标、16 个二级指标、45 个三级指标。在计算过程中依照每个指标的作用和价值给出相应的权重，每个层次权重的总分为 100 分，可持续发展指数由加权求和得出，作为衡量区域可持续发展程度的评价标准。

中国科学院可持续发展战略研究组根据图 3-8 的可持续发展指标体系要素层对中国 31 个省(自治区、直辖市)进行了计算，表 3-10 是青藏高原地区的可持续发展能力的数值。牛文元(2007)主编的《中国可持续发展总论》对其进行详细的介绍，图 3-8 和青藏高原各地区可持续发展能力的数值都来源于此。

从总体上看，青藏高原地区可持续发展的能力较低。青海和西藏的可持续发展总能力数值分别为 32.13 和 30.85(表 3-10)，在全国可持续发展能力排名分别是 29 和 31，其他的省份排名也偏后。青藏高原地区可持续发展的 5 个子系统中，智力支持系统处于最劣势，西藏和青海为全国最后两位；生存支持系统、发展支持系统和社会支持系统也较差；西藏在环境支持系统中排名第一位，但其他省份排名偏后。

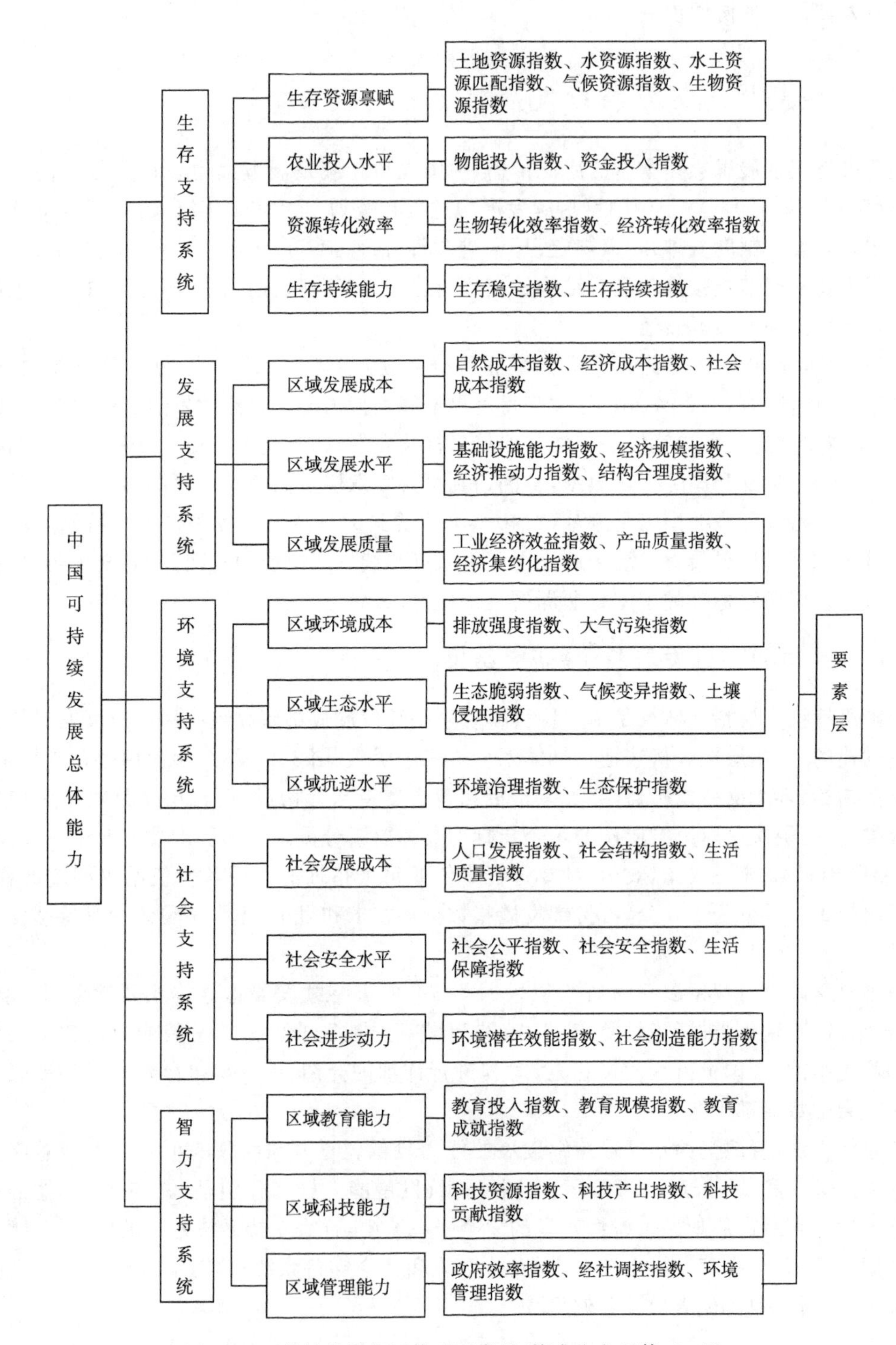

图 3-8　可持续发展指标体系要素层(摘自牛文元等,2007)

表 3-10　青藏高原地区可持续发展能力

地区	生存支持系统		发展支持系统		环境支持系统		社会支持系统		智力支持系统		可持续发展总能力	在全国总体能力排名
	总指数	排名	总指数	排名	总指数	排名	总指数	排名	总指数	排名		
青海	29.84	28	27.52	29	40.22	28	33.19	28	29.86	30	32.13	29
西藏	36.51	21	28.15	27	63.56	1	7.36	31	18.66	31	30.85	31
四川	38.45	19	32.56	24	45.51	19	47.85	22	36.82	23	40.24	20
云南	39.53	17	33.48	20	50.40	10	28.93	30	33.51	27	37.17	26
甘肃	29.81	29	32.69	23	42.44	23	37.04	27	39.28	19	36.25	27
新疆	43.06	14	35.94	16	40.70	26	51.74	14	36.87	22	41.66	18

尤其要说明的是，在环境支持系统中的区域环境水平、生态水平和抗逆水平方面，青藏高原地区区域环境水平指数较高，西藏为 99.6，青海为 78.2，在全国排名前两位，说明青藏高原地区污染物对环境的影响程度低，环境水平较高；而区域生态水平则较低，西藏为 37.2，青海为 24.8，特别是其中的水土流失指数较高，西藏为 64.8，青海为 42.4，说明自然灾害和生态退化对环境的影响较大；青藏高原地区的区域抗逆水平也较低，青海的区域抗逆指数最低为 41.1，西藏也只有 50.2，说明青藏高原地区的自净能力对生态灾害的抗衡能力较低，自然环境一旦遭到破坏就很难修复。

从生态环境角度来看，青藏高原地区生态环境状态较好，区域生态水平和抗逆水平较弱；从社会发展角度看，青藏高原科技创新能力较低，发展程度较低。从总体上说，青藏高原地区可持续发展能力较低。

3.11.2　《2015 中国可持续发展报告》研究结果

2015 年，中国可持续发展能力评估指标体系在往年指标体系基础上进行了局部的优化和调整，使得该指标体系变量指数由 2014 年的 57 个增加到了 58 个，基层指标由 2014 年的 415 个扩充到 430 个，全面涵盖了经济发展、城乡发展、创新发展、科技进步、社会管理、生活质量、文化繁荣、公共安全、资源环境、循环经济、环境保护、绿色低碳发展、资源环境税收等领域(中国科学院可持续发展战略研究组，2015)。

《2015 中国可持续发展报告》利用修正的中国可持续发展能力评估指标体系，对 1995 年以来全国 31 个省(自治区、直辖市)的可持续发展能力及其变化情况进行了综合评估。青藏高原地区的可持续发展能力如表 3-11 所示。

表 3-11　1995—2013 年青藏高原地区可持续发展能力

年份	青海		西藏		四川		云南		甘肃		新疆	
	总指数	排名	总指数	排名	总指数	排名	总指数	排名	总指数	排名	总指数	排名
1995	96.3	28	95.5	31	98.7	15	98.3	18	95.7	29	98.0	22
1996	96.9	30	95.5	31	99.1	16	98.8	19	97.1	28	98.7	22
1997	97.5	27	94.4	31	99.1	17	98.9	20	96.5	30	99.1	18
1998	97.9	27	95.4	31	100.2	16	99.3	22	97.8	29	99.5	20

续表

年份	青海		西藏		四川		云南		甘肃		新疆	
	总指数	排名	总指数	排名	总指数	排名	总指数	排名	总指数	排名	总指数	排名
1999	98.3	26	95.8	31	100.4	15	99.8	20	97.8	30	99.4	24
2000	99.0	27	96.2	31	100.3	20	100.3	19	98.4	30	99.9	25
2001	100.3	26	96.8	31	101.4	17	101.6	15	99.4	28	100.6	22
2002	100.3	27	97.4	31	101.6	17	100.8	25	99.2	30	101.4	19
2003	100.8	27	98.2	31	102.7	16	102.2	21	100.3	29	101.9	22
2004	101.1	28	98.2	31	103.5	16	102.8	22	101.0	29	102.5	24
2005	102.2	28	98.8	31	104.4	16	103.5	22	101.7	29	103.0	25
2006	103.0	27	100.1	31	104.5	17	103.8	23	101.9	30	103.4	25
2007	103.7	27	101.3	31	105.6	17	104.4	23	102.7	29	104.3	24
2008	104.5	27	101.4	31	106.3	17	104.9	23	103.4	29	104.6	25
2009	105.8	23	104.8	28	107.4	15	105.6	25	104.3	30	105.4	26
2010	105.0	28	102.3	31	107.3	19	106.0	24	104.3	30	105.5	26
2011	104.9	28	101.9	31	107.9	16	106.0	24	104.6	30	105.4	26
2012	105.8	28	102.2	31	108.6	17	106.9	24	105.7	29	105.8	27
2013	105.9	29	102.5	31	109.0	17	107.1	24	106.0	27	105.9	28
1995—2013年年平均增长率/%	0.53	14	0.39	30	0.55	10	0.48	23	0.57	5	0.43	28

注：1995年全国的值＝100.0

从表3-11中可以看出，青藏高原地区的6省区可持续发展能力较低，尤其是西藏，在全国排名中几乎全是最后一名，青海的排序也很低。只有四川的排序居中，其他省份都排名靠后。

但从1995—2013年期间，所有省份的可持续发展能力数值都有增长趋势，增长率最快的是甘肃，年均增长率为0.57%，在全国31个省(自治区、直辖市)排名中，位居第5名；其次是四川，年均增长率为0.55%，在全国31个省(自治区、直辖市)排名中，位居第10名；增长最慢的是西藏，年均增长率为0.39%，在全国31个省(自治区、直辖市)排名中，位居第30名。从一定程度上反映出青藏高原地区的可持续发展能力提高的潜力较大。

第 4 章　生态足迹

4.1　生态足迹概述

世界自然基金会(world wild fund for nature,WWF)在京于 2012 年 5 月 15 日发布了被称为"地球体验报告"的《地球生命力报告 2012》。据报告编写者之一、伦敦动物学学会环境保护主任乔纳森·贝利(Jonathan Baillie)介绍,诊断结果显示"地球现在很不健康"。

报告中的一个关键性指标——人类生态足迹,是反映人类对自然资源需求的重要指标。它通过对人类需求和地球可再生能力的比较,追踪人类对生物圈的竞争性需求。报告显示,"人类生态足迹"令人担忧,超过生物承载力的 50%。地球需要用一年半的时间来生产人类一年内消耗的可再生资源。如不改变这一趋势,到 2030 年即使两个地球也不能满足人类需求。

生态足迹是足迹家族指标之一,是生态经济学研究的重要对象和手段(方恺,2015)。生态足迹分析方法是通过比较人类对自然资源利用程度(对自然界的索取)和自然界为人类提供的生命支持服务(自然界的供给)来判断一国或地区范围的人类对自然界的利用程度是否在该国或该地区的生态承载范围内。具体的核算是通过自然资源的使用与地表的相关性,用人类生产生活所需要的生物生产性土地面积来表示人类对自然资源的使用,这是一种基于土地面积量化的可持续发展的指标。在具体的计算过程中涉及生态足迹和生态承载力,根据生态承载力和生态足迹的差值得到生态盈余,从而判断人类的生产生活对自然界的索取是否超出自然界的供给。

4.1.1　生态足迹概念

"生态足迹"(ecological footprint,EF)是 1992 年由加拿大生态经济学家 Rees(1992)提出并由其博士生 Wackernagel 等(1996,1999)完善,用来考察人类社会经济活动对自然资本的需求和自然生态系统的供给之间关系的一项指标。Wackernagel 等(1996)将其作为用生物生产性土地面积来衡量一定范围内一定量人口的资源消费和废物吸收水平的账户工具。生态足迹又称为生态占用、生态痕迹、生态脚印等,任何已知人口(某个人、一个城市或一个国家)的生态足迹是生产这些人口所消费的所有资源和吸纳这些人口所产生的所有废弃物所需要的生物生产面积(包括陆地和水域)(潘玉君等,2010)。

足迹从最直观的字面来看,我们可以马上想到的是脚印。Rees(1996)将"生态足迹"形象地描述为"一只负载着人类与人类所创造的城市和工程等的巨脚踏在地球上留下的脚印",如图 4-1 所示。人类脚印的大小就是人类的生态足迹,而地球的生态承载力就是鞋。在生态足迹模型中,地球表面的生物生产性土地根据生产力大小的不同一般分为耕地、草地、林地、水域、化石能源用地和建筑用地 6 大类。

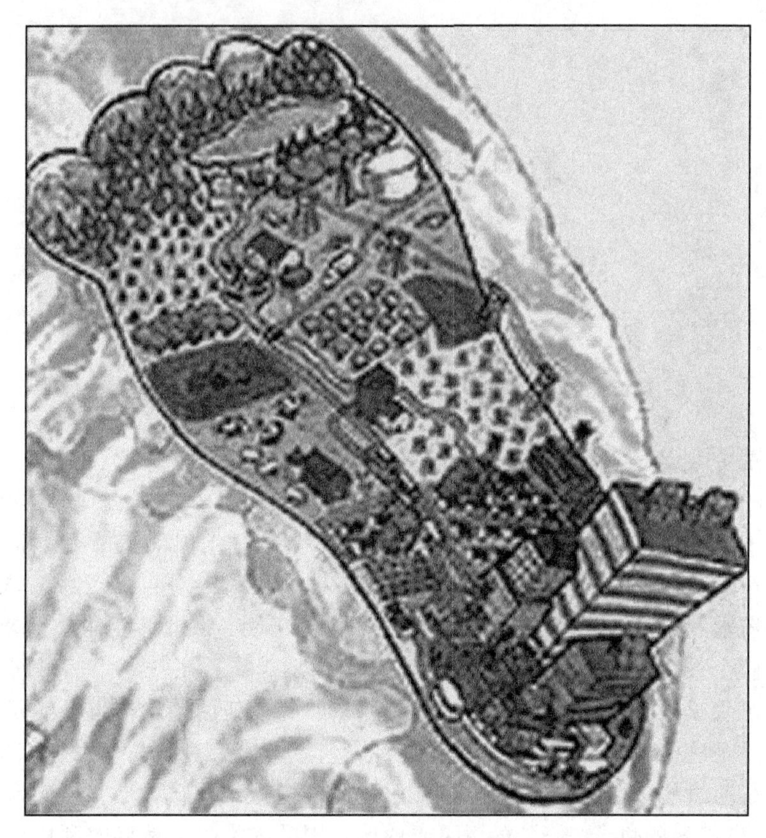

图 4-1　生态足迹形象图

4.1.2　生态足迹计算方法

生态足迹的计算方法主要有综合法(compound approach)(Wackernagel et al.,1996)、成分法(component approach)(Simmons et al.,2000;Gossling et al.,2002)和投入—产出法(input-output approach)(Bicknell et al.,1998;Ferng,2001,2002;Wiedmann et al.,2006)。一般而言,生态足迹是基于以下两种基本的假设条件进行计算的:可以确定消费的绝大多数资源(包括能源)的数量和产生的废弃物的数量;消费的资源和产生的废弃物可以通过计算转换成对应的生物生产性土地面积(Wackernagel et al.,1998)。综合法计算公式可以表示如下:

$$EF = \sum_{j=1}^{6} A_j \times EQ_j = \sum_{j=1}^{6}\left[\left(\sum_{i=1}^{n_j}\frac{C_{ij}}{EP_{ij}}\right)\times EQ_j\right] \tag{4-1}$$

式中,EF 表示总量生态足迹;A_j 表示第 j 类生物生产性土地的面积;EQ_j 表示均衡因子;EP_{ij} 表示全球平均的单位 j 类型土地生产第 i 种资源的量;C_{ij} 表示与 j 类生物生产性土地对应的 i 种资源消费量;n_j 表示与第 j 类生物生产性土地对应的资源种类。由于 6 类生物生产性土地的生产力不同,所以在计算总的生态足迹时将计算得到的各级生物生产性土地面积乘以一个均衡因子,这样就得到了总的生态足迹,再除以人口即得到人均生态足迹(付伟等,2013b)。

4.1.3　生态承载力计算方法

生态足迹通过计算支持特定区域人类社会所有消费活动所需要的土地(生态足迹)与该区

域可提供的生物生产性土地（生态承载力）相比较来判断区域发展的可持续性（刘宇辉等，2004a）。1991 年，Hardin 从生态系统本身的角度定义了生态承载力的概念（潘玉君等，2010）。生态承载力（ecological capacity，EC）是指在不损害有关生态系统的生产力和功能完整的前提下，人类社会可以持续使用的最大资源数量与排放的废物数量（钱易等，2010），其大小可以反映出区域资源和生态状况对社会经济发展水平的支撑强度。由于不同地区的土地生产力与全球平均生产力有所不同，所以为了得到以全球公顷度量的生态承载力，就需要加入与之相应的产量因子进行标准化。产量因子就是单位本地区某类土地的生产力与全球该类土地生产力的比率。计算公式如下：

$$EC = \sum_{j=1}^{6} B_j \times EQ_j \times YF_j \tag{4-2}$$

式中，EC 表示总量生态承载力；B_j 表示某类生物生产性土地的面积；EQ_j 表示相应类型土地的均衡因子；YF_j 表示相应类型土地的产量因子。总量生态承载力（EC）除以人口即可得到人均生态承载力（ec）。

《我们共同的未来》的报告中指出生物多样性对生态平衡起到重要的作用，建议留出 12% 的生物生产性土地面积保护生物多样性。因此，本章在计算总量生态承载力时减去了 12% 的生物生产性土地面积。

得出一个国家或地区的生态足迹和生态承载力后，将两者进行比较就会产生生态赤字或生态盈余，也就是生态盈亏（ecological deficit，ED）。其计算公式为

$$ED = \text{生态承载力} - \text{生态足迹} \tag{4-3}$$

当 $EC>EF$ 时为生态盈余，说明人类发展的需求没有超过自然环境的供给，其大小等于两者差的余数；当 $EC<EF$ 时为生态赤字，表明该地区的人类需求超过了其自然生态供给，生态环境处于负载状态，不利于资源的可持续利用。

4.2　生态足迹应用

4.2.1　国外研究进展

生态足迹分析方法提出后得到世界各国的广泛关注，尤其是在学术界引起了强烈的反响。《Ecological Economics》期刊在 2000 年以专刊的形式对生态足迹指标进行讨论（Ayres，2000；Herendeen，2000；Moffatt，2000；Opschoor，2000；Rapport，2000；Rees，2000；Simmons et al.，2000；Templet，2000；Wackernagel et al.，2000），可谓是百家争鸣。Jarvis（2007）在《Nature》期刊中指出足迹的概念在生态和环境科学已经成为普遍认可的术语。虽然也有学者对生态足迹进行质疑（Moffatt，2000；Fiala，2008），但它确实能够反映出生态健康水平，而且是判断现在的消费和生产模式是否可持续的一个有效指标（Bicknell et al.，1998）。全球生态足迹网站（http://www.footprintnetwork.org）在 Wackernagel 等人的倡导下建立，进一步分析研究生态足迹。生态足迹方法的详细描述（Wackernagel et al.，1999；Van Vuuren et al.，2000；Haberl et al.，2001；Wackernagel，2009）和各种应用研究（Huijbregts et al.，2008；Caviglia-Harris et al.，2009；Kissinger et al.，2009）已遍及全世界的国家、地区及各个产业等多个层次。

1999 年，Wackernagel et al.（1999）应用生态足迹模型计算了全球 1993 年 52 个国家的生

态足迹。计算得出,全球人均生态足迹为 2.8 hm^2,人均生态赤字为 0.7 hm^2,其中,美国的人均生态足迹最大,达到 10.3 hm^2,人均生态赤字达到 3.6 hm^2;其次是澳大利亚,人均生态足迹为 9.0 hm^2;由于中国的人口数量较大,所以人均生态足迹只有 1.2 hm^2,人均生态赤字为 0.4 hm^2。从 2000 年开始,世界自然基金会(WWF)基本上每两年公布一次《生命行星报告》(Living Planet Report),用于定量测算世界可持续发展的进展情况,报告中就包括世界各国的生态足迹数值。Living Planet Report 2000(WWF,2000)表明,1996 年全球人口达到 57.449 亿,全球人均生态足迹为 2.85 全球公顷(hm^2)(1 全球公顷指生物生产力与全球生物生产力平均值相等的一公顷面积),人均生态赤字为 0.670 hm^2;Living Planet Report 2012(WWF,2012)指出,2008 年全球人口达到 67.396 亿,人均生态足迹是 2.70 hm^2,人均生态赤字是 0.920 hm^2。由此可见,地球早已处于生态赤字状态,且有增长的趋势,人均生态赤字占人均生态承载力的比例从 1996 年的 30.734%增长到 2008 年的 51.685%。

4.2.2 国内研究进展

生态足迹的概念于 1999 年引入国内,张志强等(2001)、徐中民等(2000,2001,2003)、谢高地等(2001)学者首次利用它开展实证研究。谢新源等(2008)认为生态足迹是“强可持续性”的一种定量度量方法,而“强可持续性”则意味着自然资本存量恒定,自然资本不能被人造资本所代替。

随着生态足迹方法的深入研究,近年来对中国各地区的生态足迹研究很多,在“中国知网”以生态足迹为主题的相关期刊、硕博论文和会议论文就已达到 3500 多篇。张志强等(2001)对中国西部 12 省(区、市)的生态足迹进行研究。陈东景等(2001)以新疆为例对我国干旱区的生态足迹进行研究。生态足迹常被应用于评价区域可持续发展状况,周静等(2012)运用生态足迹方法分析南京市 1999—2009 年人均生态足迹及生态承载力的变化,得出南京市生态经济系统发展能力较好,但生态压力较大,据此,提出优化产业结构、控制人口数量、加强基础设施建设、改善居民居住环境、加大城市绿化建设、提高城市污物处理能力、减少污染物排放的南京可持续发展对策。生态足迹方法还被作为评价生态安全的指标进行研究(赵先贵等,2007;付伟等,2013b),区域水资源生态足迹研究也在进行(赵春芳等,2016;贾焰等,2016),生态足迹的研究还涉及新的研究领域,如通信行业、建筑业、汽车产业、有色金属行业、采煤业等(Frey et al.,2006;李德智等,2008;刘亚利,2016)。

生态足迹的应用领域还在不断扩大。诸大建(2012)从绿色经济的角度解读生态足迹,将生态足迹(EF)表示为 $EF=GDP\times EF/GDP$,其中 EF/GDP 表示物质强度的高低,强调关键自然资本的不可替代性。刘东等(2012)提出生态承载力供需平衡指数($ECCI=ef/ec$),具体表示为区域人均生态足迹与人均生态承载力的比值,并对我国县域尺度生态承载力供需平衡状况进行评价。结果表明:中国生态承载力供需平衡以生态赤字区为主,生态盈余区和生态平衡区为辅。不足 1/5 的人口分布在约 2/3 表现为生态平衡或盈余的国土面积上,而 4/5 的人口集中分布在不足 1/3 表现为生态赤字的国土面积上;中国分县生态承载力空间分布呈较明显的不平衡性,大体由东南到西北呈现从严重超载到绰绰有余的分布态势。

综上所述,生态足迹分析方法是一种从生态系统角度对可持续发展的直观评判方法,很直观地从人类对自然资源利用程度进行研究,结合自然界为人类提供的生命支持服务,可定量地表达自然系统的可持续发展情况,因此本章选取生态足迹指标、生态承载力指标和生态盈余指标作为分析自然系统的可持续发展与利用程度的具体指标。

4.3 万元 GDP 生态足迹

资源的利用会受到经济结构变化、产业结构变化等多方面的影响，定量研究自然生态系统与经济活动之间的关系，是青藏高原资源可持续利用研究不可缺少的内容。

万元 GDP 生态足迹的概念是张志强等(2001)对中国西部 12 个省(自治区、直辖市)的生态足迹研究中提出的。其计算公式为：万元 GDP 生态足迹$=10\ 000\times EF/GDP$。通过公式可以看出，万元 GDP 生态足迹表示产生每万元的 GDP 需要的生态足迹的大小；生态足迹根据生物生产力将资源的消耗转换成全球公顷(hm^2)来度量，所以万元 GDP 生态足迹单位为 hm^2/万元，表示每产生 1 万元的 GDP 经济效益所消耗的可等值转换为 1 hm^2 面积的全球平均生物生产力的资源，将反映自然资源的生态足迹与反映经济指标的 GDP 结合起来，简单直观，其数值的改变可以反映一个国家或地区资源利用效率的变化。资源利用效率的提高是实现资源可持续利用的有力保障，科技的进步是资源高效利用的助力器。

第5章 资源福利指数及资源利用模型

5.1 资源福利指数

5.1.1 资源福利指数的提出

本章结合人类发展指数(human development index,HDI)和生态足迹指数(ecological footprint index,EFI),提出资源福利指数(resource welfare index,RWI)(付伟等,2014),即单位资源投入所产出的福利水平,目的是全面地反映在利用资源发展经济的同时反馈给社会的综合效率水平,并根据RWI的变化趋势来评价一个国家或地区资源可持续利用状况。福利是人类需求的满足程度,不仅包括生活条件等经济层面的需求,还包括健康、教育、社会关系质量和主观感受等非经济层面的需求。资源福利是将资源与社会福利联系在一起的桥梁,综合了自然、经济和社会三方面的因素,是反映资源可持续利用的指标之一。

依照生态经济学基本理论,可以将资源福利的基本公式表示为

$$资源福利 = 社会经济福利 / 资源投入 \tag{5-1}$$

因此,衡量资源福利需要进行社会福利的量化指标和资源投入的量化指标的确定。

第一,社会福利指标的选择。其中,GDP这个指标早已不能全面测量社会的福利水平,ISEW、GPI、SNBI在GDP基础上进行改进,在国民收入账户中对影响福利的项目进行调整。SWB的主观性太强,同时数据的可得性和对比性相对较差。

HDI已经成为一个使用最广泛的福利比较指标,这是基于它在福利测量的多维度和其透明性、简单性的结果(Harttgen et al.,2012)。首先,HDI是一个综合指标,从三个基本维度(健康、知识和生活水平)反映了人类发展的基本内涵,不仅包括经济福利的国民收入,也包括基于社会选择的非经济福利,涵盖面较广;其次,HDI只包括有限的变量,便于计算和分析;第三,联合国开发计划署(united nations development programme,UNDP)从1990年开始公布各国的HDI数值,而且它的计算方法在不断改进(图5-1)。一直备受质疑的三个维度算术平均数的计算方法在2010年改进为几何平均数公式,HDI的计算进一步完善。

HDI已被学者作为社会福利指标用于构建新的指标,诸大建等(2011)选取HDI作为社会福利指标来构建碳排放的人文发展绩效指标,本章也采用HDI作为测度福利水平的指标。胡鞍钢(2008)根据HDI将一个地球分为四个世界:高HDI(大于0.8)、上中等HDI(0.65~0.8)、下中等HDI(0.5~0.65)、低HDI(小于0.5)。本章计算出青藏高原各地区各自6年HDI的平均值,西藏为下中等人类发展水平,其余5省(区)为上中等人类发展水平。

第二,资源投入指数的选择。由于社会生产使用的资源种类繁多,自然资源分类复杂且难以统一量化,因此资源可持续利用的研究大多数集中在某单一资源的研究,缺乏对资源整体上

的研究。而生态足迹是一个综合性很强的指标，人类消耗的各种资源和能源通过"空间互斥性"的假设被折算为6类基本生物生产性土地面积（耕地、草地、林地、水域、能源用地、建设用地）(Wackernagel et al.,2000)。生态足迹通过引入生物生产性土地概念，直接反映自然资源的使用情况，其本质是人类社会对自然资源使用程度和强度的一种度量（孟维华，2007)。Wackernagel et al.(1997)和Kratena(2008)都提出生态足迹可以作为反映总体自然资源的有效指标。所以，从生态足迹的定义和内涵中可以得出生态足迹指标是一个对自然资源投入的统一度量指标，而且已被学者应用到实际的研究应用当中。

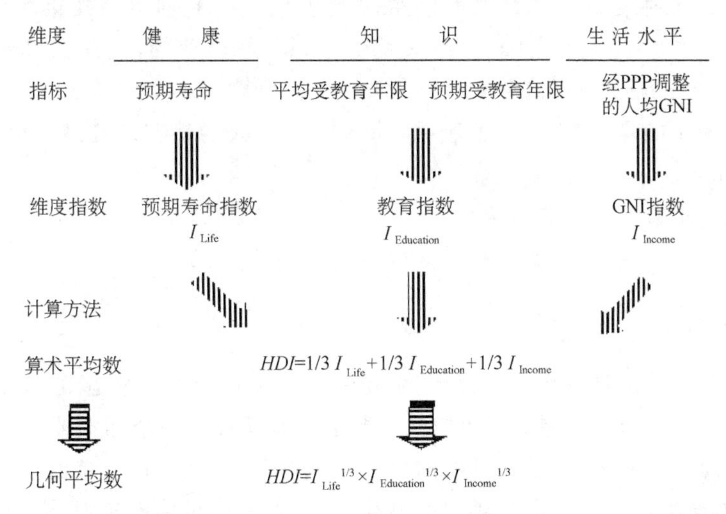

图5-1　HDI计算方法及其改进图（维度、指标和维度指数来源于《人类发展指数2010》(UNDP，2010)，其中，PPP指购买力平价，GNI指国民总收入）

生态足迹已被国内学者作为衡量资源投入的指标来构建新的指标。臧漫丹等(2013)在构建生态福利绩效指标时，将人均生态足迹数值作为生态资源消耗指标直接用于计算；何林等(2011)建立的生态福利指数是以人均生态足迹的数值构建出人均生态足迹指数来度量生态资源的负荷。因此，生态足迹从定义和应用两方面来看可以被用作度量总体资源消耗的指标。

本章构建生态足迹指数这一指标的目的是全面反映整体资源利用的情况。很显然，人均生态足迹是反映资源消耗的必要指标，但是仅用人均生态足迹来反映资源投入的整体水平是不充分的。总量生态足迹也是衡量一国或地区的资源利用程度的因素。以中国为例，2008年中国的人均生态足迹只有2.13 hm^2，远不及世界平均生态足迹2.7 hm^2，但巨大的人口基数，使中国生态足迹的总量占全球生态足迹总量的15.9%，居世界第一，超过美国(12.05%)(WWF,2012)。所以，为了更好地反映资源利用的整体情况，本书借鉴诸大建等(2011)构建碳排放的人文发展绩效指标的指数值的计算方法，考虑人均生态足迹和生态足迹总量两个因素构建生态足迹指数。同时，为了与HDI相匹配和使数据标准化，本书按照同样的逻辑，即生态足迹指数是由生态足迹总量指数和人均生态足迹指数的几何平均数得到的。具体构建方法如下：

$$\text{生态足迹指数}(EFI)=(\text{生态足迹总量指数}\times\text{人均生态足迹指数})^{1/2} \tag{5-2}$$

$$\text{指数值}=(\text{实际值}-\text{最小值})/(\text{最大值}-\text{最小值}) \tag{5-3}$$

$$\text{生态足迹总量指数}(TEFI)=\frac{\text{一国或地区生态足迹总量占世界生态足迹总量的百分比}-0.004}{25-0.004} \tag{5-4}$$

$$\text{人均生态足迹指数}(PEFI)=\frac{\text{一国或地区人均生态足迹}-0.1}{15-0.1} \tag{5-5}$$

1990 年以来，两大资源消耗国家美国和中国的生态足迹总量都没有超过世界的 25%，本书就将生态足迹总量指数中的最大值设定为 25。将 15 hm^2 作为人均生态足迹指数中的最大值是因为美国的人均生态足迹一直没有超过 15 hm^2。虽然阿拉伯在 1996 年的人均生态足迹达到 15.99 hm^2，但其生态足迹总量只占世界总量的 0.27%，而且其后几年都在 10 hm^2 左右，所以我们认为将人均生态足迹的最大值设为 15 hm^2 是合理的，当超过 15 hm^2 时按等于 15 hm^2 处理。在 *Living Planet Report*（WWF，2000，2002，2004，2006，2008，2012）中，生态足迹总量所占比例最小的是 2001 年的伯利兹，为 0.004%；人均生态足迹最小值为 2003 年的阿富汗，仅为 0.1 hm^2。

最终资源福利指数公式可表示为

$$\text{资源福利指数}(RWI)=HDI/EFI \tag{5-6}$$

5.1.2　评价标准

资源可持续利用状态是一个动态过程，资源利用效率的提高是资源可持续利用良性发展的重要标志。但是需要指出的是，RWI 的绝对数值不能反映出一个国家或地区资源可持续利用的状态。举个简单的例子，在原始社会时期，资源利用的方式是用简单的旧石器进行采集和狩猎，人类进行群居生活，均分食物，满足基本生存，人们的满足感也较强，资源消耗很低，RWI 会较大，但资源的利用效率却是极低的，更谈不上资源的可持续利用。所以，资源可持续利用的状态是一个动态的纵向比较的过程，它可以通过 RWI 的变化过程来体现，评价标准见表 5-1。

表 5-1　资源可持续利用的状态评价

RWI					
增长（RWI 增长率＞0）			下降（RWI 增长率＜0）		
HDI 增长 EFI 下降	HDI 增长，EFI 增长，但 HDI 增长率＞EFI 增长率	HDI 下降，EFI 下降，但 HDI 下降率＜EFI 下降率	HDI 下降，EFI 增长	HDI 增长，EFI 增长，但 HDI 增长率＜EFI 增长率	HDI 下降，EFI 下降，但 HDI 下降率＞EFI 下降率
良性发展	次良性正向发展	次良性负向发展	恶性发展	次恶性正向发展	次恶性负向发展

随着经济的增长和社会的发展，人们的物质生活和精神生活也都有提高，社会福利水平提高是必然的趋势。所以，当 HDI 增长时为正向发展，反之为负向发展。

当 RWI 增长，即 RWI 的增长率＞0 时，资源的可持续利用呈良性和次良性发展。在降低资源消耗的同时提高社会福利水平，为良性发展。次良性发展分为两种情况：其一，次良性正向发展，指资源消耗和社会福利水平都增长，同时社会福利水平增长的速度高于资源消耗的速度；其二，次良性负向发展，指资源消耗和社会福利水平都减少，但社会福利水平降低的速度低于资源消耗的速度。

当 RWI 降低，即 RWI 的增长率＜0 时，资源的可持续利用呈恶性和次恶性发展。在提高资源消耗的同时社会福利水平下降，为恶性发展。次恶性发展分为两种情况：其一，次恶性正向发展，指资源消耗和社会福利水平都增加，但社会福利水平增长的速度低于资源消耗的速度；其二，次恶性负向发展，指资源消耗和社会福利水平都减少，但社会福利水平降低的速度高于资源消耗的速度。

5.1.3　实证应用

由于资源福利指数是首次提出，所以本章以二十国集团(G20)为研究对象，对此指数进行实证分析，为分析青藏高原地区打下基础。

5.1.3.1　数据来源

本节涉及人类发展指数和生态足迹数据。由于 HDI 的计算方法在 2010 年进行改进，本章采用《人类发展报告 2010》(UNDP，2010)根据几何平均数法计算的从 1970 年到 2010 的 135 个国家的复合 HDI 数值。由于《生命行星报告》每两年发布一次，目前从《生命行星报告》(WWF，2000，2002，2004，2006，2008，2012)只可获得 1996、1999、2001、2003、2005 和 2008 年 6 年的世界生态足迹总量、各国人均生态足迹数值和各国人口，将各国人均生态足迹乘以各国人口得到各国的总量生态足迹，将其除以世界总量生态足迹得到各国的总量生态足迹占世界的比重。根据公式(5-2)，分别计算出这 6 年的生态足迹指数(EFI)。由于受 EFI 的数据限制，本章也只选这 6 年的 HDI 进行计算，根据公式(5-6)，计算得出资源福利指数(RWI)。

5.1.3.2　研究样本

诸大建等(2011)在研究世界碳排放绩效问题时和臧漫丹等(2013)在进行世界生态福利绩效的实证分析时都是以 G20 作为研究样本。二十国集团成员包括：美国、日本、德国、法国、英国、意大利、加拿大、俄罗斯、中国、阿根廷、澳大利亚、巴西、印度、印度尼西亚、墨西哥、沙特阿拉伯、南非、韩国、土耳其和作为一个实体的欧盟。二十国集团成员国包含发达国家和发展中国家，国内生产总值占世界的总量的 90%，人口占全球的 2/3，辐射范围较广，代表性强。

因此本章的样本首先应包括 G20，由于在《人类发展报告 2010》(UNDP，2010)的 135 个国家的中没有德国和南非的 HDI 数值，而欧盟的主要成员国已包含在 19 国中，所以研究样本中的 G20 是除德国、南非和欧盟以外的 17 国。由于 HDI 是研究的一个重点内容，所以选取研究样本的国家应遍及 HDI 的各个层次。虽然以上 17 个国家具有广泛的代表性和较强的影响力，但根据胡鞍钢的划分标准，以上 17 个国家都不在低人类发展水平国家范围内，而且只有印度和印度尼西亚在下中等人类发展水平范围内。因此，为了更全面地反映世界各国福利水平情况，研究样本在以上 G20 国的 17 个国家基础上，添加了肯尼亚、乌干达、尼日利亚、苏丹、埃及、越南、菲律宾，共 24 个国家作为研究样本。由于发达国家较发展中国家偏少，且评价的标准不一，以联合国公认的发达国家和经合组织、国际货币组织等权威机构认可为依据，发达国家为 8 个(美国、日本、加拿大、意大利、英国、法国、澳大利亚和韩国)，占研究样本总量的 1/3。

本章计算出作为研究样本的 24 个国家 HDI 6 年的平均值，并根据胡鞍钢对 HDI 的划分标准进行分类；同时分别计算得出这 24 个国家各自 6 年 EFI 的平均值(表 5-2)，再对这 24 个 EFI 数值取平均值，并以平均值(0.14)为界将这 24 个国家分为高资源消耗和低资源消耗两类。根据 HDI 和 EFI 将这 24 个国家进行分类，如表 5-2 所示。

表 5-2 24 个国家的 HDI 与 EFI 的分布情况

		HDI			
		高人类发展(0.8～1)	上中等人类发展(0.65～0.79)	下中等人类发展(0.5～0.64)	低人类发展(＜0.5)
EFI	高资源消耗(≥0.14)	澳大利亚、日本、加拿大、美国、意大利、英国、法国	俄罗斯、中国		
	低资源消耗(＜0.14)	韩国	墨西哥、巴西、阿根廷、土耳其、菲律宾、沙特阿拉伯	印度、埃及、越南、印度尼西亚	尼日利亚、苏丹、乌干达、肯尼亚

5.1.3.3 结果分析

根据公式(5-6)计算出各国的 RWI,从 1996 到 2008 年间的变化趋势见表 5-3,HDI、EFI、RWI 均值及其增长率如表 5-4 所示。从资源福利指数的变化趋势来看,在这 24 个国家中,有 7 个国家(巴西、尼日利亚、埃及、墨西哥、越南、苏丹和乌干达)的资源福利呈下降态势(RWI 的增长率＜0),其中乌干达的下降速度最快,达到 42.92%,其次是苏丹(32.96%)。这 7 个国家的 HDI 和 EFI 都呈增长趋势,也就是说在资源消耗增长的同时,社会福利水平也在提高,但资源消耗的增长速度远远超过社会福利水平的增长速度,尤其是乌干达,其 1996 年的人均生态足迹为 0.88 hm^2,而到 2008 年就达到 1.57 hm^2,加之人口增加较快,总量生态足迹占世界比例由 0.10%到 0.27%,综合人均生态足迹和总量生态足迹所占比例计算出来的 EFI 的增长率达到 123.24%,而其 HDI 的增长率只有 27.43%,因此导致资源福利指数的下降。

表 5-3 1996—2008 年 24 个国家资源福利指数的变化

国家	年份					
	1996	1999	2001	2003	2005	2008
美国	1.09	1.24	1.24	1.25	1.42	1.88
法国	3.88	4.92	4.43	4.68	6.03	6.09
日本	3.22	3.68	4.10	4.10	4.12	5.02
沙特阿拉伯	6.69	9.33	8.12	7.84	15.86	10.27
阿根廷	8.55	9.75	11.27	12.88	13.33	12.63
菲律宾	13.77	15.09	14.48	16.10	22.09	20.06
印度尼西亚	7.46	8.87	8.34	9.40	13.14	10.65
俄罗斯	2.73	3.01	3.12	3.24	4.34	3.82
印度	3.82	4.97	4.75	4.94	4.96	5.33
英国	4.55	4.77	4.75	4.68	5.55	6.28
韩国	5.36	8.42	8.25	7.02	8.81	7.31
意大利	5.01	6.71	6.85	6.38	6.23	6.69
澳大利亚	6.18	6.30	6.13	7.32	6.81	7.94
加拿大	5.25	4.11	5.65	5.85	5.73	6.39

续表

国家	年份					
	1996	1999	2001	2003	2005	2008
土耳其	7.98	10.13	9.87	9.63	8.30	9.32
肯尼亚	20.75	18.69	22.08	25.35	20.04	23.28
中国	2.34	2.66	2.77	2.70	2.32	2.39
巴西	5.10	5.45	5.84	6.17	5.96	4.95
尼日利亚	7.95	6.96	7.70	7.89	8.12	7.16
埃及	11.15	11.84	11.62	12.53	11.43	9.54
墨西哥	7.15	6.97	6.97	6.80	5.75	6.04
越南	17.86	21.45	20.42	18.47	14.04	13.59
苏丹	17.90	17.00	17.95	18.32	8.08	12.00
乌干达	25.30	18.77	13.01	18.59	15.57	14.44

其余 17 个国家的资源福利指数总体上呈增长趋势，但只有中国的 EFI 呈增长趋势，EFI 的增长率>0，其他 16 个国家的 EFI 都呈下降趋势，EFI 的增长率<0。其中，RWI 增长率最高的是美国(72.48%)，其次是法国(56.96%)和日本(55.90%)。以上 17 个国家资源福利上升可以分为两类：一类是在资源消耗降低的情况下，社会福利水平仍然有所提高，如美国，HDI 增长，增长率为 2.27%，而 EFI 降低，减少率为 40.70%；另一类是资源消耗和社会福利同时增长，但社会福利的增长速度要超过资源消耗的增长速度，如中国，HDI 和 EFI 都呈增长趋势，但 HDI 的增长率(18.64%)高于 EFI 的增长率(15.75%)。

表 5-4　1996—2008 年 24 个国家资源福利指数的均值、增长率及其排名

国家	HDI		EFI		RWI		RWI 增长率排名
	均值	增长率/%	均值	增长率/%	均值	增长率/%	
美国	0.89	2.27	0.68	−40.70	1.35	72.48	1
法国	0.88	3.50	0.18	−34.10	5.01	56.96	2
日本	0.88	3.58	0.22	−33.48	4.04	55.90	3
沙特阿拉伯	0.76	10.85	0.08	−27.78	9.68	53.51	4
阿根廷	0.79	5.75	0.07	−28.45	11.40	47.72	5
菲律宾	0.66	6.38	0.04	−26.97	16.93	45.68	6
印度尼西亚	0.64	10.65	0.07	−22.48	9.64	42.76	7
俄罗斯	0.73	6.93	0.22	−23.55	3.38	39.93	8
印度	0.52	18.72	0.11	−14.89	4.79	39.53	9
英国	0.88	0.30	0.17	−27.35	5.10	38.02	10
韩国	0.85	9.08	0.12	−19.92	7.53	36.38	11
意大利	0.87	5.90	0.14	−20.67	6.31	33.53	12
澳大利亚	0.92	4.10	0.14	−18.91	6.78	28.48	13
加拿大	0.89	2.03	0.17	−16.17	5.50	21.71	14
土耳其	0.72	10.19	0.08	−5.64	9.20	16.79	15
肯尼亚	0.47	2.49	0.02	−8.70	21.70	12.19	16

续表

国家	HDI		EFI		RWI		RWI增长率排名
	均值	增长率/%	均值	增长率/%	均值	增长率/%	
中国	0.65	18.64	0.26	15.75	2.53	2.14	17
巴西	0.73	13.21	0.13	16.67	5.58	−2.94	18
尼日利亚	0.44	15.08	0.06	27.68	7.63	−9.94	19
埃及	0.62	9.85	0.06	28.44	11.35	−14.44	20
墨西哥	0.77	6.76	0.12	30.00	6.61	−15.52	21
越南	0.61	15.19	0.04	51.44	17.64	−23.91	22
苏丹	0.43	16.64	0.03	74.05	15.21	−32.96	23
乌干达	0.42	27.43	0.03	123.24	17.61	−42.92	24

5.1.3.4　基于RWI的资源可持续利用的评价

资源可持续利用状态是一个动态过程，资源利用效率的提高是资源可持续利用良性发展的重要标志。加之各国的国情差距较大，资源利用程度差异很大，如美国EFI的均值最大为0.68，是EFI最小的肯尼亚(0.02)的34倍。而社会福利水平的差距较小，如美国HDI均值为0.89，是肯尼亚的(0.47)的1.89倍，所以导致最终的RWI的差距较大，美国RWI的均值最小为1.35，肯尼亚RWI的均值最大，达到21.70。因此RWI的绝对数值不能反映出一个国家或地区资源可持续利用的状态。举个简单的例子，在原始社会时期，资源利用的方式是用简单旧石器进行采集和狩猎，人类进行群居生活，均分食物，满足基本生存，人们的满足感也较强，资源消耗很低，RWI会较大，但资源的利用效率却是极低的，更谈不上资源的可持续利用。

(1)良性发展典例分析——美国、肯尼亚

在研究的24个国家中有16个国家为资源可持续利用的良性发展，分别是：美国、法国、日本、沙特阿拉伯、阿根廷、菲律宾、印度尼西亚、俄罗斯、印度、英国、韩国、意大利、澳大利亚、加拿大、土耳其、肯尼亚。这些国家的资源消耗都有所减少，而社会福利水平都有所提高。在这些国家中资源可持续利用的良性发展大致可以分为两类(韩国和俄罗斯除外)：一类是高资源消耗的发达国家，如美国、法国、日本等；另一类是低资源消耗的发展中国家，如肯尼亚、印度尼西亚、土耳其、菲律宾等。韩国属于低资源消耗的发达国家，但其资源消耗已接近均值，韩国的EFI的均值为0.12，与0.14仅差0.02；俄罗斯属于高资源消耗的发展中国家，其资源消耗高于均值主要是由于人口基数较大，但其资源的承载力也很大，为未来资源的可持续利用提供了广阔的空间。1999—2008年间人均生态承载力都大于人均生态足迹，2005年人均生态盈余最大，达到4.4 hm^2(WWF，2008)。

本章选取美国作为第一类良性发展的典例，以肯尼亚为第二类良性发展的典例进行分析，两者具有很强的对比性。在这16个国家中，美国的RWI增长率最大，但RWI的均值最小；而肯尼亚正好相反，其RWI的增长率最小，但RWI的均值最大。

美国在这16个国家中RWI的增长率最大，在研究样本中也是最大的，它的RWI的变化趋势也十分典型，呈明显的上升型(图5-2)。美国的HDI由1996年的0.88增长到2008年的0.90，增长率为2.27%。而EFI由0.81降低到0.48，下降率为40.7%。因此，美国的RWI迅速增长，由1996年1.09增长到2008年的1.88，增长率为72.48%。

值得一提的是，美国的 EFI 的指数非常高，虽然下降得很快但仍是最高的，其 EFI 平均值是排名第二的中国的 2.62 倍，是 EFI 平均值最小的肯尼亚的 34 倍，所以美国是以高的资源消耗来换取社会福利的微弱增长，这种发展模式是不可取的。

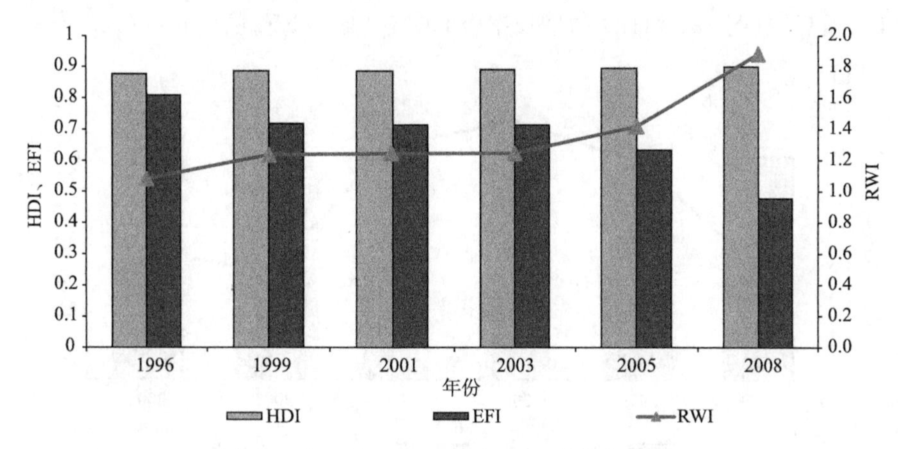

图 5-2　美国的 HDI、EFI 和 RWI 的趋势变化图

肯尼亚的情况与美国大不相同（图 5-3），其资源消耗量很小，社会福利水平也较低，从 1996 年到 2008 年之间，HDI 由 0.482 增长到 2008 年的 0.494，期间有所波动，整体的增长率为 2.49%；而 EFI 由 0.023 降低到 0.021，下降了 8.70%；RWI 由 20.75 增长到 23.28，增长率为 12.19%。

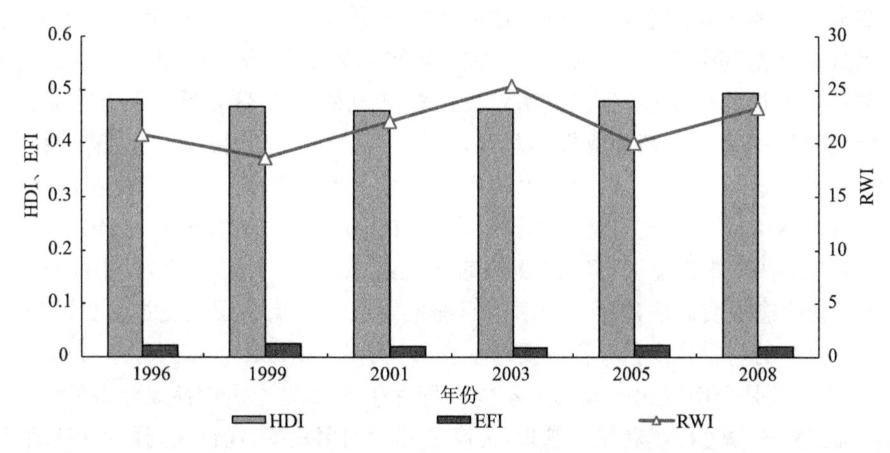

图 5-3　肯尼亚的 HDI、EFI 和 RWI 的趋势变化图

肯尼亚是非洲国家，旅游业较发达，经济起步较晚，对资源的利用量较小，2008 年人均生态足迹为 0.95 hm^2，且一直处于生态盈余（人均生态承载力－人均生态足迹＞0）状态，肯尼亚对资源的消耗没有超过自然环境的承受能力，其今后的发展具有很强的优越性，未来发展的空间较大，资源的利用尚处于良性发展阶段。同样也应看到，肯尼亚 RWI 的增长率是 16 个国家最小的，在今后的经济发展过程中同样也应注重资源的利用效率问题。

（2）次良性正向发展典例分析——中国

在 24 个国家中只有中国的资源利用情况属于次良性正向发展状态，而且中国的 RWI 曲线变化呈现出典型的倒“U”形。RWI 倒“U”形变化是指 RWI 先增加后减小。

中国的RWI在1996年为2.34,2001年达到最高为2.77,之后开始下降,最低降到2005年的2.32,2008年有所回升,达到2.39。之所以会出现这种形状,是因为中国的HDI在这12年间呈增长趋势,由1996年的0.59增长到2008年的0.70。而EFI却是先减少后急速上升,导致RWI先增后减(图5-4),HDI的增长率(18.64%)高于EFI的增长率(15.75%)。

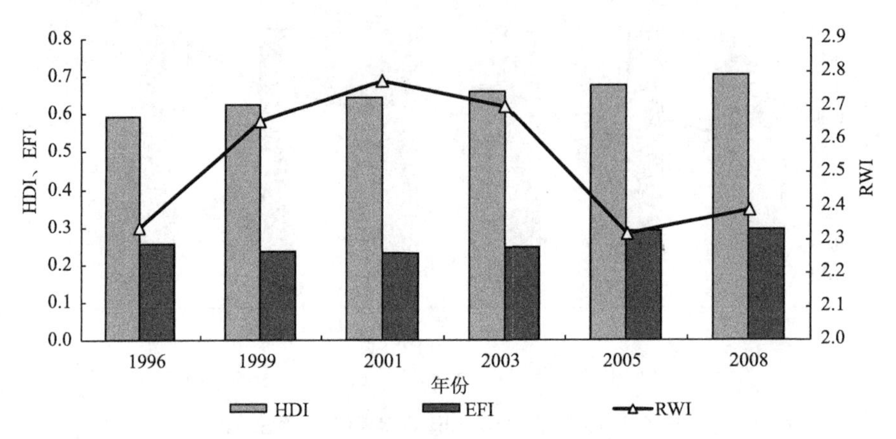

图5-4　中国HDI、EFI和RWI的趋势变化图

与此同时,我们也应看到中国的社会经济发展对资源利用的依赖性很大,资源福利指数较小,资源利用效率问题仍很严峻。在《2013年中国可持续发展战略报告》(中国科学院可持续发展战略研究组,2013)中指出,资源利用效率低下、资源的不合理利用导致生态环境恶化等问题是中国资源利用的主要问题,提出资源循环和高效利用的政策措施,其中调整消费结构,提高资源利用效率就是其中之一。2005年之后RWI有所回升,说明国家已经意识到了资源可持续利用和环境保护的重要性,生态文明建设已初见成效。生态文明是人类遵循人、自然、社会和谐发展而取得的物质与精神成果的总和,党的十七大报告已将建设生态文明正式纳入其中,并提出"基本形成节约能源、资源和保护生态环境的产业结构、增长方式和消费模式"的基本目标。党的十八大更是将生态文明建设提升到与经济建设、政治建设、文化建设、社会建设并列的战略高度(中国科学院可持续发展战略研究组,2013)。2013年11月召开的十八届三中全会提出加快生态文明制度建设。中国已明确把生态环境保护摆在更加突出的位置,习近平总书记就环境保护的问题指出:"我们既要绿水青山,也要金山银山。宁要绿水青山,不要金山银山,而且绿水青山就是金山银山。我们绝不能以牺牲生态环境为代价换取经济的一时发展。"中国应该继续加强对资源可持续利用的管理,提高资源的利用效率,向良性资源可持续利用发展。

(3)次恶性正向发展典例分析——墨西哥

在这24个国家中巴西、尼日利亚、埃及、墨西哥、越南、苏丹和乌干达的资源可持续利用属于次恶性正向发展情况,资源福利呈下降态势是其主要表现,在这7个国家中,较其他国家而言,墨西哥RWI曲线下降趋势明显,因此以墨西哥为例进行分析。

墨西哥的RWI由1996年的7.15下降到2008年的6.04,下降了15.52%,虽然在2005年之后有所回升,但整体上呈现出下降趋势。虽然在这12年中HDI和EFI都是不断增长的,但HDI增长的速度远不及EFI增长的速度,HDI由1996年的0.74增长到2008年的0.79,增长率为6.76%,EFI由1996年的0.10增长到2008年的0.13,增长率为30.00%,所以RWI呈现下降趋势(图5-5)。

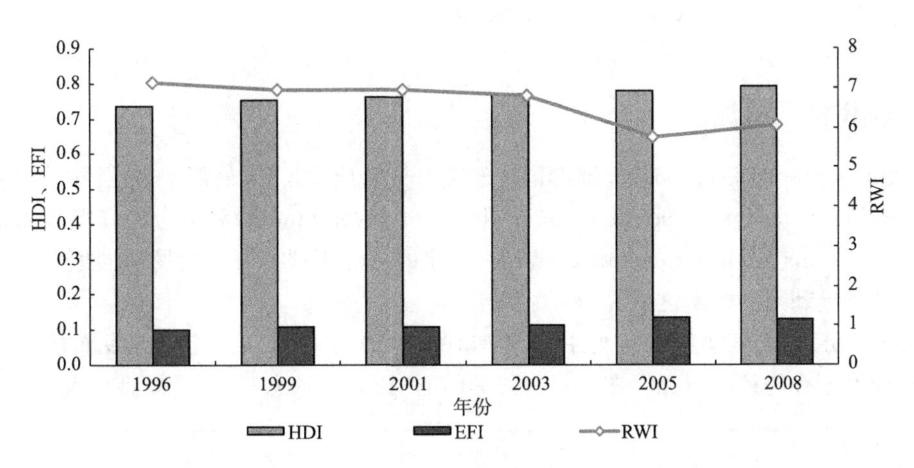

图 5-5　墨西哥 HDI、EFI 和 RWI 的趋势变化图

属于次恶性正向发展的 7 个国家都是低资源消耗的发展中国家，而且多数国家处于生态赤字状态，说明在发展经济的同时过度利用资源，资源的消耗已超出环境的承受能力。这类国家的 *RWI* 呈现下降趋势，其资源的可持续利用处于不良发展状态，因此，提高资源的利用率问题是其今后发展的必要手段，遏制住 *RWI* 的下降趋势，使资源的利用向良性可持续发展状态转变。

5.1.3.5　结论

资源福利指数（RWI）的提出是为了更好地反映在利用资源发展经济的同时反馈给社会福利的综合效率水平。资源可持续评价是根据 RWI 的变化，同时结合 HDI 与 EFI 的变化趋势来判断。样本国家的资源的可持续利用情况大致分为三类：

(1)资源可持续利用良性发展，体现在社会福利在提高的同时资源消耗减少。这一类国家大致分为两类：一类是高资源消耗的发达国家，如美国、法国、日本等；另一类是低资源消耗的发展中国家，如肯尼亚、印度尼西亚、土耳其、菲律宾等，生态盈余是这类发展中国家实现资源可持续利用的基础保障，为资源可持续良性发展保驾护航。

(2)资源可持续利用次良性正向发展，资源福利水平增加（RWI 增长率＞0），社会福利水平增长的速度高于资源消耗的速度。从整体上来看，中国属于该类型，虽然中国的社会福利增长速度略高于资源消耗增长速度，但中国早已处于生态赤字的资源状态下，资源的可持续利用情况仍然堪忧。

(3)资源可持续利用次恶性正向发展，资源福利水平呈降低趋势（RWI 增长率＜0），社会福利水平增长的速度低于资源消耗的速度。这类国家大多是处于生态赤字的低资源消耗的发展中国家。

资源福利指数综合人类发展指数和生态足迹，反映资源利用的社会综合效率，能较好地反映资源发展的健康程度。提高资源福利指数符合当前社会发展的要求，是反映生态文明进程的一项有利指标和参考。

5.2 压力—状态—响应(PSR)模型

5.2.1 PSR模型概述

PSR(pressure-state-response)即“压力—状态—响应”模型，是联合国经济合作开发署(OECD，organization for economic co-operation and development)和联合国环境规划署(UN-EP，united nations environment programme)创建的来分析评价可持续发展的模型，同时也是评估资源可持续利用的模型之一。

在对于PSR概念框架阐述的文件中，较有代表性的是1993年经合组织发布的“经合组织关于环境行为审查的核心指标”，图5-6为其具体的“压力—状态—响应”模型概况。

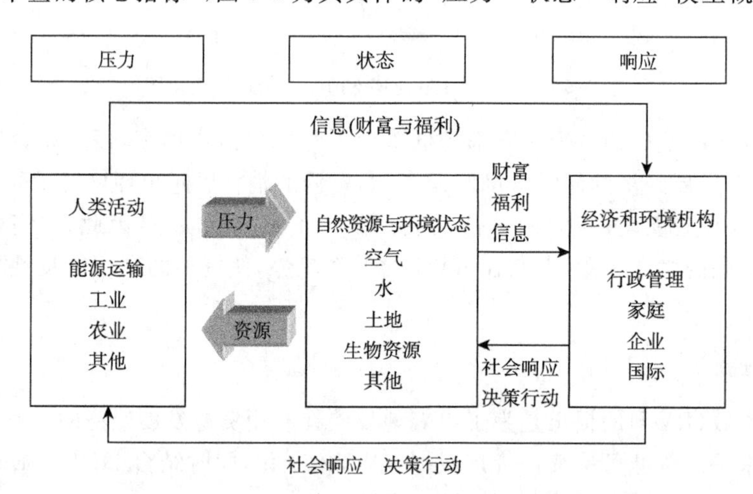

图5-6 经合组织关于压力—状态—响应(PSR)概念框架模型

(图片来源于OECD，1993；谷树忠等，2010)

这一模型用来描述可持续发展中人类活动与资源环境的相互作用，提出了一个基于因果关系的政策分析思路(诸大建，2011)，用来描述和解释政策研究中需要面对的三个基本问题：“压力”(pressure，P)指发生了什么，即原因，是人类活动对发展产生的负效应(产生污染及消耗能源等)，是不可持续发展产生的因素；“状态”(state，S)即现在的状况如何，反映资源环境目前处于的状态，是问题的核心部分；“响应”(response，R)指应对措施，即人类所采取的对策。总体来说，压力是一个负效应过程，响应是一个正效应过程，通过立法、经济、技术等手段减少对环境的污染和对环境的消耗。

此模型认为，其中的压力、状态和响应三个因素之间相互联系，相互影响，人类活动会对环境产生压力，如污染物及废物排放等负面影响，进而影响自然资源及环境的质量，如造成土壤、水质下降等。因此，经济与环境的主体会做出响应，可通过意识和行为的改变、环境政策、经济政策以及部门政策等措施予以实现。

5.2.2 PSR模型应用及扩展

PSR模型在土地资源、水资源等领域的指标体系评价中都得到了应用，其在资源可持续利用方面也有一定的借鉴作用。唐珍宝(2015)基于PSR框架,建立了福建省水资源可持续利用的评价指标体系,其中压力指标3项、状态指标4项和响应指标2项,对福建省的9个区(市)水资源可持续利用状况进行定量比较。

PSR模型还是其他相关模型的基础。DPSIR模型是欧洲环境局(EEA)结合PSR(压力—状态—响应)和DSR(驱动力—状态—响应)概念模型的优点而建立的广泛应用于环境系统的评价指标体系模型。它将表征自然系统的评价指标分为驱动力(Driving forces)、压力(Pressure)、状态(State)、影响(Impact)和响应(Responses)五种类型。该模型从系统论角度分析人与环境的相互作用,既揭示了经济、社会和人类活动对环境的影响,又揭示了人类活动及其最终导致的环境状态对社会的反馈作用(韩美等,2015),DPSIR模型被应用到海洋资源可持续利用评价方面(丁娟等,2014)。

5.3　环境库兹涅茨曲线

5.3.1　环境库兹涅茨曲线的由来

库兹涅茨曲线(Kuznets Curve)是由经济学家库兹涅茨1955年提出,并以其姓名命名的,描述的是收入差异一开始随经济的增长而加剧,到达某一极值后,又开始变小的现象。若以人均收入为横轴,收入差异为纵轴,则库兹涅茨曲线呈倒"U"形,这一关系后来被大量的实证研究的统计数据所证实。

人类社会在从狩猎到采集社会,经过农业社会,跨入工业社会,再进入到后工业社会这个漫长的历程中,很多文明走过的正是倒"U"形曲线之路(中国21世纪议程管理中心可持续发展战略研究组,2004)。20世纪90年代初,Crossman等人将库兹涅茨曲线原理应用于发展与资源生态关系上,根据经验数据总结,提出了环境质量与经济增长之间的倒U形关系,即环境库兹涅茨曲线(Environment Kuznets Curve,EKC)的学说。其内容具体为环境随着经济增长,会出现先恶化后改善的过程。在经济发展的较低阶段,由于经济活动的水平较低,环境污染水平也较低;在经济迅速发展以后,资源的消耗超过资源的再生,环境恶化程度加重。在经济发展的高速阶段,经济结构改变,人们的环保意识加强,经济发展的积累可以用来治理环境,环境状况开始改善。

发展与资源、生态、环境消耗的关系可能会呈现倒U形曲线关系,可持续发展就是要使发展与资源、环境的关系处于倒U形曲线的右半部(中国21世纪议程管理中心可持续发展战略研究组,2004),而实现环境的生态安全也应该使环境库兹涅茨曲线尽快平稳向右移动直至出现稳定下降,实现天人和谐的局面,使经济发展的成果成为实现环境生态安全的有力保障,创建资源节约型、环境友好型社会。

5.3.2　环境库兹涅茨曲线的影响机制

因为技术、人口等因素直接关系着资源的利用方式和利用效率。美国生态学家Ehrlich等(1971)于20世纪70年代提出环境影响公式:

$$\text{Environmental Impact}(I) = \text{Population}(P) \times \text{Affluence}(A) \times \text{Technology}(T) \quad (5\text{-}7)$$

式中,I表示环境影响;P表示人口数量;A表示人均财富量(或国内生产总值中的收益或消费水平)；T 表示技术水平。从式中可以得出技术、人口等因素对资源环境的影响。

刘定一(2009)据此提出环境库兹涅茨曲线的影响函数如下：

$$\text{污染物排放量} = P \times A \times T = \text{人口} \cdot \frac{\text{GDP}}{\text{人口}} \cdot \frac{\text{污染物排放量}}{\text{GDP}} \tag{5-8}$$

考虑环境问题受到人口、人均排放污染 GDP、排污强度的影响：

$$\text{污染物排放量} = \text{GDP} \cdot \sum_i \frac{\text{第}\,i\,\text{产业排放量}}{\text{第}\,i\,\text{产业增加值}} \cdot \frac{\text{第}\,i\,\text{产业增加值}}{\text{GDP}} \tag{5-9}$$

由公式(5-9)可知，环境问题受到经济总量、排污强度、产业状况的影响。比较公式(5-8)和公式(5-9)，共同点就是都有排污强度，不同点就是前者强调了人口的影响，而后者强调了产业状况的影响。把两个方程进行综合并加上环境保护机构的监督及管理程度就可得到一个比较完整的方程：

$$\text{污染物排放量} = \text{GDP} \cdot \text{人口} \cdot \frac{\text{GDP}}{\text{人口}} \cdot \sum_i \frac{\text{第}\,i\,\text{产业排放量}}{\text{第}\,i\,\text{产业增加值}} \cdot \frac{\text{第}\,i\,\text{产业增加值}}{\text{GDP}} \tag{5-10}$$

EKC 是污染水平与经济增长的一个二元函数，而由公式(5-10)，污染水平是人口、经济总量、产业状况、技术及环境监管能力的一个函数，得到的函数表达式如下：

$$L_{\text{EKC}} = f(\text{污染,经济}) = g(\text{人口,产业状况,技术,环境监管强度}) \tag{5-11}$$

根据公式(5-11)，影响因素有人口状况、产业状况、技术水平和环境保护的制度及监管能力。人口状况包括人口数量(人口的增长速度、结构和空间分布)、素质、生产和消费方式等。产业状况因素包括产业结构、产业布局、对外贸易结构等。技术水平包括能源提高生产效率和能源利用效率，增强污染物处理能力和扩大污染物的处理范围等。环境保护的制度及监管能力因素包括环境政策等。

环境库兹涅茨曲线是对发展与资源环境的普遍关系的一种描述。一个国家在工业化进程中，随着经济的增长，环境污染呈现上升趋势，如果采取有效措施，就会达到峰值，经过拐点之后，环境污染程度会逐步下降(中共中央宣传部理论局，2016)。为了实现倒“U”形曲线顶点的跨越，寻找这种变化的原因和动力至关重要。中国 21 世纪议程管理中心可持续发展战略研究组(2004)研究将环境库兹涅茨曲线出现倒“U”形变化真正的原因归结为“两转三退”：“两转”指发展观的转变和消费者对环境质量需求的转变；“三退”指人口增长率放慢、不平等减轻、技术进步对资源环境的损害减少。付伟等(2013b)提出这种变化主要来源于内生动力(发展观的变化、消费观的变化)、外生动力(技术进步、制度创新)和辅助动力(人口增长率的减缓)三个方面，并提出建立资源、环境和可持续发展的预警机制，即驱动力(driving forces)→资源环境压力(press)→环境质量(environmental quality)→响应(response)，简称为 DPER 机制(图 5-7)。

内生动力、外生动力和辅助动力都归结为驱动力。一种推动着工农业生产、城市建设和旅游交通运输等领域的发展动力，对环境保护有利的驱动力为正向驱动力，反之为负驱动力。两者之间的博弈将直接或间接地导致资源环境压力的增减，从而影响环境质量。如果环境恶化，人类的生产环境受到影响，会迫使社会对上述因素的变化作出判断并出台相应的政策手段。但我们不能在受到负面影响时才做出反应，而是对影响驱动力的各个因素及时作出判断和响应，通过调整发展观念和消费观念、发明新技术、寻找替代资源、完善生态补偿机制、控制人口增长等措施减轻资源环境压力。

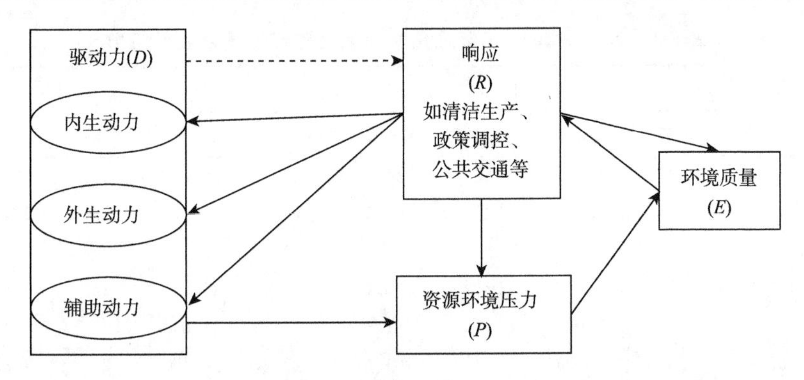

图 5-7　DPER 机制图(注:实线表示直接影响,虚线表示间接影响)

但是倒“U”形曲线并不表示在发展与资源环境的关系上,我们可以无为而治,应尽快实现发展与资源环境的关系转折,加速跨越临界点。同时,中国 21 世纪议程管理中心可持续发展战略研究组(2004)提出,发展与资源、生态、环境消耗的关系可能会呈现倒“U”形曲线关系,可持续发展就是要使发展与资源、环境的关系处于倒“U”形曲线的右半部。根据世界银行统计,当一个国家发展到人均 GDP 为 1000 美元,就达到了倒 U 形曲线的拐点,就会采取大规模的环境治理行动,最终使经济与环境保持平衡,而我国在 2003 年人均 GDP 就达到了 1000 美元,理论上已经具备了实现环境与经济协调发展的条件(张智光,2010)。因此,提高资源利用率,降低单位 GDP 的资源消耗,使经济发展的成果成为实现资源可持续利用和生态安全的有力保障,实现资源节约型和环境友好型的社会环境。

5.4　资源环境综合绩效指数

党的十八大报告提出了确立生态红线的要求,需要量化“红线”的具体内容、数量和指标。生态修复要遵循自然规律,因地制宜,统筹兼顾。习近平总书记明确指出:“山水林田湖是一个生命共同体,人的命脉在田,田的命脉在水,水的命脉在山,山的命脉在土,土的命脉在树。”自然界的各类生态系统相互联系,密不可分。

为了对国家和各地区的资源消耗和污染排放的绩效进行检测和评价,中国科学院可持续发展战略研究组(2006)提出了资源环境综合绩效指数(resource and environmental performance index,REPI),经过了多次调整(2015),确定采用的资源环境综合绩效指数的表达式为

$$REPI_j = \frac{1}{n}\sum_{i}^{n} w_i \frac{x_{ij}/g_j}{x_{i0}/G_0} \tag{5-12}$$

式中,$REPI_j$ 是第 j 个省(自治区、直辖市)的资源环境综合绩效指数;w_i 为第 i 种资源消耗或污染排放绩效的权重;x_{ij} 为第 j 个省(自治区、直辖市)第 i 种资源消耗或污染物排放总量;g_j 为第 j 个省(自治区、直辖市)的 GDP 总量;x_{i0} 为全国第 i 种资源消耗或污染物排放总量,G_0 为全国的 GDP 总量。

该指数越大,表明资源环境综合绩效水平越低;该指数越小,表明资源环境综合绩效水平越高。2000—2013 年青藏高原地区资源环境综合绩效指数如表 5-5 所示。由于西藏资料不全,所以未列入评估。

表 5-5 2000—2013 年青藏高原地区资源环境综合绩效指数

年份	青海		四川		云南		甘肃		新疆	
	总指数	排名	总指数	排名	总指数	排名	总指数	排名	总指数	排名
2000	151.0	23	143.1	22	114.9	15	162.5	25	173.9	26
2001	140.8	23	132.3	22	106.1	13	148.0	24	164.3	27
2002	127.3	23	121.0	21	100.5	13	150.3	26	155.9	27
2003	130.2	23	118.2	21	98.6	12	151.5	24	154.3	26
2004	140.3	24	110.2	21	97.6	16	140.1	23	151.0	25
2005	150.8	26	102.3	18	101.9	17	141.3	23	145.5	24
2006	147.5	27	94.2	15	103.6	20	130.6	23	140.8	25
2007	140.0	28	87.4	14	102.9	21	116.3	23	133.1	26
2008	132.6	28	80.2	15	99.4	22	110.9	24	126.8	26
2009	126.9	27	80.9	16	97.8	22	109.9	24	127.2	28
2010	128.9	28	78.3	15	94.8	22	109.4	24	124.2	27
2011	268.1	30	72.1	15	114.5	24	122.7	25	128.3	27
2012	252.8	30	68.8	14	105.2	23	116.5	25	138.1	28
2013	241.2	30	66.4	16	101.0	24	111.2	25	141.9	28

注:2000 年全国的数据=100.0。

从表 5-5 中可以看出,青藏高原地区资源环境综合绩效指数偏低,其中青海资源环境综合绩效指数最大,在全国的 30 个省(自治区、直辖市)的排名中较靠后,在 2011—2013 年中都是最后一名;其次是新疆;只有四川的资源环境综合绩效指数排名基本处于中游水平。

第 6 章　生态文明健商指数及其应用

北京大学的张世秋教授提出关于生态文明等社会观念变革已成为全球的第三次环境变革。生态文明的社会观念反映着人们对资源环境的利用情况，本章将从生态文明的角度体现对资源的利用情况。

生态文明最早类似的提法是在 1995 年由美国的 Roy Morrison(1995)提出，并将其作为"工业文明"之后的一种新的文明形式。我国在 1998 年由生态学家叶谦吉(1998)首次明确使用生态文明的概念后，生态文明的研究逐步涉及社会各个层面。王如松(2013)提出生态文明要融入经济建设、政治建设、文化建设和社会建设。生态文明尤其在政府层面上得到了高度的重视，胡鞍钢(2012)指出，党的十七大报告将"生产发展、生活富裕、生态良好的文明发展道路"作为中国的生态文明道路。党的十八大报告首次将生态文明建设纳入与经济建设、政治建设、文化建设和社会建设相并列的"五位一体"总布局。2015 年 5 月 5 日，中共中央和国务院联合发布《关于加快推进生态文明建设的意见》，明确了 2020 年生态文明建设系列目标，可见生态文明建设将是我国未来一项重要的持续性工作。

要实现美丽中国梦，生态文明建设至关重要，生态文明建设效果的评价随之成为生态文明建设的重要环节。生态文明的评价标准及评价方法一直是学术界研究的重点，由于生态文明涉及资源、环境、人口、经济、社会、制度、文化等方方面面，涵盖面广，因此评价生态文明也成为研究的难点。2009 年以北京大学杨开忠教授为首席科学家的国家社科基金重大项目"新区域协调发展与政策研究"课题组提出生态文明水平即生态效率(eco-efficiency，缩写为 EEI，EEI＝GDP/地方生态足迹)，是在党的十七大第一次提出"建设生态文明"以来，首次对中国各省份生态文明水平进行排名(杨开忠，2009)。随后，该研究组在 2014 年，在以往研究方法的基础上加入了环境质量指数(EQI)，再次推出《2014 年中国省区市生态文明水平报告》，将我国 30 个省份的生态文明水平进行排名。成金华等(2015)参照党的十八大报告对生态文明建设所提出的四方面具体要求，将国土空间优化布局、资源能源节约集约利用、生态环境保护与生态文明制度建设四个方面构建生态文明发展水平评价指标体系，应用 2003—2012 年我国各省份数据，对各地区的生态文明发展水平进行测度。可见，生态文明的评价标准各有侧重，研究重点在于选取的指标不同。如何将生态文明的评价与社会发展适应，生态文明建设程度如何尚需进一步研究。应用健商理念来评价生态文明建设健康程度的研究尚属空白，是生态文明研究领域的拓展。

6.1 生态文明健商指数的提出

本章首次将生态文明概念与“健商”概念相结合，提出生态文明健商指数，作为评价生态文明是否健康的指标。

6.1.1 健商概述

“健商”(health quotient，HQ)的概念是由哈佛大学医学专业博士谢华真教授在1999年首次提出，它是一个博取古今中外医学以及保健学等方面的精华知识，加之中医自然科学的相关理论，在总结健康与人类的情绪、心理、意识、环境以及社会等多方面的因素的基础之上而提出来的一个全新的理念(王利明，2012)。它不是对智商和情商的简单模仿，而是对现代西方主流医学和保健思想的反思和批评的基础上，提出的一个崭新的保健理念。健商主要应用在健康医疗等方面，迄今为止还没有将其与生态文明建设结合的相关研究。

6.1.2 生态文明健商指数的构建

健商包括五大要素：自我保健、健康知识、生活方式、精神健康和生活技能。借鉴健商五要素，生态文明健商指数的评价包括资源节约程度、生态文明认知程度、生态文明行为程度、生态文明制度建设程度和环境保护程度。资源节约程度包括：人均日生活用水量(L)、可再生能源占能源消费总量的比重(%)、单位GDP能耗(tce/万元)、人均耕地面积(km^2/人)；生态文明认知程度包括：第三产业增加值(亿元)、第三产业贡献率(%)、R&D经费支出与国内生产总值之比(%)；生态文明行为程度包括：私人汽车拥有量(万辆)、城市绿地面积(hm^2)、湿地面积占辖区面积比重(%)；生态文明制度建设程度包括：突发环境事件次数(次)、环境污染治理投资总额(亿元)、工业污染治理完成投资(万元)；环境保护程度包括：废水排放总量(万t)、二氧化硫排放量(万t)、氮氧化物排放量(万t)、固体废物综合利用量(万t)、森林覆盖率(%)。

资源节约程度主要从水资源、可再生能源、资源的循环利用等方面进行具体指标的选取；生态文明认知程度主要从第三产业的实现程度及科学研究的比重等方面进行具体指标的选取；生态文明行为程度主要从环保实践等方面进行具体指标的选取；生态文明制度建设程度主要从制度执行和执行效果等方面进行具体指标的选取；环境保护程度主要从污物排放和污物治理等角度进行具体指标的选取。

生态文明健商指数的五个准则层部分犹如人的主要内脏器官，只有各个器官都正常运转，身体才会健康。本章通过面对面采访和电子邮件调查等方法，收集了相关在生态文明研究方法等方面有所研究和建树的专家对生态文明健商指数的相关意见，同时借鉴相关学者对生态文明体系构建方面的指标及相关指标的可得性等各个方面，构建生态文明健商指数为目标层，以资源节约程度、生态文明认知程度、生态文明行为程度、生态文明制度建设程度和环境保护程度五个指标为准则层，每个准则层指标的各下设指标(共18个)为指标层，如图6-1所示。

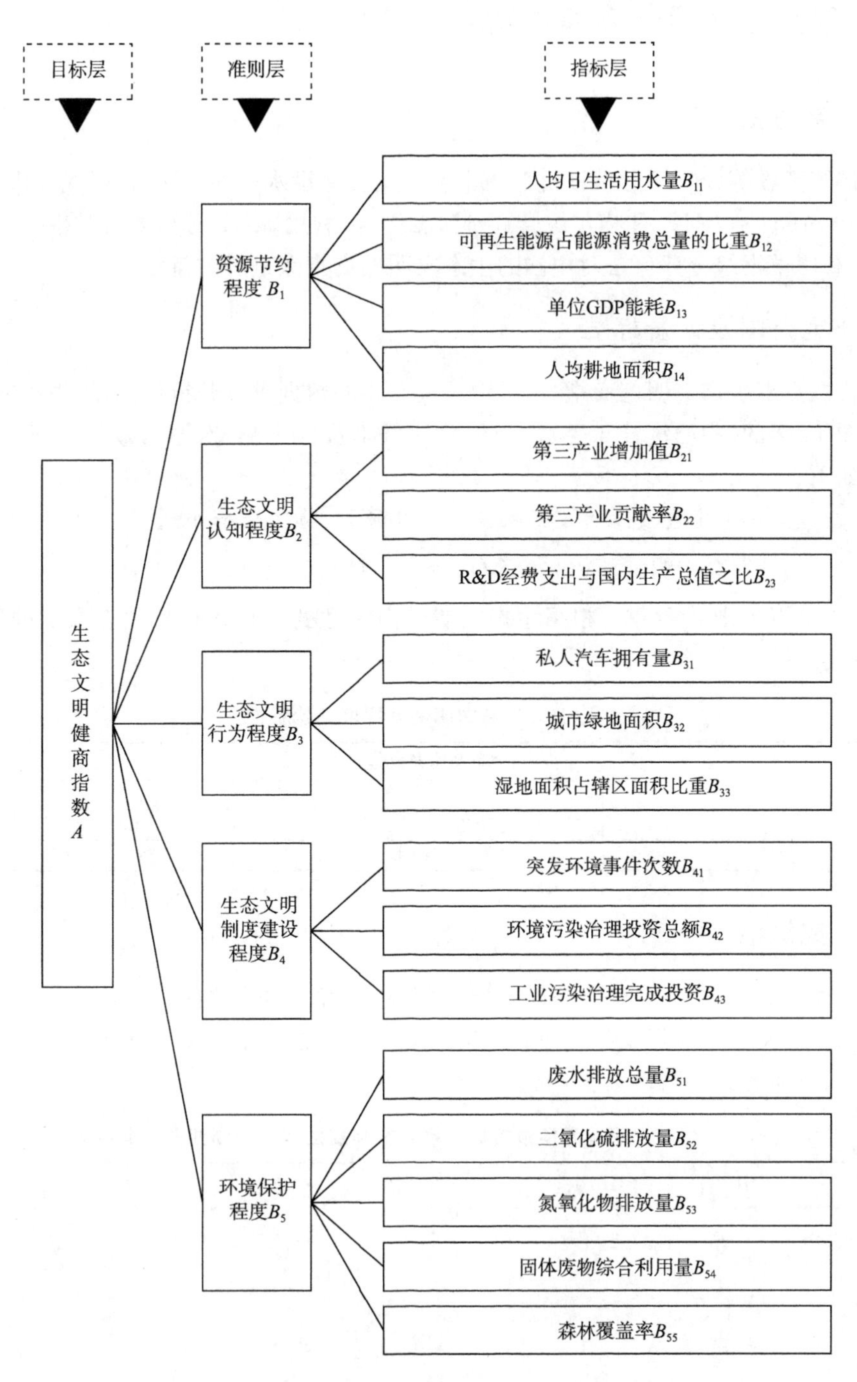

图 6-1　生态文明健商指数指标体系

6.2 中国生态文明健商指数的实证分析

6.2.1 研究方法

本章借鉴高媛等(2015)分析评价兰州市生态文明建设水平的方法，将层次分析法(analytic hierarchy process，AHP)和模糊综合评价法相结合，利用AHP分析方法对指标各层次进行权重决策，利用模糊综合评价法对中国的生态文明健商指数进行定量评价。

6.2.2 研究范围及评价标准

本节首次提出生态文明健商指数，以中国近5年的数据进行分析计算，所用数据主要来源于2010—2014年的《中国统计年鉴》。为消除计量单位的影响，对原始数据进行无量纲化处理。公式如下：

$$\text{标准值}(Y_i) = (\text{实际值} - \text{最小值})/(\text{最大值} - \text{最小值}) \tag{6-1}$$

$$\text{生态文明健商指数}(ECH) = \sum P_i Y_i (i = 1,2,3,\cdots,n)$$

式中，P_i 为各评价指标的权重。根据生态文明健商指数的正负来评价生态文明的健康程度，如表6-1所示。

表6-1 生态文明健康程度评价标准

生态文明健商指数		
负值	正值	
	5个指标层不全为正	5个指标层全为正
不健康	亚健康	健康

6.2.3 研究结果

本章采用AHP软件，判断出各准则层的权重，环境保护程度(0.4230)＞资源节约程度(0.2527)＞生态文明行为程度(0.1545)＞生态文明制度建设程度(0.1137)＞生态文明认知程度(0.0561)，具体的分析结果见表6-2～表6-7。

表6-2 生态文明健商指数指标体系各准则层之间的判断矩阵及其结果

A	B_1	B_2	B_3	B_4	B_5	W_{00}
B_1	1	4	2	3	1/2	0.2527
B_2	1/4	1	1/3	1/4	1/5	0.0561
B_3	1/2	3	1	2	1/3	0.1545
B_4	1/3	4	1/2	1	1/5	0.1137
B_5	2	5	3	5	1	0.4230

由表6-2得到，准则层中资源节约程度、生态文明认知程度、生态文明行为程度、生态文明制度建设程度和环境保护程度五个指标之间的相对权重为0.2527、0.0561、0.1545、0.1137、0.4230；一致性比例为0.0484，小于0.1。再对具体指标层进行分析，得到 B_1 指标层的有关数据，见表6-3。

表 6-3 指标层 B_1 的判断矩阵及其结果

B_1	B_{11}	B_{12}	B_{13}	B_{14}	W_{01}
B_{11}	1	3	1/3	2	0.0624
B_{12}	1/3	1	1/4	1/2	0.0238
B_{13}	3	4	1	3	0.1266
B_{14}	1/2	2	1/3	1	0.0399

由表 6-3 得到，指标层 B_1(资源节约程度)中人均日生活用水量、可再生能源占能源消费总量的比重、单位 GDP 能耗、人均耕地面积这 4 个指标的权重分别是：0.0624、0.0238、0.1266、0.0399；一致性比例为 0.0328，小于 0.1。再对指标层 B_2 进行分析，见表 6-4。

表 6-4 指标层 B_2 的判断矩阵及其结果

B_2	B_{21}	B_{22}	B_{23}	W_{02}
B_{21}	1	1/3	2	0.0134
B_{22}	3	1	4	0.0350
B_{23}	2	1/4	1	0.0077

由表 6-4 得到，指标层 B_2(生态文明认知程度)中第三产业增加值、第三产业贡献率、R&D 经费支出与国内生产总值之比这 3 个指标的权重分别是：0.0134、0.0350、0.0077；一致性比例为 0.0176，小于 0.1。再对指标层 B_3 进行分析，见表 6-5。

表 6-5 指标层 B_3 的判断矩阵及其结果

B_3	B_{31}	B_{32}	B_{33}	W_{03}
B_{31}	1	3	7	0.0994
B_{32}	1/3	1	5	0.0437
B_{33}	1/7	1/5	1	0.0114

由表 6-5 得到，指标层 B_3(生态文明行为程度)中私人汽车拥有量、城市绿地面积、湿地面积占辖区面积比重这 3 个指标的权重分别是：0.0994、0.0437、0.0114；一致性比例为 0.0630，小于 0.1。再对指标层 B_4 进行分析，如表 6-6 所示。

表 6-6 指标层 B_4 的判断矩阵及其结果

B_4	B_{41}	B_{42}	B_{43}	W_{04}
B_{41}	1	1/5	1/4	0.0110
B_{42}	5	1	3	0.0704
B_{43}	4	1/3	1	0.0323

由表 6-6 得到，指标层 B_4(生态文明制度建设程度)中突发环境事件次数、环境污染治理投资总额、工业污染治理完成投资这 3 个指标的权重分别是：0.0110、0.0704、0.0323；一致性比例为 0.0834，小于 0.1。再对指标层 B_5 进行分析，如表 6-7 所示。

表 6-7 指标层 B_5 的判断矩阵及其结果

B_5	B_{51}	B_{52}	B_{53}	B_{54}	B_{55}	W_{05}
B_{51}	1	3	4	2	1/2	0.1046
B_{52}	1/3	1	2	1/2	1/4	0.0405
B_{53}	1/4	1/2	1	1/3	1/5	0.0257
B_{54}	1/2	2	3	1	1/6	0.0587
B_{55}	2	4	5	6	1	0.1935

由表 6-7 得到，指标层 B_5(环境保护程度)中废水排放总量、二氧化硫排放量、氮氧化物排放量、固体废物综合利用量、森林覆盖率这 5 个指标的权重分别是：0.1046、0.0405、0.0257、0.0587、0.1935；一致性比例为 0.0379，小于 0.1。

根据生态文明健商指数指标体系各准则层权重(表 6-8)及近 5 年中国的数据计算得出生态文明健商指数，如表 6-9 所示。

表 6-8 生态文明健商指数指标体系各准则层权重

准则层	权重	指标层	单位	指标类别	权重
资源节约程度	0.2527	人均日生活用水量	L	负	0.0624
		可再生能源占能源消费总量的比重	%	正	0.0238
		单位 GDP 能耗	tce/万元	负	0.1266
		人均耕地面积	km^2/人	负	0.0399
生态文明认知程度	0.0561	第三产业增加值	亿元	正	0.0134
		第三产业贡献率	%	正	0.0350
		R&D 经费支出与国内生产总值之比	%	正	0.0077
生态文明行为程度	0.1545	私人汽车拥有量	万辆	负	0.0994
		城市绿地面积	hm^2	正	0.0437
		湿地面积占辖区面积比重	%	正	0.0114
生态文明制度建设程度	0.1137	突发环境事件次数	次	负	0.0110
		环境污染治理投资总额	亿元	正	0.0704
		工业污染治理完成投资	万元	正	0.0323
环境保护程度	0.4230	废水排放总量	万 t	负	0.1046
		二氧化硫排放量	万 t	负	0.0405
		氮氧化物排放量	万 t	负	0.0257
		固体废物综合利用量	万 t	正	0.0587
		森林覆盖率	%	正	0.1935

表 6-9 中国生态文明健商指数

年份	2009	2010	2011	2012	2013
资源节约程度	−0.130	−0.090	−0.063	−0.052	−0.059
生态文明认知程度	0.022	0.007	0.031	0.044	0.054
生态文明行为程度	0.001	−0.004	−0.011	−0.019	−0.026
生态文明制度建设程度	0.011	0.041	0.033	0.052	0.084
环境保护程度	−0.037	−0.025	−0.020	−0.004	0.137
生态文明健商指数	−0.133	−0.070	−0.030	0.020	0.191

6.2.4 结论

中国的生态文明健商指数从 2009—2013 年逐渐从－0.133 增长到 0.191，逐渐由生态文明不健康转变到健康。资源节约程度一直呈现负值，但是有向好的方向转化的趋势；生态文明认知程度一直为正值，且有增长趋势；生态文明行为程度由正值变为负值，并有向坏的方向转化的趋势；生态文明制度建设程度一直为正值，且有增长趋势；环境保护程度由负值转为正值，且增长趋势较大（图 6-2）。

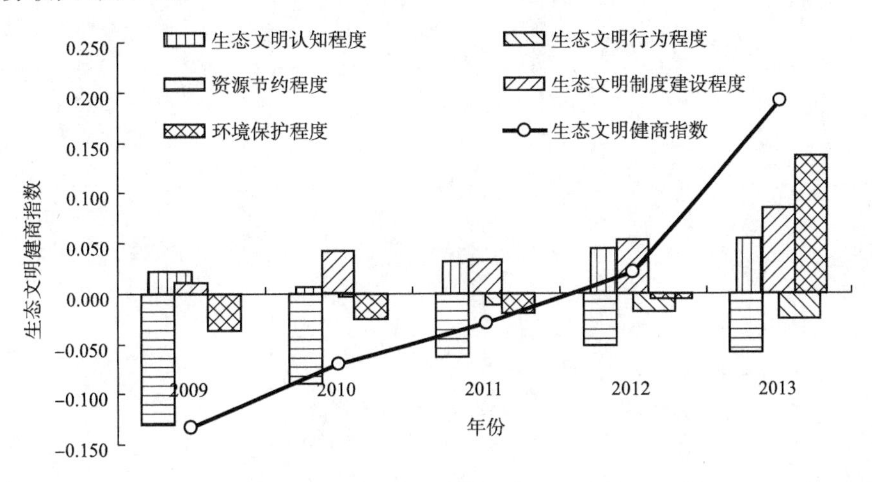

图 6-2　2009—2013 年中国生态文明健商指数变化趋势

通过分析，可以看出中国生态文明健康程度有好转的趋势，但内部存在隐患。截至 2013 年，中国的生态文明健商指数虽然是正值，但其 5 个准则层中有 2 个（资源节约程度和生态文明行为程度）仍然是负值，所以目前中国的生态文明还处于亚健康状态。

6.2.5 建议及讨论

我国自生态文明提出以来，一直开展对生态文明的评价指标体系等多方面研究，本章将生态文明与健商概念相结合，提出生态文明健商指数来评价生态文明的健康状况，即对多年来生态文明的践行结果的实证分析。通过 2009—2013 年的分析，我国的生态文明处于亚健康状态，应着重从资源节约和生态文明行为方面进行改善。

生态文明健商指数是首次提出与应用，还有待进一步地完善和改进。

第 2 篇 青藏高原地区资源可持续利用实证分析

第 7 章　青藏高原地区资源可持续利用存在的问题与压力分析

要分析青藏高原地区的资源可持续利用，在了解青藏高原地区资源的情况下，掌握其存在的主要问题和面临的压力是不可缺少的。在此基础上全面审视青藏高原地区资源可持续利用的优势、劣势、机遇和威胁，即进行 SWOT 分析，为下文的青藏高原地区资源可持续利用的实证分析做铺垫。

7.1　主要问题

良好的生态环境是人类得以延续和健康发展的前提和基础。虽然青藏高原地区资源丰富，但资源的利用存在不少问题。

7.1.1　生态环境脆弱

生态脆弱性是一个生态学概念，其理论研究最早形成于 20 世纪 50 年代末，此后人们对生态脆弱性问题的关注程度不断加强。从 20 世纪 60 年代的“国际生物学计划”(international biological program，IBP)到 70 年代的“人与生物圈计划”(man and biosphere，MAB)，直至 80 年代的“国际地圈生物圈计划”(international geosphere biosphere programme，IGBP)，逐步对脆弱带问题进行研究。20 世纪 80 年代后期，研究不断扩展，在 1988 年召开的第七届环境问题科学委员会(scientific committee on problems of the environment，SCOPE)的会议上提出“生态环境脆弱带”的新概念——Ecotone(把 Ecotone 译作“生态环境过渡带”或“生态环境交错带”)。在自然环境中，生态环境脆弱带在空间上有以下几种表现：城乡交接带、干湿交替带、农牧交错带、水陆交界带、森林边缘带、沙漠边缘带和绿洲边缘带、各类梯度联结带和地质板块接触带(牛文元等，2007)。对自然系统而言，脆弱性表现为生态系统正常功能被破坏、生境恶劣、生产力较低、生物多样性锐减、生态系统阈值低和生态平衡关系容易被打破等；对人类社会系统而言，脆弱性表现为社会(群体、个人)面对各种生态环境变化，特别是面对突如其来的自然灾害时，表现得无能为力。

青藏高原生态环境脆弱且不易修复。青藏高原平均海拔高，气温低，地跨差异较大的多种类型自然带，加上复杂的地质构造，地质、气象灾害多发，所以，表现出生态系统抗御扰动和回归的能力较差，生态的脆弱性特征较为突出。谢高地等(2003a)研究得出，青藏高原是具有全球意义的一个脆弱生态系统，在其 253×10^4 km^2 的面积上森林生态系统仅占 8.6%，草地生态系统占 50.9%，农田生态系统占 1.7%，湿地生态系统占 0.1%，湖泊生态系统占 1.2%，其余 37.5%的面积为冰川雪被、沙漠戈壁和荒漠。由此可以看出，冰川、沙漠戈壁和荒漠等生态脆弱性较差的生态系统占据较大面积，再加上不合理的人类活动的干扰增强和人口数量的增加触发和加重了气象、地质灾害发生的强度和频率，对青藏高原造成了强烈的干扰。马生林(2011)研究指出，青藏高原的生态脆弱带类型较多，分布较广，如青海东部、西藏东南部的城乡交接带、农牧交错带、山间盆地过渡带和荒漠边缘带类型。其中，山间盆地过渡带主要为第一、第二级台阶的陡坎地带，分布在青海的河湟谷地与西藏的藏南谷地以及祁连山南麓一带；荒漠边缘带主要在青海西部的柴达木盆地以及祁连山南北的荒漠化地带。

区域生态环境脆弱程度可直观地通过生态环境脆弱度指数来表示。生态环境脆弱度指数根据加权线性累计法对地质、地貌、水文、土壤、植被、气候等要素计算得出。牛文元等(2007)计算出全国 30 个省份(重庆市暂时划入四川省中)的生态环境脆弱度指数，青藏高原地区的各省(区)生态环境指数和在全国的排名(生态脆弱度指数由大到小)如表 7-1 所示，脆弱度的数值越大，表示该区域越脆弱。

根据生态脆弱度指数，可以从数值上直观地看出，青藏高原地区的生态环境较脆弱，青海和西藏的生态环境脆弱度指数分别是 1.2344 和 0.3244，在全国 30 个省份的生态环境脆弱度指数排序中分别列位第 2 名和第 9 名，尤其是青海，与生态环境脆弱度最低的宁夏(1.24)相差无几。其他的四川、云南、甘肃和新疆整体的脆弱度指数分别是 0.7060、0.4379、0.8763、0.7060，4 省(区)的生态脆弱度排名都较靠前，可以说青藏高原地区生态环境脆弱，其资源的可持续利用面临着挑战。

表 7-1 青藏高原地区生态环境脆弱度

省份	脆弱度	脆弱度排序
青海	1.2344	2
西藏	0.3244	9
四川	0.7060	6
甘肃	0.8763	3
云南	0.4379	8
新疆	0.7147	5
北京	−0.3095	18
上海	−1.1740	30

注：北京、上海数值列出以作对比，余同。

7.1.2 生态安全形势严峻

随着近年来中亚以暖干化为主的气候时期以及人类活动的影响，青藏高原的生态安全形势依然严峻，表现在土地沙漠化、盐渍化、草地退化、森林锐减、生物多样性受到威胁等方面。

7.1.2.1 土地退化严重

青藏高原土地退化严重，部分地区生态系统退化加剧。青藏高原是上新世末至今大约 300 万～400 万年内急剧隆起而成，地质历史较短，土壤的发育历史年轻，土壤层薄，砾石量高，抗侵蚀能力弱，植物生长缓慢，自然生产能力低，加之自然因素和人类活动的干扰，土地退化形势十分严峻。张惠远等(2012)研究发现，2004 年沙漠化土地、水蚀土地、退化草地、盐渍化土地和冻融荒漠化退化土地分别占退化总面积的 28.61%、14.27%、50.10%、2.19%和 4.83%

(表 7-2)。其中,柴达木盆地区和藏北高原西部亚区为极重度退化区,藏东南南亚区、藏南高原湖盆区和藏东三江河谷亚区为轻度退化区。

表 7-2　2004 年青藏高原地区退化土地面积　(单位:km^2)

省区	沙漠化土地	水蚀土地	退化草地	盐渍化土地	冻融荒漠化退化土地
西藏	202 327.90	69 706.70	325 300.00	9 632.89	47 895.59
青海	105 009.70	53 136.70	133 300.00	18 110.00	13 469.90
甘肃	48 767.50	7 552.70	75 100.00	—	—
四川	7 406.20	39 136.17	100 000.00	—	—
云南	52.10	11 863.30	3 000.00	—	—
合计	363 563.35	181 395.55	636 700.00	27 742.89	61 365.49

7.1.2.2　局部地区草地资源退化加剧

青藏高原草地生态系统不仅是高原生态环境的重要组成部分,也是我国重要的传统牧业地区之一。由于长期过度放牧和自然条件的影响,使牧草生长力下降,加上鼠类等对草皮和土壤的破坏以及水、风的侵蚀,使原有的草地植被遭到破坏以后裸露,导致形成秃斑草场甚至沙砾滩,草畜矛盾日益突出。据统计,青藏高原退化草地约有 636 700 km^2,草地退化率在 42%左右。其中西藏自治区草地退化率为 39%,青海省为 33%,甘南高原区及祁连山北麓区为 83%,四川川西高原区为 58%,滇西北高原区为 71%(张惠远等,2012)(表 7-3)。草地退化带来了巨大的生态系统服务损失,王瑞杰等(2007)基于 MODIS 遥感数据的研究表明,2003—2005 年全国草地生态退化的价值损失量共 66.603 亿美元,其中内蒙古、新疆、西藏、青海、甘肃、云南和四川等西部 7 省(区)的价值损失总量为 52.219 亿美元,占总价值损失量的 78.41%,而内蒙古的价值损失量最大,占总价值损失量的 25.89%。可以看出青藏高原草地退化带来了较大的生态系统服务损失,除去内蒙古,青藏高原涉及的 6 省(区)价值损失总量为 34.980 亿美元,占总价值损失量的 52.52%。

表 7-3　青藏高原地区草地退化情况

统计单位	草地总面积/万 hm^2	退化草地总面积/万 hm^2	中度以上退化		轻度退化		草原退化率/%
			面积/万 hm^2	比例/%	面积/万 hm^2	比例/%	
西藏自治区	8293	3253	1107	34	2146	66	39
青海省	4038	1333	833	62	500	38	33
甘南高原及祁连山北麓区	910	751	567	75	184	25	83
川西高原区	1710	1000	—	—	—	—	58
滇西北高原区	42	30	—	—	—	—	71
合计	14993	6367	—	—	—	—	

高寒草地是青藏高原重要的草地资源。高寒草地生态系统也呈现出不同程度的退化现象,表现为生物多样性下降,生产力降低,草地生态系统结构发生变化,牧草种群退化,有害杂草种群数量增加,土壤侵蚀严重。截至2010年年底,整个青藏高原高寒草地生态系统退化面积为3.12亿亩,其中生态极端脆弱区的三江源与藏北地区中度以上退化草场面积近2.76亿亩,占其核心区草场总面积的78%(马生林,2011)。高寒草地的退化会使土壤水文过程发生改变,退化草地的植被群落演替变化明显,优势种群退化严重,植物个体出现了小型化现象,水土流失日趋严重,土壤贫瘠化、沙化、荒漠化增强,鼠虫害等自然灾害频繁(王一博等,2005)。这样严重降低了草场的生产力和载蓄能力,加重了草畜失衡,严重制约了青藏高原的草地资源可持续利用。

7.1.2.3 森林资源锐减,生物多样性受到威胁

人们为追求短期的经济效益,大面积肆意砍伐天然生态林,青藏高原地区森林面积也正在大规模缩减。目前,西藏天然森林面积以每年8700 hm^2 的速度递减(南文渊,2007)。在高原的东南部林区,其坡陡土薄、流水作用强,易遭受自然灾害、人类活动的破坏,局部地区植物种类少,一旦过度采伐,就很难恢复原貌。

生物资源是人类赖以生存和可持续发展的物质基础,它们遵循着自然规律,不断地自我更新,特殊气候条件下产生的生物多样性是青藏高原基因、物种和生态系统多样性的总和,包括数以百万计的动植物、微生物和它们所拥有的基因以及与环境形成的复杂的生态系统。随着青藏高原地区植被退化、森林锐减,再加上过度采挖和捕猎,麝香、虫草、贝母、鹿茸及藏羚羊、旱獭、藏野驴、野牦牛等野生动植物资源遭到了严重破坏,青海湟鱼、香獐、普氏原羚等珍稀野生物种濒临灭绝。目前青藏高原受到威胁的生物物种占总种数的15%~20%,高于世界10%~15%的平均水平(张惠远等,2012)。有资料表明,近200年来青藏高原濒于或已灭绝的鸟类有110种,兽类200多种,两栖类30多种以及植物500余种(马生林,2004)。同时,由于人们对藏药的热衷程度加强,冬虫夏草、雪莲等珍贵中草药正遭受着前所未有的劫难。由此可见,青藏高原的生物多样性正面临着严峻的考验,保护青藏高原的生物多样性刻不容缓。

7.2 成因分析

7.2.1 自然因素

气候变化是影响青藏高原生态环境的重要自然因素。研究表明,全球气候有增温趋势,到2030年将增加0.80℃,到2070年增加2℃(吕晓英等,2002),青藏高原的气候也出现相同的变化,这对其生态环境产生了直接的影响。据统计,1961—2007年青藏高原大部年平均温度都有明显的增温趋势,增温最强的中心在高原北部,最大值在0.8~1.0℃/10a;年降水量大部分地区都有增加;日照时数从1961—2007年大部分地区呈减少趋势,减少最明显的是青海北部、西藏南部和川西地区(张惠远等,2012)。"温室效应"会造成高原冰川消融、湖泊干涸、湿地萎缩、森林面积锐减、沙漠面积扩大等后果。青藏高原地区的大面积草地处于干旱、半干旱地区,气候变暖会增加地面的蒸散量,对牧草的生产与产量有很大的影响。吕晓英等(2002)研究

表明：年均温每升高1℃，平均产草量将减少1839 kg/hm²；夏季平均气温每升高1℃，平均产草量将减少1251 kg/hm²。牧草产量的减少会增加牲畜觅食的频次和范围，加重对土壤的破坏程度，进而导致草地进一步退化，这样就形成了一个恶性循环的过程。

气候变化会造成湖泊退缩、湿地面积减少，高原生态系统的格局与功能发生改变，影响到气候、土壤、植被和生物多样性等。农业受气候变化影响较大，加上青藏高原地区的地质条件，气象灾害频繁，气候变暖导致干旱灾害加剧，与此同时，极端降水的概率也呈加大趋势，洪涝灾害加剧。青南藏北高原每年几乎都有雪灾发生，霜冻、冰雹等灾害也加剧了对农牧业的影响。

7.2.2　人为因素

除了自然因素，人为因素（人类活动）是影响青藏高原生态环境的主要因素，张惠远等(2012)将其归为三类：城镇化及其引起的土地利用变化；工业、农牧业以及旅游业所带来的环境污染和生态破坏；道路、水电等建设工程对生态环境的影响。

对于青藏高原而言，影响最大的是超载过牧现象严重。初步估算，青藏高原规划范围内，草地理论载畜量为8649.09万只绵羊单位，实际载畜量为12 043.27万只绵羊单位，2007年年末草地超载率达39.2%，各地区数据见表7-4。其中，青海、西藏为全省（区）范围；四川包括阿坝藏族羌族自治州、甘孜藏族自治州和凉山彝族自治州；云南包括丽江市、怒江傈僳族自治州和迪庆藏族自治州；甘肃包括武威市、张掖市、酒泉市和甘南藏族自治州；新疆包括巴音郭楞蒙古自治州（部分）和和田地区（部分）。

表7-4　青藏高原地区草地理论载畜量和实际载畜量情况

省（区）	理论载畜量/(万只羊/年)	实际载畜量/(万只羊/年)	超载量/(万只羊/年)
青海	2 900.35	3 464.07	563.72
西藏	2 352.13	4 383.15	2 031.02
四川	2 307.14	2 644.04	336.90
云南	252.45	393.16	140.71
甘肃	616.11	867.05	250.94
新疆	220.91	291.80	70.89
青藏高原（合计）	8 649.09	12 043.27	3 394.18

随着青藏高原旅游业的快速发展，游客的数量猛增。旅游业虽然加快了青藏高原地区的经济发展，但由于管理与经营不当等原因也给青藏高原带来了一些负面影响，如由于规划开发不当破坏了部分原始生态系统；旅游景点没有配套的污水、废气和固体废物的处理设施，造成水体污染、土壤污染、局部大气污染等；游客的不文明行为等都会对青藏高原的生态环境造成不良的影响，也制约了旅游业的健康发展。

7.2.3　文化因素

青藏高原地区的藏族传统伦理文化对生态环境的保护既有积极的一面，也有不利的一面。藏传佛教提倡“放生”，青藏高原地区的牧民们为了祈福消灾，会“放生”一部分自己饲养的牲畜。对于被“放生”的牲畜，既不被宰杀，也不被出售。因此，大规模的“放生”无形中增加对草场的压力，草地面临因过度放牧而退化的威胁；其次，青藏高原地区的藏族牧民们普遍把家庭饲养的牲畜数量作为衡量家庭财富的主要标准，牲畜数量越多就代表家境越富有，这种思想同样也会带来过牧的后果。

7.3 压力分析

青藏高原地区生态脆弱性大，地理空间分异不均衡等因素使其在实施资源可持续利用时面临着比其他地区更大的压力。对青藏高原地区面临的压力进行分析是研究资源可持续利用不可缺少的一部分。本节以中国科学院可持续发展战略研究组对中国 31 个省(区)的研究结果为依据(牛文元等，2007)，分析青藏高原地区的人口压力、生态环境压力和资源压力。

7.3.1 人口压力

资源的利用情况首先与人口密切相关，人口的数量和质量是评价一个国家和地区的人口压力的重要指标。人口压力指数从人口数量指数和人口质量指数两个基本方面进行分析。其中，人均受教育年限和成人识字率是评价人口素质的重要指标。

青藏高原各地区的人口压力指数如表 7-5 所示，青藏高原地区与其他地区相比的雷达图如图 7-1 所示。不管是从人口压力指数的数值还是从与其他地区的比较图中都可以看出青藏高原人口压力很大。青海和西藏的人口压力指数分别是 0.45 和 0.57，在统计的全国 31 个省(区)人口压力指数排序中分别列位第 4 名和第 1 名，青海和西藏人口压力指数分别是人口压力指数最小的上海(0.20)的 2.25 倍和 2.85 倍。从各个指标来看，青藏高原的人口增长率压力指数最大，西藏达到 1.00。人口素质压力指数偏大，青海和西藏人口素质压力指数分别是北京(0.10)的 4.4 倍和 7.1 倍。可以看出，青藏高原的人口文化素质较低是人口压力大的重要因素之一。但由于青藏高原面积大，人口密度较小，尤其是青海和西藏，现有人口生存空间压力指数相对较小。

表 7-5 青藏高原地区人口压力指数

省份	人口增长率压力指数	现有人口生存空间压力指数	潜在生存空间压力指数	人口素质压力指数	人口压力总指数	人口压力指数排序
青海	0.91	0.25	0.20	0.44	0.45	4
西藏	1.00	0.20	0.37	0.71	0.57	1
四川	0.61	0.17	0.33	0.29	0.35	20
甘肃	0.75	0.20	0.18	0.43	0.39	10
云南	0.81	0.29	0.12	0.42	0.41	6
新疆	0.81	0.10	0.27	0.26	0.36	16
北京	0.13	0.31	0.30	0.10	0.21	30
上海	0.00	0.34	0.33	0.13	0.20	31

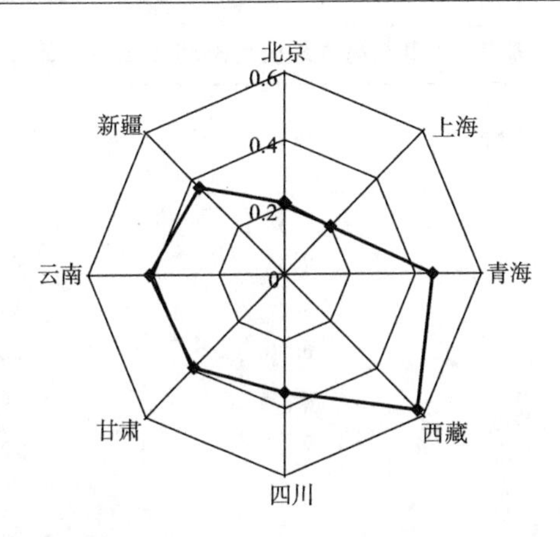

图 7-1　青藏高原地区人口压力指数与其他地区的比较图

根据《中国统计年鉴》的数据，本章分别计算了青藏高原各地区 2002—2011 年的人口密度，如图 7-2 所示。西藏的人口密度最小，人口密度的平均值只有 2.32 人/km^2，其次是青海(7.62 人/km^2)和新疆(12.43 人/km^2)。

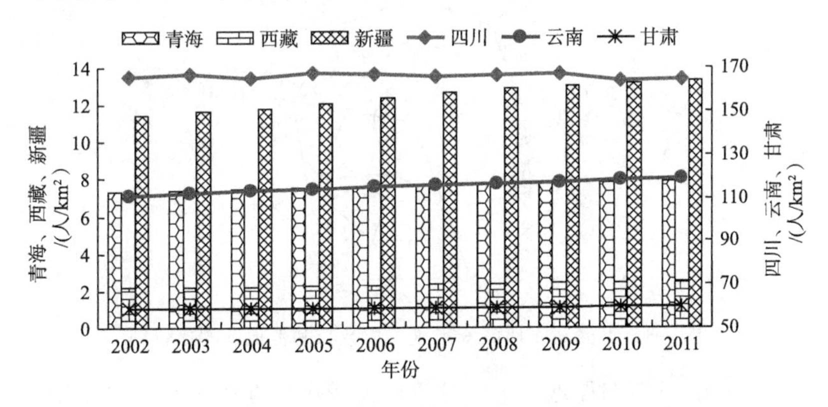

图 7-2　青藏高原各地区人口密度

7.3.2　生态环境压力

资源可持续利用不仅承受着生态的压力，还负担着环境的压力。生态的压力是长期起作用的、不易恢复的、对于生态系统的结构与功能从根本上加以破坏的压力；环境的压力是短期起作用的、可以控制的、对于生态系统加以弹性破坏的压力。以上压力的存在会使人类生存空间、经济发展进程和资源的分配恶化。生态环境压力可以通过生态环境压力指数直观地表示。牛文元等(2007)对全国 31 个省(区、市)的生态环境压力指数进行了计算。

生态环境压力指数是将生态压力指数和环境压力指数进行平均加权计算得出。生态压力指数是根据水土流失压力指数(由水土流失率计算得出)、土壤侵蚀压力指数(由水蚀压力和风蚀压力计算得出)、森林压力指数和荒漠化压力指数四项指标得出。环境压力指数是根据废水排放、废气排放、固体废弃物排放、CO_2 排放等四项指标分类统计计算得出。青藏高原地区的生态环境压力指数如表 7-6 所示，青藏高原地区与其他地区相比的雷达图如图 7-3 所示。

表 7-6　青藏高原地区生态环境压力指数

省份	环境压力指数	生态压力指数	生态环境压力指数	生态环境压力指数排序
青海	0.28	0.40	0.34	18
西藏	0.06	0.34	0.20	31
四川	0.35	0.31	0.33	19
甘肃	0.37	0.70	0.53	5
云南	0.32	0.19	0.26	27
新疆	0.35	0.54	0.45	10
宁夏	0.49	0.84	0.66	1
北京	0.75	0.32	0.54	4
上海	0.95	0.24	0.59	3

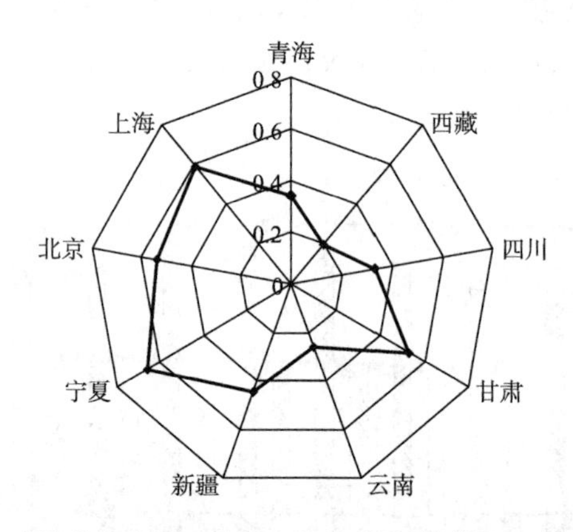

图 7-3　青藏高原地区资源压力指数与其他地区的比较图

从图 7-3 可以看出，青藏高原地区生态环境压力较小。青海和西藏在统计的全国 31 个省（区、市）生态环境压力指数从大到小排序中分别列位第 18 名和第 31 名。生态环境压力指数最大的宁夏（0.66）是西藏（0.20）的 3.3 倍，是青海（0.34）的 1.94 倍。生态环境压力指数是由生态压力指数和环境压力指数加权得到的，青藏高原地区的生态压力和环境压力情况有所不同。由于青藏高原地区与北京、上海等经济发达地区相比，属经济欠发达地区，废水、废气及 CO_2 的排放量较少，所以，环境压力较小，环境压力指数相对较小，西藏最低，仅为 0.06，其次是青海（0.28），其他几个省（区）也都偏低；而由于地质等因素，青藏高原地区的生态压力较高，甘肃的生态压力指数最大，为 0.70，青海、西藏、新疆也偏高。

7.3.3　资源压力

资源压力指数根据粮食安全压力指数、土地资源压力指数、人均水资源压力指数、水资源压力指数和矿产资源压力指数得出。粮食安全压力指数是以低于人均粮食（每年）400 kg 为一个基本指标，依照现有人均粮食产量（kg/人）计算得到的；土地资源压力指数是根据人均耕地、高生产力耕地和达到人口自然增长率为零时的粮食安全压力情况得到的；水资源压力是国家水资源数量和水资源空间情况得到的（水资源数量压力和水资源空间压力均为零，则水资源压力指数为零）；矿产资源压力指数根据能源消费份额与矿产资源贡献份额之差进行计算得到，差值越大，矿产资源压力越大(牛文元等，2007)。

青藏高原地区可持续发展的资源压力指数如表 7-7 所示，青藏高原地区与其他省区相比的雷达图如图 7-4 所示。从总体上看，青藏高原地区资源压力较小。青海和西藏的资源压力指数分别是 0.27 和 0.05，在全国 31 个省(区、市)资源压力指数从大到小排序中分别列位第 10 名和第 27 名。资源压力最大的上海(0.69)的资源压力指数分别是青海和西藏的 2.56 倍和 13.8 倍。从各个指标来看，青藏高原地区的粮食安全压力和土地资源压力较大，而矿产资源压力较小。

表 7-7　青藏高原地区资源压力指数

地区	粮食安全压力指数	土地资源压力指数	人均水资源压力指数	水资源压力指数	矿产资源压力指数	资源压力总指数	资源压力指数排序
青海	0.41	0.38	0.00	0.42	0.00	0.27	10
西藏	0.27	0.14	0.00	0.00	0.00	0.05	27
四川	0.04	0.23	0.00	0.00	0.00	0.08	23
甘肃	0.34	0.17	0.00	0.60	0.03	0.27	10
云南	0.26	0.13	0.00	0.00	0.00	0.04	29
新疆	0.00	0.00	0.00	0.65	0.10	0.25	14
北京	0.48	0.50	0.67	0.67	0.41	0.53	3
上海	0.63	0.64	0.81	0.81	0.61	0.69	1

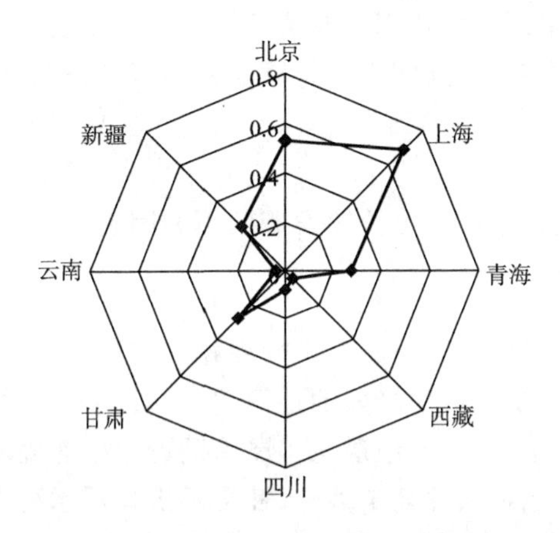

图 7-4　青藏高原地区资源压力指数与其他地区的比较图

7.4　SWOT 分析

通过对青藏高原地区的资源情况、存在的问题、成因及压力进行分析，总结青藏高原在资源可持续发展方面存在的优势、劣势、机遇和威胁，即进行 SWOT 分析。SWOT 分析法又称态势分析法，综合内部能力因素(优势和劣势)和外部环境因素(机遇和挑战)的全面、系统的研究，有助于人们制定发展战略和计划。近几十年来，青藏高原的环境与资源都发生了很大的变化，同时也面临着新的机遇和挑战，对青藏高原的 SWOT 分析可为资源可持续发展战略作参考。

7.4.1 优势

通过以上对青藏高原资源环境及其资源压力的分析可以看出，青藏高原地区在资源可持续利用方面的优势主要有以下几个方面。

7.4.1.1 资源丰富，人均占有量大，资源压力较小

青藏高原地区的自然资源丰富，但人口较少。目前占全国国土面积23.4%的青藏高原，居住着仅占全国0.8%的人口（成升魁等，2000a）。青藏高原地区的人口密度较小，西藏的平均人口密度只有2.32人/km^2，青海为7.62人/km^2。因此，青藏高原地区人均自然资源占有量大，资源压力较小。

7.4.1.2 生态环境压力较小

青藏高原人口稀少，排放污染少，是世界上自然生态系统受人类干扰较小的地方。这为青藏高原地区的资源可持续利用提供了良好的生态环境和基础保障。据李立峰的计算，青海省和西藏自治区两省（区）合计为区外至少提供了34.40×10^6 ghm^2 的生态盈余，对我国乃至全球的生态贡献巨大，这是高原获得生态补偿的前提条件。

7.4.1.3 人文资源丰富

民族文化的发展推动社会经济的发展。青藏高原地区少数民族文化绚丽多彩，以民族文化和宗教伦理为基础发展的生态旅游成为带动青藏高原地区社会经济发展的潜在的可持续发展的动力。

另外，高原各省区自新中国成立特别是改革开放以来的发展，已经初步积累了社会经济跨越式发展的财力、物力和人力条件，这些都是青藏高原地区在资源可持续利用的优势所在。

7.4.2 劣势

青藏高原也存在诸多制约该区域可持续发展的不利因素。

7.4.2.1 生态环境脆弱

生态环境脆弱是各种脆弱生态因子交互影响和相互作用的结果。青藏高原高寒、干旱、外力侵蚀强烈，是我国生态环境条件最为严酷的地区之一，原有的生态平衡状态易于被打破，是出现气象灾害、地质灾害、水土流失、土地退化等严重问题的生态脆弱区，生态环境脆弱度指数较高。加之青藏高原各地区地理条件复杂多样、社会经济发展情况迥异，使其脆弱程度表现出空间上的差异性，这为青藏高原地区资源的可持续利用增加了障碍。

7.4.2.2 局部生态环境恶化

局部生态环境恶化，导致生态安全面临严峻的考验。随着人类活动的规模和强度的增长，人类活动对青藏高原地区的干预愈来愈强，导致了为人类提供生存空间和活动场所的生态系统恶化，土地退化、水土流失、沙漠化加剧、生物资源锐减、生物多样性受到威胁等，生态安全问题令人担忧。

7.4.2.3 自然资源结构性短缺

青藏高原自然资源虽然丰富，但存在结构性短缺等问题。青藏高原草地资源丰富，但草地

质量不高，承载力较弱；森林资源物种丰富，但利用难度大。尼玛扎西(2000)总结西藏资源利用的优劣势得出：西藏人均耕地面积大和土地质量差并存；耕地资源生产潜力巨大和利用率低并存；草地面积大，但质量差；草地生物资源丰富，但其产量很低；森林资源丰富，但利用难度大。

7.4.2.4　人口压力较大，资源条件与经济发展不匹配

青藏高原的人口压力大主要是因为人口文化素质较低。这就导致青藏高原地区劳动者素质较低、劳动力资源匮乏等社会问题。青藏高原自然资源丰富，尤其是草场资源十分丰富。但社会经济资源匮乏，社会资源中农村劳动力居多，劳动者素质较低；资源结构不匹配，供给不协调。青藏高原地区的经济发展远远落后于全国其他地区，经济结构是以农牧业为主体的自然经济，但农牧业基础脆弱，工业基础薄弱，能源、交通等成为经济发展的"瓶颈"。由于青藏高原环境恶劣，交通条件差，造成造血功能不足，发展乏力。

7.4.3　机遇

政策帮扶等是有利的外部条件。青藏高原地区是边疆民族地区，经济发展相对滞后，但其生态价值巨大，具有特殊的生态战略地位。因此，基于青藏高原地区特殊的自然环境、重要的生态价值和多元的社会文化，在构建资源节约型和环境友好型社会的背景下，中央政府长期给予青藏高原地区特殊的环境保护政策，有利于青藏高原地区生态保护工作的开展。2010年国务院以国发〔2010〕46号文印发《全国主体功能区规划》，将藏中南地区、兰州—西宁地区、关中—天水地区等作为国家层面的重点开发区域；将三江源草原草甸湿地生态功能区、若尔盖草原湿地生态功能区、甘南黄河重要水源补给生态功能区等作为国家重点生态功能区进行保护，修复生态环境。2011年5月，国务院专门以国发〔2011〕10号文印发了《青藏高原区域生态建设与环境保护规划(2011—2030)》。相信随着我国经济实力的提升和环保意识的增强，青藏高原地区会进一步享受到国家的优惠政策，受到的扶持力度也会加大，为青藏高原的可持续发展创造良好的外部条件。

西部大开发战略为青藏高原地区的发展带来了机会和曙光。国家实施西部大开发战略不仅增加了对青藏高原的物质投入，还修建了世界上海拔最高、线路最长的青藏铁路。青藏铁路全长1956 km，东起青海省省会西宁，西至西藏首府拉萨，是一条贯穿青藏高原地区的经济线和文化线。青藏铁路是中国实施西部大开发战略的标志性工程，是中国21世纪四大工程之一。青藏铁路的建成和通车，为经济社会发展提供了一个强大的运力支持，便利了游客进藏和资源开发，有利于扩大旅游创汇和资源的开发利用；有利于青藏高原地区的对外开放，有利于促进我国各民族的共同繁荣，进一步巩固平等团结互助的新型民族关系。它为青藏高原地区打开了通往外界的门户，引进了新的理念和发展观念。同时，西部大开发不仅完善了青藏高原地区的铁路，还改进了公路、航空、电力等重要基础设施，为青藏高原地区经济发展和环境保护带来了有利契机。

总而言之，主体功能区规划、西部大开发等国家重大战略对青藏高原地区生态环境保护和资源可持续利用提供了难得的机遇。

7.4.4　威胁

青藏高原地区由于受自然环境的约束，长期处于封闭状态，加之宗教伦理文化的影响，虽

然在国家的有利政策下提供了一些发展机遇和条件,但同时也会给青藏高原地区带来思想文化的矛盾与冲突以及市场的挤压。

思想文化的矛盾与冲突。青藏高原地区是藏民族的聚居地,藏区范围大致与青藏高原范围重合,青藏高原藏区的发展实际上就是藏族的发展。因此,藏族文化是该地区的主体文化,藏文化有其自身的演进规律,虽然与汉族文化融合多年,但仍有一些需磨合之处。同时,随着青藏铁路的开通和与外界联系的增多,其他地区先进的技术和开放的思想可能与藏族传统的文化产生矛盾和冲突,如处理不好会阻碍经济的发展,影响社会的稳定。

创新活力不足,市场受到冲击的风险较大。由于青藏高原地区自然环境恶劣,生活水平较低,政府、企业和个人都缺乏技术创新和竞争意识,致使造血功能不足,发展缺少活力。先进的技术和新鲜的产品会给当地的市场带来冲击,在一段时间内影响经济的发展和社会的稳定。

第 8 章　资源贡献力实证分析

资源是人类生存不可缺少的物质基础。人类通过对资源的消耗得以生存和发展，不同资源对人类生存的贡献力大小不同。本章选取生态足迹（ef）指标，以不同资源对人生存的贡献力角度来分析自然系统的资源可持续利用，通过分析青藏高原 6 省（区）的人均生态足迹数值，来比较 6 种资源（耕地资源、草地资源、林地资源、水资源、化石能源和建设用地）对青藏高原的贡献力大小，并对青藏高原各地区各种资源的贡献力分别进行分析。

8.1　指标选取：生态足迹

本章对青藏高原地区涉及的 6 个省（区）的 2002—2011 年 10 年间的生态足迹的计算是在综合法的基础上进行改进而来（图 8-1）。本章将把消费项目划分为三类：生物资源的消费、能源的消费和建筑用地的消费，并分别对其进行计算，最后加和得到总的生态足迹。

生物资源足迹（A）包括耕地足迹、草地足迹、林地足迹和水域足迹，记录农产品、畜产品、林产品和水产品的生物资源产品。其中，水产品包括淡水产品和海洋产品。能源足迹（B）的计算采用碳汇法，其计算公式（刘宇辉等，2004b；陈璋，2008）为图 8-1 中能源足迹 B 所示。碳汇法由化石能源的消费量、平均发热标准、世界上森林平均吸收碳的能力来计算能源生态足迹，其中，每吨标准煤平均发热 29.4 GJ，煤炭的碳密度为 0.026 t 标准煤/GJ，石油的碳密度为 0.020 t 标准煤/GJ，天然气的碳密度为 0.015 t 标准煤/GJ，森林吸收碳的比例为 69%，每公顷森林平均吸收碳的能力为 0.95 t/hm^2。

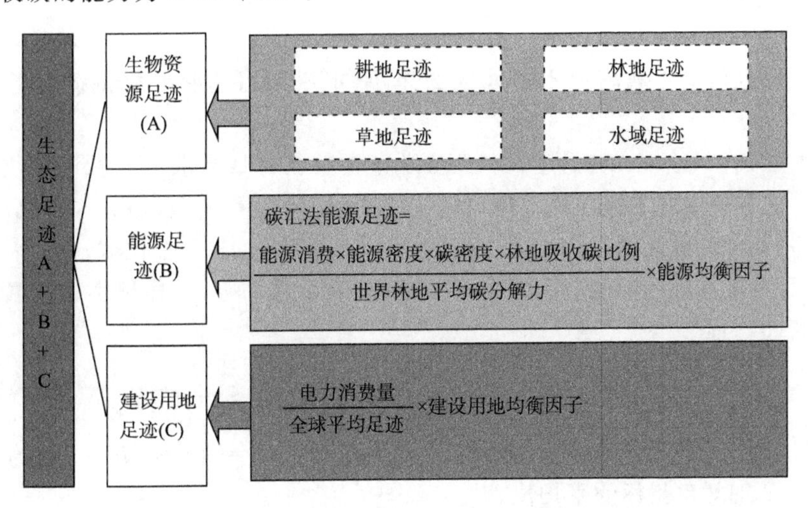

图 8-1　生态足迹计算方法与步骤

本章计算青藏高原地区的生态足迹采用的均衡因子为 Wackernagel et al.(1999)采用的均衡因子,即耕地(2.8)、草地(1.1)、林地(0.5)、水域(0.2)、能源用地(1.1)和建筑用地(2.8)。生物资源消费的分类会对计算结果产生一定的影响,主要表现在猪肉、禽蛋类和水果的归类问题存在争议(徐中民等,2000,2001;李金平等,2003)。本章认为猪、家禽的饲料主要是粮食,因此猪肉和禽蛋类应归入耕地;水果的种植大部分占用耕地,也将水果归入耕地进行计算。

8.2 数据来源

生态足迹的计算主要包括生物资源的消费和能源的消费。如表 8-1 所示,生物资源消费具体包括谷物、豆类、薯类、油料、棉花、麻类、甘蔗、甜菜、烟叶、蚕茧、茶叶、水果、猪肉、禽蛋类、牛肉、羊肉、奶类、绵羊毛、山羊毛、羊绒、木材、橡胶、松脂、生漆、油桐籽、油茶籽、核桃和水产品。能源部分根据所得资料计算了以下几种能源:煤炭、石油、天然气。由于青藏高原各地区均属内陆地区,对外贸易量小,所以,本章没有考虑贸易对生态足迹的影响。

对各地区 2002—2011 年生物资源、能源和电力等数据来源于 2003—2012 年的中国统计年鉴、中国能源统计年鉴和各地区统计年鉴。

表 8-1 资源消费的统计项目

类型		具体统计项目
生物资源	耕地	谷物、豆类、薯类、油料、棉花、麻类、甘蔗、甜菜、烟叶、蚕茧、茶叶、水果、猪肉、禽蛋类
	草地	牛肉、羊肉、奶类、绵羊毛、山羊毛、羊绒
	林地	木材、橡胶、松脂、生漆、油桐籽、油茶籽、核桃
	水域	淡水产品和海洋产品
能源		煤炭、石油、天然气
建设用地		电力

8.3 总体结果分析

为了能更好地反映青藏高原不同地区的差距,本章采用基尼系数和泰尔指数进行分析说明。

基尼系数(Gini coefficient)是意大利经济学家基尼于 1912 年提出定量测定收入分配差异程度的指标。它在提出之后被广泛应用,作为广义的分析工具,不仅应用于收入分配问题的研究,还应用于其他资源分配问题和均衡程度的分析。基尼系数是一个比值,在 0~1 之间,基尼系数越大,表示越不均等,差异越大;基尼系数越小,表示越均等,差异越小。基尼系数的公式(潘玉君等,2010)如下:

$$\text{基尼系数}(G)=\frac{1}{2n(n-1)u}\sum_{j=1}^{n}\sum_{i=1}^{n}\mid E_j-E_i\mid \tag{8-1}$$

式中,$|E_j-E_i|$ 为任意两个研究对象指标之差的绝对值($i,j=1,2,3,\cdots,6$);n 为研究对象总个数;u 为全部研究对象指标的平均值。

泰尔指数(Theil index)是由泰尔 1967 年利用信息理论中的熵概念来计算收入不平等的指标,它经常被用作衡量个人之间或者地区间收入差距(或者称不平等度)的指标。泰尔指数越大，差距越大。泰尔指数和基尼系数之间具有一定的互补性，可以更加全面地反映研究对象之间的差异。泰尔指数的公式(潘玉君等，2010)如下：

$$泰尔指数(T)=\frac{1}{n}\sum_{i=1}^{n}\left|\lg\left(\frac{\bar{E}}{E_i}\right)\right| \tag{8-2}$$

式中，$\bar{E}$ 为研究对象指标的平均值；E_i 为第 i 个研究对象的指标值；n 为研究对象总个数。

8.3.1　除西藏外的其他 5 省(区)都已出现生态赤字

本章计算了青海、西藏、四川、云南、甘肃和新疆 6 个省(区)从 2002—2011 年 10 年间的人均生态足迹。其中，由于西藏地区应用传统的生活生产方式较多，长期以家畜的粪便作为藏民生活中重要的家用能源，其煤炭、石油、天然气等能源消费在《西藏统计年鉴》《中国能源统计年鉴》及其他资料中都无具体数值，因此，西藏地区的人均生态足迹只包括人均生物资源足迹和人均建设用地足迹。

青藏高原各地区的人均生态足迹如表 8-2 和图 8-2 所示。其中，新疆的 ef 最大，且与其他 5 省(区)的差距较大，2011 年新疆的 ef 为 5.324 hm^2，是最小值西藏(1.970 hm^2)的 2.703 倍。在这 10 年间 6 省(区)的生态足迹都呈增长趋势，尤其是新疆，不仅 ef 最大，而且其增长速度最快，为 52.862%。6 个省(区)ef 的基尼系数在 0.1～0.2 之间，10 年的平均值为 0.165，差异不大，但基尼系数呈增长趋势，差距在扩大，泰尔指数的不断增大也证明了这一点。

表 8-2　青藏高原各地区的人均生态足迹　(单位：hm^2)

	2002	2003	2004	2005	2006	2007	2008	2009	2010	2011
青海	1.341	1.789	1.840	2.171	2.313	2.534	2.551	2.540	2.555	2.845
西藏	1.635	1.714	1.797	1.812	1.855	1.906	1.916	1.889	1.919	1.970
四川	1.456	1.607	1.752	1.813	1.879	1.866	1.965	2.091	2.108	2.121
云南	1.543	1.731	1.912	2.057	2.279	2.116	2.328	2.496	2.530	2.660
甘肃	1.481	1.650	1.752	1.871	1.964	2.063	2.151	2.140	2.381	2.652
新疆	2.901	3.041	3.314	3.556	3.884	3.896	4.031	4.506	4.777	5.324
平均值	1.726	1.922	2.061	2.213	2.362	2.397	2.490	2.610	2.712	2.929
基尼系数	0.162	0.132	0.135	0.149	0.164	0.166	0.164	0.186	0.188	0.208
泰尔指数	0.016	0.012	0.013	0.013	0.016	0.015	0.015	0.020	0.021	0.025

注：基尼系数和泰尔指数为 0～1 的值，没有单位，后同。

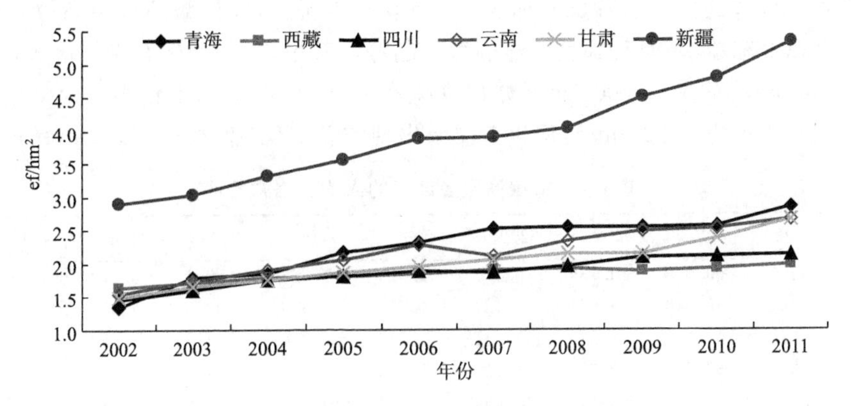

图 8-2　青藏高原各地区的人均生态足迹趋势图

青藏高原各地区的人均生态承载力如表 8-3 和图 8-3 所示，其中，西藏的人均生态承载力最大，2011 年达到 7.435 hm^2，而四川最小，仅为 0.544 hm^2。在这 10 年中，青海、四川、云南、新疆整体上呈现出减少趋势，甘肃的变化最小，西藏的变化较大，出现波动的情况。6 个省(区)人均生态承载能力(ec)的基尼系数在 0.5～0.6 之间，10 年的平均值为 0.538，说明青藏高原各地区生态承载力的差异较大，基尼系数和泰尔指数的最大值都出现在 2005 年，最大值西藏(7.996 hm^2)是最小值四川(0.532 hm^2)的 15.030 倍，是云南(0.938 hm^2)的 8.525 倍。

表 8-3 青藏高原各地区人均生态承载力 (单位：hm^2)

	2002	2003	2004	2005	2006	2007	2008	2009	2010	2011
青海	1.831	1.753	1.671	1.701	1.688	1.679	1.676	1.670	1.652	1.638
西藏	7.016	6.727	7.728	7.996	6.616	6.526	6.279	5.994	7.215	7.435
四川	0.627	0.575	0.539	0.532	0.536	0.541	0.548	0.541	0.546	0.544
云南	1.152	0.938	0.940	0.938	0.933	0.928	0.896	0.903	0.912	0.919
甘肃	1.189	1.175	1.175	1.177	1.134	1.211	1.132	1.130	1.129	1.135
新疆	1.669	1.634	1.613	1.569	1.549	1.483	1.482	1.491	1.473	1.465
平均值	2.247	2.134	2.278	2.319	2.076	2.061	2.002	1.955	2.154	2.189
基尼系数	0.511	0.526	0.565	0.575	0.531	0.525	0.522	0.510	0.556	0.562
泰尔指数	0.141	0.148	0.175	0.182	0.152	0.148	0.145	0.138	0.168	0.173

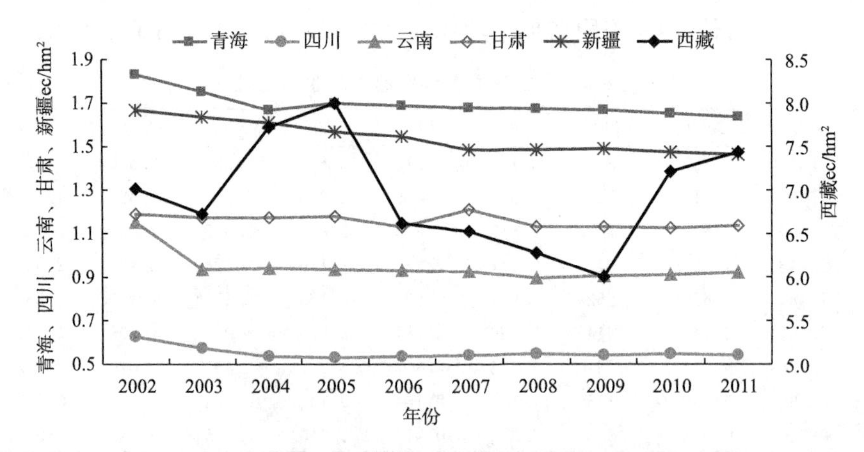

图 8-3 青藏高原各地区的人均生态承载力趋势图

青藏高原各地区的生态盈亏(ed)如表 8-4 和图 8-4 所示，除西藏还有生态盈余外，其他 5 省(区)都已出现生态赤字，而且都呈明显的增长趋势。其中，新疆的生态赤字最大，在 2011 年就达到了 3.858 hm^2，青海在 2003 年开始出现生态赤字，且生态赤字较小。西藏生态盈余较大，最大值为 2004 年为 5.931 hm^2，但生态盈余出现波动变化，整体上的变化不是很大。

表 8-4 青藏高原各地区的人均生态盈亏 (单位：hm^2)

	2002	2003	2004	2005	2006	2007	2008	2009	2010	2011
青海	0.490	−0.036	−0.169	−0.470	−0.625	−0.855	−0.875	−0.870	−0.903	−1.207
西藏	5.381	5.013	5.931	6.183	4.761	4.620	4.363	4.105	5.296	5.464
四川	−0.828	−1.032	−1.213	−1.281	−1.343	−1.326	−1.417	−1.550	−1.562	−1.577
云南	−0.390	−0.793	−0.972	−1.119	−1.346	−1.188	−1.432	−1.593	−1.618	−1.742
甘肃	−0.292	−0.475	−0.577	−0.694	−0.830	−0.851	−1.019	−1.010	−1.253	−1.517
新疆	−1.232	−1.407	−1.701	−1.987	−2.335	−2.412	−2.549	−3.015	−3.304	−3.858

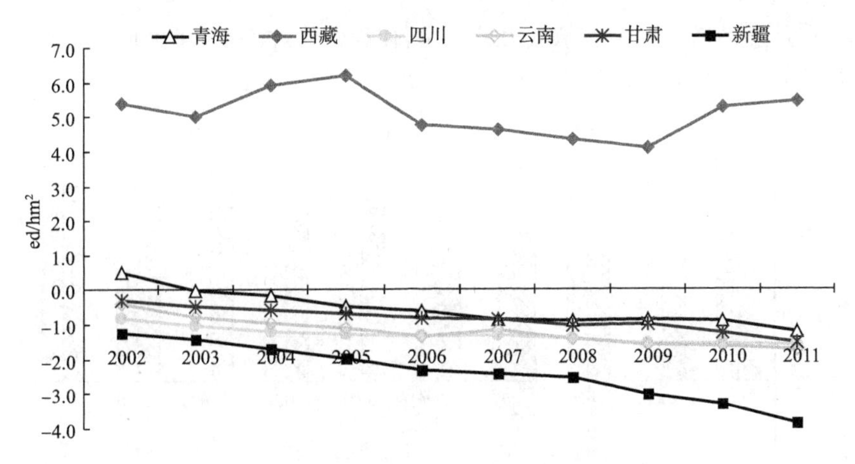

图 8-4　青藏高原各地区的人均生态盈亏趋势图

8.3.2　青藏高原各地区的人均生态承载力差异较大

本章根据青藏高原各地区基尼系数的 10 年平均值来判断青藏高原各地区的人均生态足迹和人均生态承载力的差异。

青藏高原各地区的人均生态足迹的基尼系数大致在 0.1～0.2 之间，10 年的平均值只有 0.165；而各地区的人均生态承载力的基尼系数在 0.5～0.7 之间，10 年的平均值达到 0.538，说明青藏高原各地区的人均生态足迹的差异较小，人均生态承载力的差异较大。但是各地区人均生态足迹的基尼系数呈明显的增长趋势，说明各地区在资源消耗方面的差异相对较小，但呈逐步增大的趋势。青藏高原各地区的资源条件和资源承载力方面存在着很大的差异，这就使得西藏一直处于生态盈余，而其他 5 省（区）都出现了生态赤字，人们对自然资源的需求已超过环境的供给能力，在这种情况下高效利用资源，实现资源的可持续利用迫在眉睫。

8.4　各地区结果分析

为分析青藏高原各地区的资源利用情况，本章采用人均生态足迹（ef）、人均生态承载力（ec）和人均生态盈余（ed）为一级指标来衡量。由于生态足迹包括生物资源的消耗、能源的消耗和建设用地，生物资源的消耗具体分为农产品、畜产品、林产品、水产品，所以，人均生态足迹（ef）的二级指标有：人均耕地生态足迹（ef1）、人均草地生态足迹（ef2）、人均林地生态足迹（ef3）、人均水域生态足迹（ef4）、人均化石能源生态足迹（ef5）、人均建设用地生态足迹（ef6）。人均生态盈余（ed）的二级指标有：人均耕地生态盈余（ed1）、人均草地生态盈余（ed2）、人均林地生态盈余（ed3）、人均水域生态盈余（ed4）、人均化石能源生态盈余（ed5）、人均建设用地生态盈余（ed6）。

8.4.1　青海

青海 2002—2011 年人均生态足迹（ef）、人均生态承载力（ec）和人均生态盈余（ed）变化如图 8-5 所示。

青海的 ef 增长较快，由 2002 年的 1.341 hm^2 增长到 2011 年的 2.845 hm^2，增长率为 112.143%；而 ec 呈下降趋势，由 2002 年的 1.831 hm^2 降低到 2011 年的 1.638 hm^2，下降率为

10.526%；生态足迹的增长和生态承载力的减少，使得青海在2003年出现生态赤字，且生态赤字由2003年的0.036 hm^2 增长到2011年的1.207 hm^2。

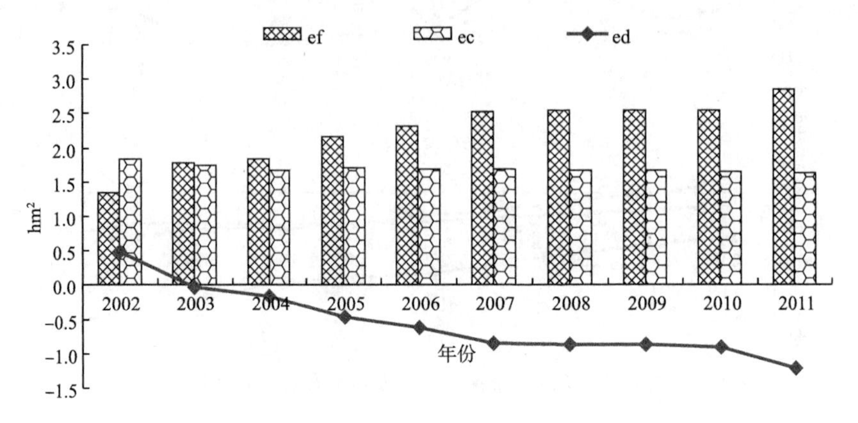

图8-5　青海的人均生态足迹、人均生态承载力和人均生态盈余的趋势图

8.4.1.1　人均生态足迹(ef)结构要素

通过人均生态足迹的结构要素可以具体分析青海的资源对人生存的贡献力及生物资源的消费结构，表8-5为青海的人均生态足迹结构要素，不同资源贡献力趋势分析如图8-6所示。

表8-5　青海人均生态足迹结构要素　　（单位：hm^2）

	2002	2003	2004	2005	2006	2007	2008	2009	2010	2011
耕地	0.357	0.340	0.361	0.380	0.356	0.403	0.391	0.398	0.380	0.373
草地	0.194	0.596	0.610	0.619	0.634	0.581	0.580	0.600	0.646	0.663
林地	0.000	0.000	0.000	0.000	0.002	0.000	0.001	0.000	0.002	0.002
水域	0.003	0.002	0.002	0.001	0.003	0.002	0.002	0.002	0.002	0.004
化石能源	0.779	0.841	0.855	1.157	1.304	1.531	1.558	1.520	1.499	1.770
建设用地	0.009	0.010	0.012	0.013	0.015	0.017	0.019	0.020	0.027	0.033

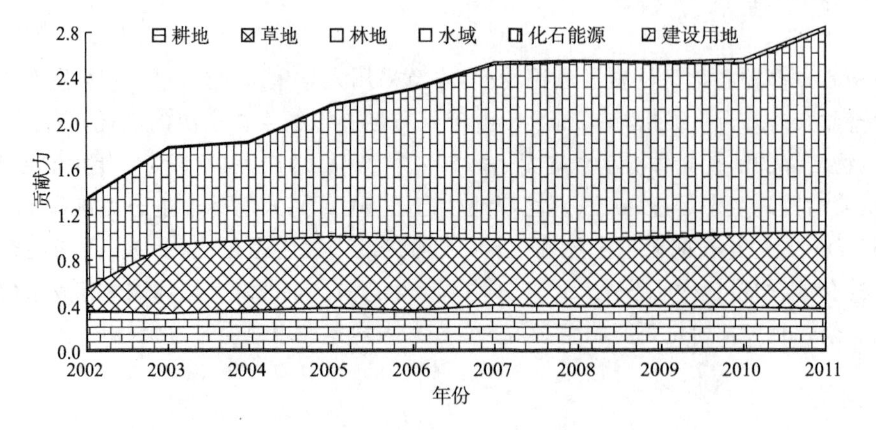

图8-6　青海不同资源贡献力趋势图

本章计算了青海10年(2002—2011年)各种资源人均生态足迹的平均值和所占比例(图8-7)，根据不同资源所占比例的大小来判断各种资源对人类生存的贡献力大小，得出青海各种资源对人生存的贡献力由大到小为：化石能源(57.001%)＞草地(25.466%)＞耕地

(16.629%)＞建设用地(0.776%)＞水域(0.094%)＞林地(0.034%)。青海的化石能源消耗占一半以上，经济发展对能源的依赖很大。而生物资源的消费结构和饮食结构为：畜产品＞粮食等农产品＞水产品＞林产品，对于水资源和林地资源需要进一步的利用，可适当增加水产品和林产品的消费比重，使饮食结构更加合理。

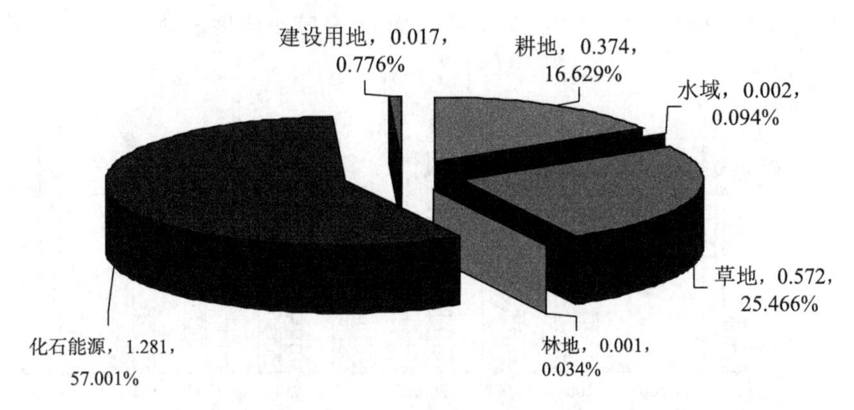

图 8-7　青海不同资源 10 年平均人均生态足迹数值(hm^2)及其所占比例图

8.4.1.2　人均生态盈余(ed)结构要素

青海林产品消耗量少，林地资源一直处于生态盈余状态，变化不大。建设用地也处于生态盈余状态，而耕地、草地、水资源基本处于生态平衡状态，在平衡线附近有所波动，但化石能源的人均生态赤字变化显著(表 8-6)，从图 8-8 中也可明显看出。

林地和建设用地人均生态盈余变化不大，但人均化石能源生态赤字却增长迅速，由 2002 年的 0.779 hm^2 增长到 2011 年的 1.770 hm^2，增长率为 127.295%。

表 8-6　青海人均生态盈余结构要素　(单位：hm^2)

	2002	2003	2004	2005	2006	2007	2008	2009	2010	2011
耕地	0.111	0.085	0.050	0.028	0.049	−0.001	0.010	0.001	0.014	0.018
草地	0.444	0.036	0.016	0.002	−0.018	0.030	0.029	0.005	−0.047	−0.070
林地	0.414	0.424	0.425	0.428	0.424	0.424	0.423	0.421	0.415	0.411
水域	−0.001	0.000	0.000	0.000	−0.001	−0.001	0.000	0.003	0.003	0.001
化石能源	−0.779	−0.841	−0.855	−1.157	−1.304	−1.531	−1.558	−1.520	−1.499	−1.770
建设用地	0.301	0.260	0.194	0.228	0.225	0.223	0.223	0.220	0.210	0.203

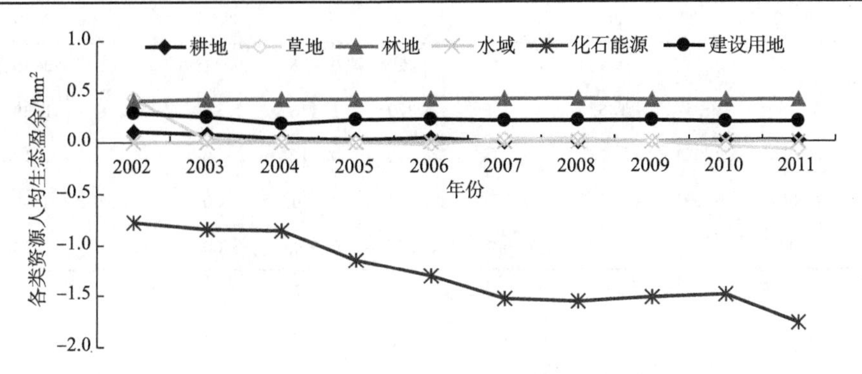

图 8-8　青海不同资源人均生态盈余趋势图

8.4.2 西藏

西藏2002—2011年人均生态足迹(ef)、人均生态承载力(ec)和人均生态盈余(ed)如图8-9所示。西藏一直处于生态盈余状态。ef有增长趋势,但相对增长较慢,由2002年的1.635 hm^2增长到2011年的1.970 hm^2,增长率为20.524%;而ec有较小幅度波动。

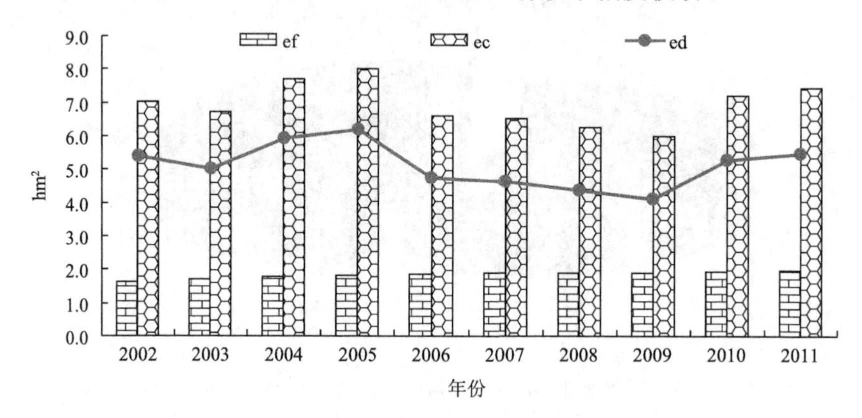

图8-9 西藏人均生态足迹、人均生态承载力和人均生态盈余趋势图

8.4.2.1 人均生态足迹(ef)结构要素

由于西藏地区独特的能源利用方式,长期以家畜的粪便作为藏民生活中重要的家用能源,能源数据无法统计,因此,本章只分析西藏的耕地资源、草地资源、林地资源、水资源和建设用地5种资源。

从表8-7和图8-10中可以看出,在资源消耗对人类生存的贡献力结构中,草地占绝大部分,人均草地生态足迹由2002年的1.150 hm^2增长到2011年的1.389 hm^2,增长率为20.815%,人均草地生态足迹所占比例由2002年的70.349%增长到2011年的70.519%,10年的人均草地生态足迹的平均值所占比例达到73.159%。其次是耕地的贡献较大,林地、水域和建设用地较小。人均耕地生态足迹有下降趋势,由2002年的0.458 hm^2降低到2011年的0.399 hm^2,人均耕地生态足迹所占比例由2002年的28.010%下降到2011年的20.273%。

表8-7 西藏人均生态足迹结构要素 (单位:hm^2)

	2002	2003	2004	2005	2006	2007	2008	2009	2010	2011
耕地	0.458	0.446	0.434	0.440	0.420	0.418	0.415	0.391	0.389	0.399
草地	1.150	1.244	1.325	1.335	1.379	1.413	1.470	1.368	1.398	1.389
林地	0.025	0.021	0.035	0.035	0.052	0.072	0.028	0.126	0.128	0.178
水域	0.001	0.001	0.001	0.001	0.001	0.001	0.001	0.002	0.001	0.001
建设用地	0.001	0.001	0.001	0.002	0.002	0.002	0.002	0.002	0.002	0.003

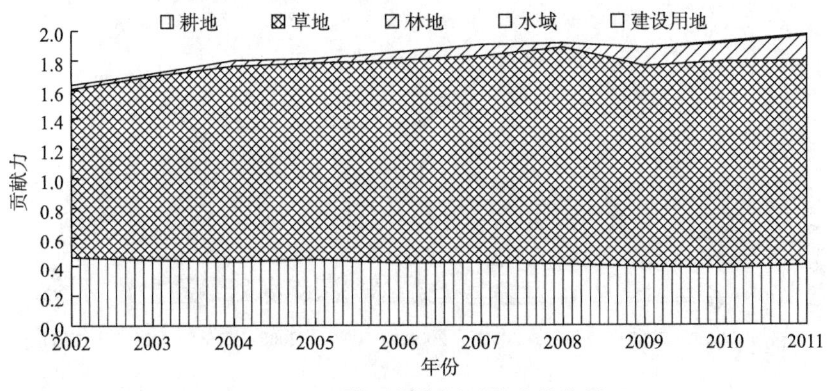

图 8-10　西藏不同资源贡献力趋势图

本章计算了西藏 10 年（2002—2011 年）各种资源人均生态足迹的平均值和其所占比例（图 8-11），根据不同资源所占比例的大小来判断各种资源对人类生存的贡献力大小，得出西藏各种资源对人类生存的贡献力由大到小依次为：草地（73.159%）＞耕地（22.872%）＞林地（3.803%）＞建设用地（0.095%）＞水域（0.070%）。而生物资源的消费结构和饮食结构为：畜产品＞粮食等农产品＞林产品＞水产品。饮食结构中可适当增加林产品和水产品的比例。

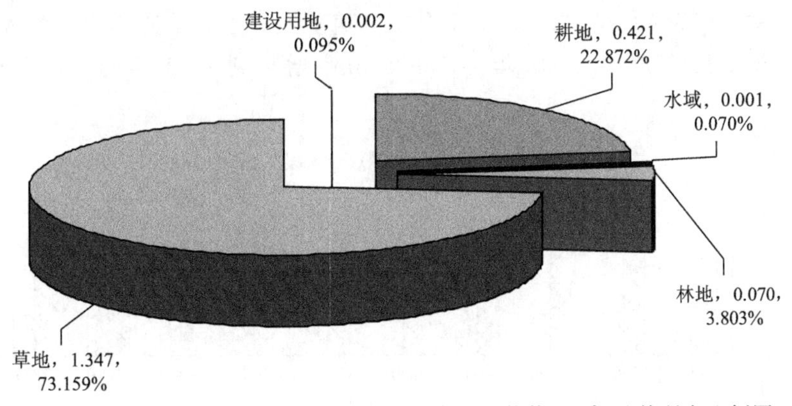

图 8-11　西藏不同资源 10 年平均人均生态足迹数值（hm^2）及其所占比例图

8.4.2.2　人均生态盈余（ed）结构要素

西藏的草地、林地、水域和建设用地都处于生态盈余，其中，林地的人均生态盈余最大，2011 年人均生态盈余为 4.895 hm^2；建设用地的人均生态盈余最小，2011 年为 0.090 hm^2。虽然耕地资源处于生态赤字，但数值很小，且有降低的趋势，人均耕地生态赤字由 2002 年的 0.106 hm^2 下降到 2011 年的 0.087 hm^2，减少率为 17.573%（表 8-8，图 8-12）。

表 8-8　西藏人均生态盈余要素结构　（单位：hm^2）

	2002	2003	2004	2005	2006	2007	2008	2009	2010	2011
耕地	−0.106	−0.105	−0.102	−0.111	−0.098	−0.093	0.089	−0.074	−0.077	−0.087
草地	0.870	0.752	0.642	0.610	0.524	0.464	0.375	0.446	0.289	0.561
林地	4.156	4.092	5.295	5.237	3.896	3.814	3.800	3.637	4.988	4.895
水域	0.369	0.185	0.006	0.355	0.347	0.343	0.006	0.004	0.006	0.006
建设用地	0.093	0.089	0.090	0.092	0.092	0.092	0.092	0.092	0.091	0.090

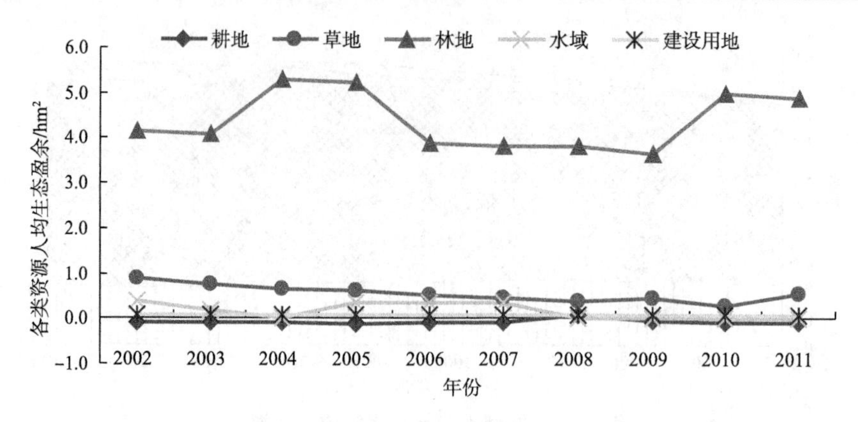

图 8-12 西藏不同资源人均生态盈余趋势图

8.4.3 四川

四川 2002—2011 年人均生态足迹(ef)、人均生态承载力(ec)和人均生态盈余(ed)如图 8-13 所示。四川一直处于生态赤字状态,ef 增长较快,由 2002 年的 1.456 hm^2 增长到 2011 年的 2.121 hm^2,增长率为 45.722%;ec 有减少的趋势,由 2002 年的 0.627 hm^2 降低到 2011 年的 0.544 hm^2,减少率为 13.259%。人均生态赤字随着人均生态足迹的增长和人均生态承载力的减少而呈现增长趋势,由 2002 年的 0.828 hm^2 增长到 2011 年的 1.577 hm^2,增长率为 90.392%。

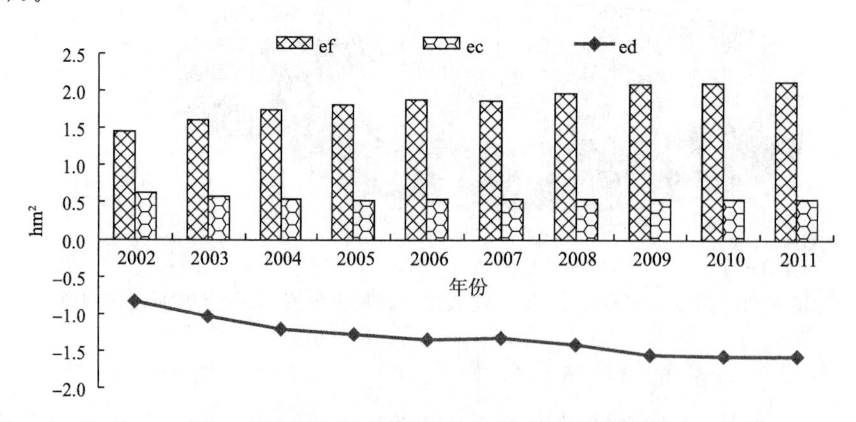

图 8-13 四川人均生态足迹、人均生态承载力和人均生态盈余趋势图

8.4.3.1 人均生态足迹(ef)结构要素

四川的人均生态足迹结构要素如表 8-9 所示,不同资源的贡献力趋势如图 8-14 所示,从中可以看出,在资源消耗对人类生存的贡献力结构中,耕地占一半以上,且有减少的趋势,在 2002 年人均耕地生态足迹 0.897 hm^2,所占比例为 61.595%,到 2011 年人均耕地生态足迹 0.992 hm^2,所占比例为 46.757%;其次是化石能源,出现增长趋势,由 2002 年的 0.418 hm^2,所占比例为 28.696%,到 2011 年人均化石能源生态足迹 0.897 hm^2,是 2002 年的 2.147 倍,所占比例为 42.285%;草地和水域的贡献力不大,但呈增长趋势;林地和建设用地的贡献力很小,但也呈增长趋势。

表 8-9　四川人均生态足迹结构要素　(单位:hm²)

	2002	2003	2004	2005	2006	2007	2008	2009	2010	2011
耕地	0.897	0.902	0.951	0.982	0.973	0.878	0.923	0.948	0.983	0.992
草地	0.082	0.088	0.095	0.099	0.104	0.109	0.109	0.110	0.114	0.111
林地	0.001	0.001	0.001	0.001	0.008	0.014	0.020	0.014	0.012	0.017
水域	0.055	0.064	0.073	0.083	0.091	0.077	0.081	0.084	0.090	0.096
化石能源	0.418	0.549	0.628	0.645	0.699	0.785	0.826	0.930	0.903	0.897
建设用地	0.003	0.003	0.004	0.004	0.004	0.005	0.005	0.005	0.006	0.008

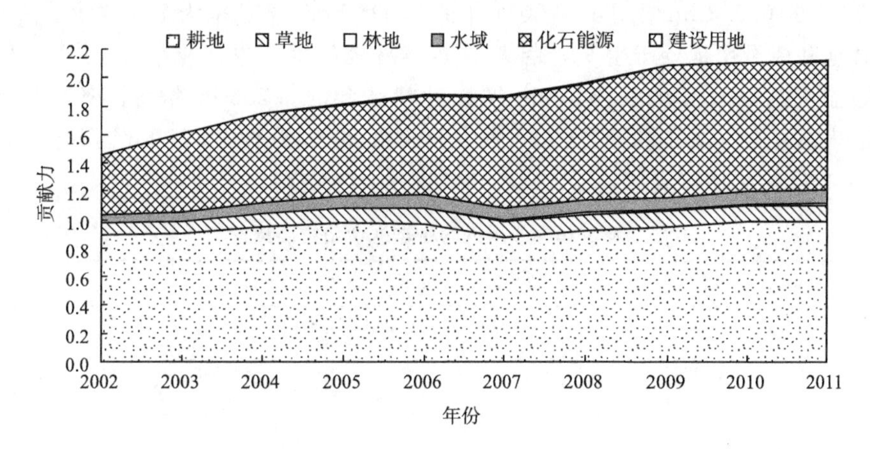

图 8-14　四川不同资源贡献力趋势图

本章计算了四川 10 年(2002—2011 年)各种资源人均生态足迹的平均值和所占比例(图 8-15),根据不同资源所占比例的大小来判断各种资源对人类生存的贡献力大小,得出青海各种资源对人类生存的贡献力由大到小依次为:耕地(50.528%)>化石能源(39.020%)>草地(5.473%)>水域(4.263%)>林地(0.464%)>建设用地(0.252%)。生物资源的消费结构和饮食结构为:粮食等农产品>畜产品>水产品>林产品,虽然肉、奶等畜产品的需求有所增加,但饮食结构仍以粮食等农产品为主。

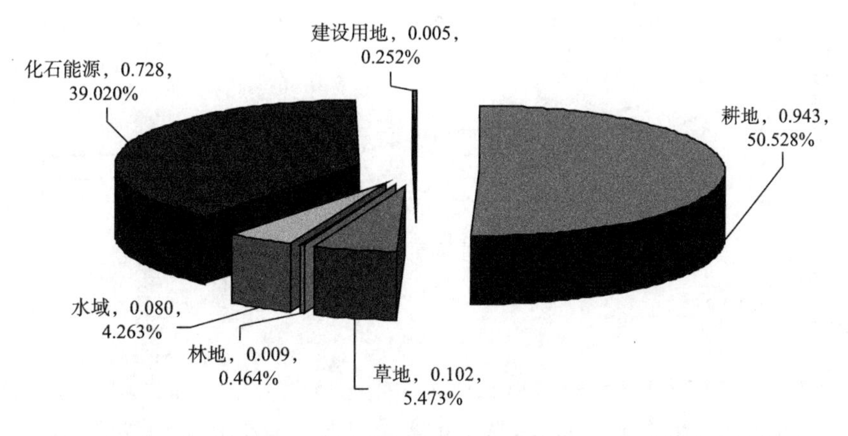

图 8-15　四川不同资源 10 年平均人均生态足迹数值(hm²)及其所占比例图

8.4.3.2 人均生态盈余(ed)结构要素

如表 8-10 和图 8-16 所示,四川的耕地、化石能源资源消耗较大,已出现较大的生态赤字,且生态赤字有增长的趋势。耕地的生态赤字由 2002 年的 0.575 hm^2,增长到 2011 年的 0.789 hm^2,增长率为 37.219%。化石能源的生态赤字由 2002 年的 0.418 hm^2,增长到 2011 年的 0.897 hm^2,增长率为 114.726%。

草地、水域的人均生态赤字较小,都有增长的趋势。草地的人均生态赤字有增长的趋势,由 2002 年的 0.068 hm^2,增长到 2011 年的 0.097 hm^2,增长率为 42.412%。水域的人均生态赤字由 2002 年的 0.053 hm^2,增长到 2011 年的 0.095 hm^2,增长率为 79.762%。

只有林地和建设用地处于生态盈余状态,虽然林地的生态盈余较小,但处于增长趋势,人均林地生态盈余由 2002 年的 0.208 hm^2 增长到 2011 年的 0.236 hm^2,增长率为 13.438%;而建设用地的生态盈余有减小的趋势,人均生态盈余由 2002 年的 0.077 hm^2 降低到 2011 年的 0.065 hm^2,减少率为 15.954%。

表 8-10 四川人均生态盈余结构要素 (单位:hm^2)

	2002	2003	2004	2005	2006	2007	2008	2009	2010	2011
耕地	−0.575	−0.706	−0.754	−0.787	−0.776	−0.679	−0.724	−0.749	−0.779	−0.789
草地	−0.068	−0.073	−0.081	−0.085	−0.090	−0.095	−0.095	−0.096	−0.100	−0.097
林地	0.208	0.285	0.246	0.243	0.237	0.232	0.231	0.241	0.242	0.236
水域	−0.053	−0.062	−0.071	−0.080	−0.089	−0.075	−0.078	−0.083	−0.089	−0.095
化石能源	−0.418	−0.549	−0.628	−0.645	−0.699	−0.785	−0.826	−0.930	−0.903	−0.897
建设用地	0.077	0.074	0.075	0.074	0.075	0.075	0.076	0.067	0.067	0.065

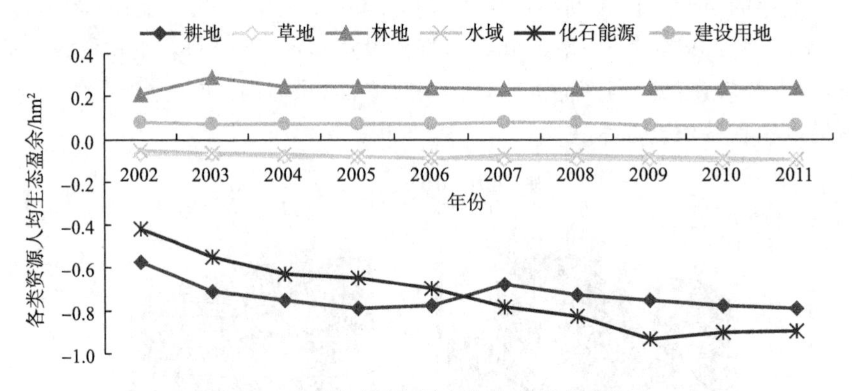

图 8-16 四川不同资源人均生态盈余趋势图

8.4.4 云南

云南 2002—2011 年人均生态足迹(ef)、人均生态承载力(ec)和人均生态盈余(ed)如图 8-17 所示。云南已处于生态赤字状态,资源的需求已超过自然环境的供给,且生态赤字有增长趋势。

云南的 ef 增长较快,由 2002 年的 1.543 hm^2 增长到 2011 年的 2.660 hm^2,增长率为

72.445%；而 ec 有减少趋势，由 2002 年的 1.152 hm^2 降低到 2011 年的 0.919 hm^2，减少率为 20.275%；随着资源需求的快速增长和自然环境承载力的降低，导致生态赤字在 10 年内增长率达到 346.040%，由 2002 年的 0.390 hm^2 增长到 2011 年的 1.742 hm^2。

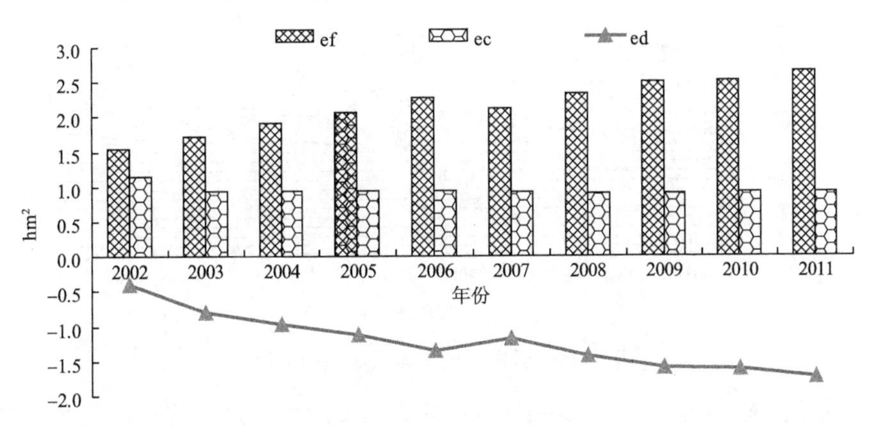

图 8-17　云南人均生态足迹、人均生态承载力和人均生态盈余趋势图

8.4.4.1　人均生态足迹(ef)结构要素

云南的人均生态足迹结构要素如表 8-11 所示，不同资源贡献力趋势如图 8-18 所示，从中可以看出，在资源对人生存的贡献力结构中，化石能源消耗占绝大部分，且逐年增大，人均化石能源生态足迹由 2002 年的 0.502 hm^2 增长到 2011 年的 1.275 hm^2，增长率为 154.139%；所占比例由 32.517%增长到 47.922%，增长率为 47.374%。其次是耕地和草地的贡献较大，人均耕地生态足迹由 2002 年的 0.916 hm^2 增长到 2011 年的 1.094 hm^2，增长率为 19.456%，但其所占比例由 59.376%降低到了 41.131%，减少率为 30.728%；草地的数值和比例都有所提高，人均草地生态足迹由 2002 年的 0.084 hm^2 增长到 2011 年的 0.156 hm^2，增长率为 85.326%，其所占比例由 5.474%增长到 5.883%，增长率为 7.470%。

林地和水域的贡献力较小，但都有增长趋势。人均林地生态足迹由 2002 年的 0.007 hm^2 增长到 2011 年的 0.075 hm^2，其所占比例由 0.456%增长到 2.823%；人均水域生态足迹数值增加但所占比例降低，数值由 2002 年的 0.031 hm^2 增长到 2011 年的 0.051 hm^2，增长率为 66.000%，其所占比例由 1.991%降低到 1.917%，减少率为 3.737%。

建设用地的贡献最小，但呈较快增长趋势，人均建设用地生态足迹由 2002 年的 0.003 hm^2 增长到 2011 年的 0.009 hm^2，其所占比例由 0.185%增长到 0.324%，增长率为 75.081%。

表 8-11　云南人均生态足迹结构要素　（单位：hm^2）

	2002	2003	2004	2005	2006	2007	2008	2009	2010	2011
耕地	0.916	0.947	0.971	0.973	1.022	0.904	1.009	1.035	1.009	1.094
草地	0.084	0.096	0.106	0.117	0.130	0.130	0.148	0.157	0.154	0.156
林地	0.007	0.008	0.007	0.008	0.057	0.009	0.062	0.069	0.075	0.075
水域	0.031	0.032	0.036	0.037	0.045	0.036	0.039	0.041	0.045	0.051
化石能源	0.502	0.644	0.787	0.917	1.020	1.031	1.065	1.188	1.241	1.275
建设用地	0.003	0.003	0.004	0.004	0.005	0.005	0.006	0.006	0.007	0.009

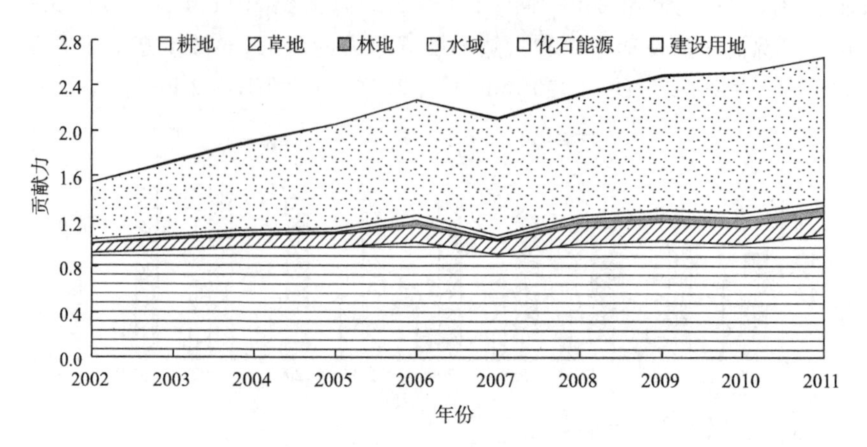

图 8-18 云南不同资源贡献力趋势图

本章计算了云南 10 年(2002—2011 年)各种资源人均生态足迹的平均值和所占比例(图 8-19),根据不同资源所占比例的大小来判断各种资源对人生存的贡献力大小,得出云南各种资源对人生存的贡献力由大到小依次为:耕地(45.634%)>化石能源(44.660%)>草地(5.912%)>水域(1.811%)>林地(1.741%)>建设用地(0.242%)。生物资源的消费结构和饮食结构为:粮食等农产品>畜产品>水产品>林产品,饮食结构仍以粮食等农产品为主。

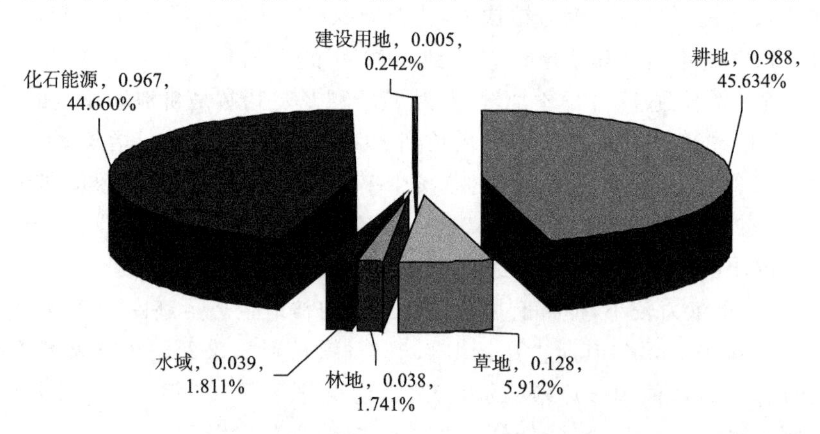

图 8-19 云南不同资源 10 年平均人均生态足迹数值(hm^2)及其所占比例图

8.4.4.2 人均生态盈余(ed)结构要素

如表 8-12 和图 8-20 所示,云南只有林地和建设用地为生态盈余,其余的为生态赤字,其中,化石能源和耕地的人均生态赤字相对较大,而草地和水域的人均生态赤字较小。

化石能源的人均生态赤字最大,且有增长的趋势。由 2002 年的 0.502 hm^2,增长到 2011 年的 1.275 hm^2,增长率为 154.139%。其次为耕地的人均生态赤字,已由 2002 年的 0.322 hm^2,增长到 2011 年的 0.721 hm^2,增长率为 123.624%。

草地和水域的生态赤字较小,都有增长的趋势。草地的人均生态赤字由 2002 年的 0.073 hm^2,增长到 2011 年的 0.155 hm^2,增长率为 112.719%。水域的人均生态赤字由 2002 年的 0.030 hm^2,增长到 2011 年的 0.051 hm^2,增长率为 66.397%。

虽然林地和建设用地处于生态盈余,但都有减少的趋势,人均林地生态足迹由 2002 年的

0.469 hm^2 降低到 2011 年的 0.396 hm^2，减少率为 15.547%。人均建设用地生态足迹由 2002 年的 0.068 hm^2 降低到 2011 年的 0.063 hm^2，减少率为 6.508%。

表 8-12　云南人均生态盈余结构要素　（单位：hm^2）

	2002	2003	2004	2005	2006	2007	2008	2009	2010	2011
耕地	−0.322	−0.560	−0.588	−0.588	−0.640	−0.524	−0.632	−0.659	−0.633	−0.721
草地	−0.073	−0.094	−0.105	−0.116	−0.129	−0.129	−0.146	−0.156	−0.153	−0.155
林地	0.469	0.471	0.477	0.472	0.420	0.464	0.382	0.383	0.387	0.396
水域	−0.030	−0.032	−0.036	−0.037	−0.045	−0.036	−0.038	−0.041	−0.044	−0.051
化石能源	−0.502	−0.644	−0.787	−0.917	−1.020	−1.031	−1.065	−1.188	−1.241	−1.275
建设用地	0.068	0.067	0.067	0.067	0.067	0.067	0.067	0.067	0.065	0.063

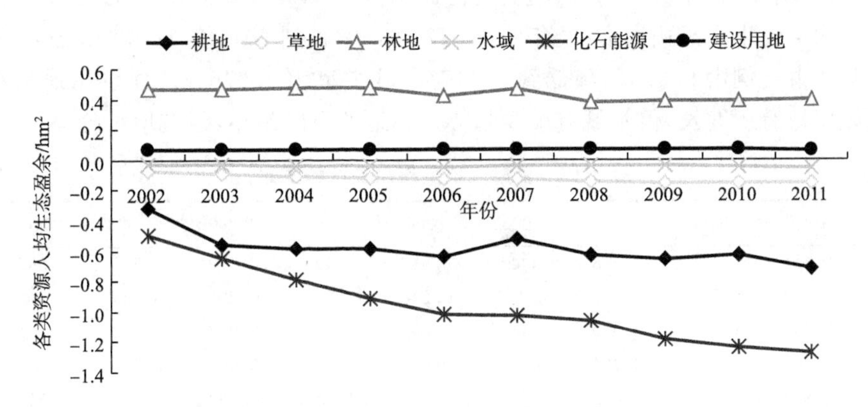

图 8-20　云南不同资源人均生态盈余趋势图

8.4.5　甘肃

甘肃 2002—2011 年人均生态足迹(ef)、人均生态承载力(ec)和人均生态盈余(ed)如图 8-21 所示。甘肃已处于生态赤字状态，资源的需求已超过自然环境的供给，且生态赤字有增长趋势。

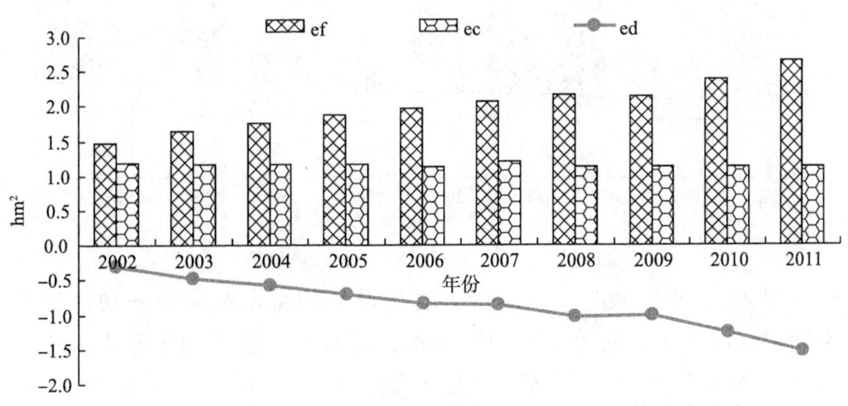

图 8-21　甘肃人均生态足迹、人均生态承载力和人均生态盈余趋势图

甘肃的 ef 增长较快，由 2002 年的 1.481 hm^2 增长到 2011 年的 2.652 hm^2，增长率为 79.105%；而 ec 变化不大，整体上有减少趋势，由 2002 年的 1.189 hm^2 降低到 2011 年的 1.135 hm^2，减少率为 4.533%；甘肃的生态赤字在 10 年内增长率达到 419.385%，由 2002 年的 0.292 hm^2 增长到 2011 年的 1.517 hm^2。

8.4.5.1 人均生态足迹(ef)结构要素

甘肃的人均生态足迹结构要素如表 8-13 所示，不同资源贡献力趋势如图 8-22 所示，从中可以看出，在资源消耗对人类生存的贡献结构中，化石能源消耗占绝大部分，且逐年增大，人均化石能源生态足迹由 2002 年的 0.849 hm^2 增长到 2011 年的 1.803 hm^2，增长率为 112.321%；所占比例由 57.347%增长到 67.982%，增长率为 18.546%。其次是耕地和草地的贡献较大，虽然数值增长，但所占比例都有所下降。人均耕地生态足迹由 2002 年的 0.481 hm^2 增长到 2011 年的 0.591 hm^2，增长率为 22.914%，但其所占比例由 32.465%降低到了 22.280%，减少率为 31.373%；人均草地生态足迹由 2002 年的 0.142 hm^2 增长到 2011 年的 0.242 hm^2，增长率为 70.192%，其所占比例由 9.594%降低到 9.117%，减少率为 4.976%。建设用地和水域的贡献较小，建设用地有所增长，但水域有减少趋势。林地的贡献最小，但有增长趋势。

表 8-13 甘肃人均生态足迹结构要素 （单位：hm^2）

	2002	2003	2004	2005	2006	2007	2008	2009	2010	2011
耕地	0.481	0.516	0.518	0.538	0.538	0.495	0.529	0.556	0.582	0.591
草地	0.142	0.161	0.173	0.193	0.218	0.219	0.227	0.234	0.240	0.242
林地	0.000	0.000	0.000	0.000	0.001	0.000	0.003	0.002	0.001	0.001
水域	0.004	0.004	0.004	0.004	0.004	0.003	0.003	0.003	0.003	0.003
化石能源	0.849	0.964	1.051	1.128	1.195	1.337	1.380	1.337	1.545	1.803
建设用地	0.004	0.005	0.006	0.006	0.007	0.008	0.009	0.009	0.010	0.012

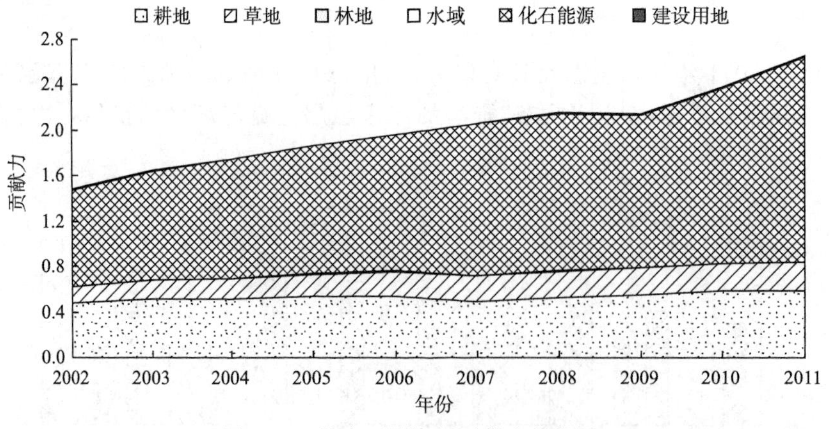

图 8-22 甘肃不同资源贡献力趋势图

本章计算了甘肃 10 年(2002—2011 年)各种资源人均生态足迹的平均值和所占比例(图 8-23)，根据不同资源所占比例的大小来判断各种资源对人类生存的贡献力大小，得出甘肃各种资源对人类生存的贡献力由大到小依次为：化石能源(62.615%)＞耕地(26.583%)＞草地(10.192%)＞建设用地(0.384%)＞水域(0.184%)＞林地(0.043%)。生物资源的消费结构和饮食结构为：粮食等农产品＞畜产品＞水产品＞林产品，饮食结构仍以粮食等农产品为主。

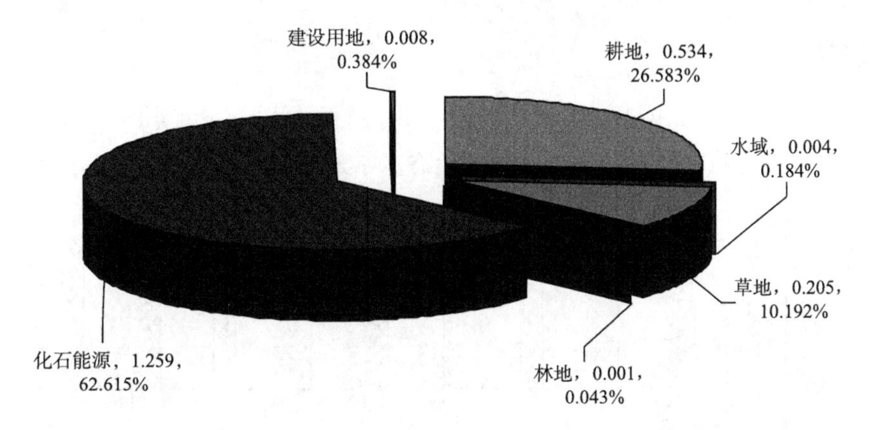

图 8-23　甘肃不同资源 10 年平均人均生态足迹数值(hm^2)及其所占比例图

8.4.5.2　人均生态盈余(ed)结构要素

如表 8-14 和图 8-24 所示，甘肃只有化石能源和草地为生态赤字，其余的为生态盈余，但化石能源和草地的人均生态赤字都较大，而人均生态盈余都较小，且耕地有明显的减少趋势，这就导致甘肃总体上出现生态赤字。

化石能源的人均生态赤字最大，且有增长的趋势，由 2002 年的 0.849 hm^2，增长到 2011 年的 1.803 hm^2，增长率为 112.321%。其次为草地的人均生态赤字，已由 2002 年的 0.095 hm^2，增长到 2011 年的 0.196 hm^2，增长率为 105.599%。

在生态盈余资源中，耕地的生态盈余相对较大，但出现明显的降低趋势。人均耕地生态盈余由 2002 年的 0.331 hm^2 降低到 2011 年的 0.152 hm^2，减少率为 54.033%。其次是建设用地，其人均生态盈余在 2002 年达到 0.151 hm^2，2011 年降低到 0.147 hm^2，整体上呈现下降趋势。

表 8-14　甘肃人均生态盈余结构要素　(单位：hm^2)

	2002	2003	2004	2005	2006	2007	2008	2009	2010	2011
耕地	0.331	0.294	0.291	0.269	0.205	0.247	0.212	0.185	0.156	0.152
草地	−0.095	−0.106	−0.119	−0.152	−0.172	−0.173	−0.181	−0.187	−0.194	−0.196
林地	0.167	0.147	0.147	0.166	0.178	0.258	0.176	0.177	0.178	0.177
水域	0.003	0.004	0.004	0.003	0.005	0.006	0.006	0.006	0.006	0.005
化石能源	−0.849	−0.964	−1.051	−1.128	−1.195	−1.337	−1.380	−1.337	−1.545	−1.803
建设用地	0.151	0.149	0.151	0.148	0.149	0.148	0.148	0.147	0.146	0.147

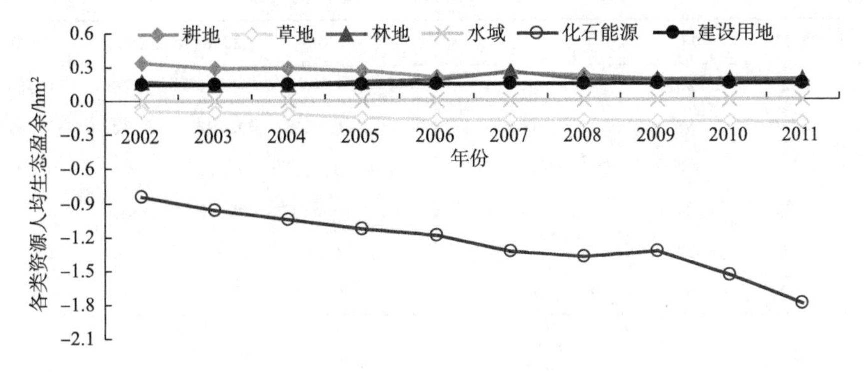

图 8-24　甘肃不同资源人均生态盈余趋势图

8.4.6 新疆

新疆2002—2011年人均生态足迹(ef)、人均生态承载力(ec)和人均生态盈余(ed)如图8-25所示。新疆是青藏高原地区6个省(区)生态赤字最大的,而且生态赤字有增长趋势。

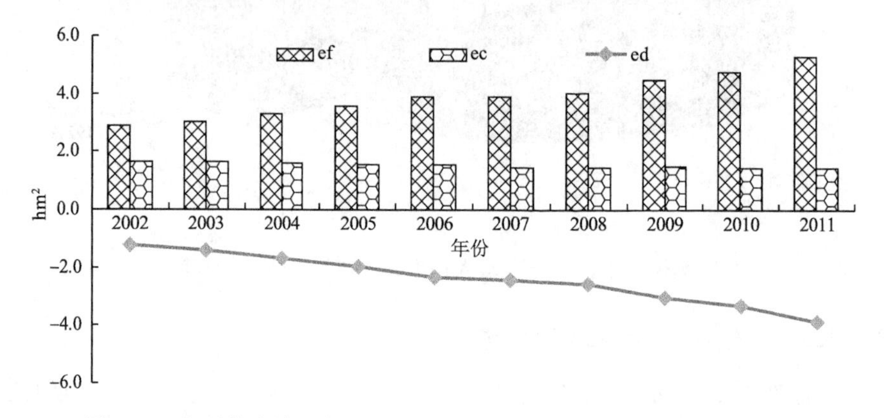

图8-25 新疆的人均生态足迹、人均生态承载力和人均生态盈余趋势图

新疆的ef增长较快,由2002年的2.901 hm² 增长到2011年的5.324 hm²,增长率为83.506%;而ec有减少趋势,由2002年的1.669 hm² 降低到2011年的1.465 hm²,减少率为12.188%;随着资源需求的快速增长和自然环境承载力的降低,人均生态赤字由2002年的1.232 hm² 增长到2011年的3.858 hm²。

8.4.6.1 人均生态足迹(ef)结构要素

新疆的人均生态足迹结构要素如表8-15所示,不同资源贡献力趋势如图8-26所示,从中可以看出,在资源消耗对人生存的贡献力结构中,化石能源消耗占绝大部分,且增长迅速,人均化石能源生态足迹由2002年的1.214 hm² 增长到2011年的3.262 hm²,增长率为168.812%;所占比例由41.834%增长到61.281%,增长率为46.486%。其次是耕地和草地的贡献较大,人均耕地生态足迹由2002年的0.925 hm² 增长到2011年的1.255 hm²,增长率为35.753%,但其所占比例由31.874%降低到了23.579%,减少率为26.023%;人均草地生态足迹由2002年的0.736 hm² 增长到2011年的0.748 hm²,增长率为1.739%,其所占比例由25.356%降低到14.058%,减少率为44.558%。林地、水域和建设用地的贡献较小,但都有增长趋势。

表8-15 新疆人均生态足迹结构要素 (单位:hm²)

	2002	2003	2004	2005	2006	2007	2008	2009	2010	2011
耕地	0.925	0.923	0.964	1.016	1.064	1.073	1.141	1.189	1.184	1.255
草地	0.736	0.788	0.866	0.946	1.026	0.913	0.767	0.722	0.767	0.748
林地	0.000	0.000	0.000	0.001	0.012	0.001	0.011	0.012	0.009	0.010
水域	0.023	0.024	0.025	0.027	0.028	0.029	0.030	0.030	0.032	0.035
化石能源	1.214	1.302	1.454	1.562	1.748	1.873	2.075	2.544	2.775	3.262
建设用地	0.004	0.004	0.004	0.005	0.006	0.007	0.007	0.008	0.010	0.013

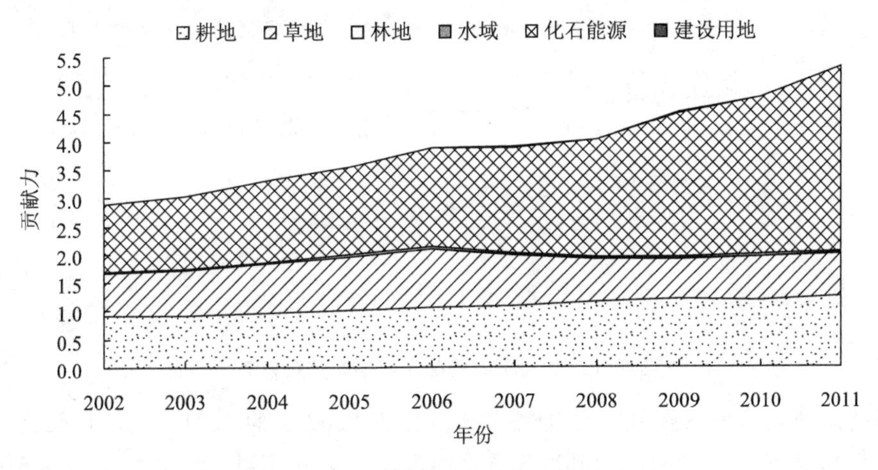

图 8-26　新疆不同资源贡献力趋势图

本章计算了新疆 10 年(2002—2011 年)各种资源人均生态足迹的平均值和所占比例(图 8-27),根据不同资源所占比例的大小来判断各种资源对人类生存的贡献力大小,得出新疆各种资源对人类生存的贡献力由大到小依次为:化石能源(50.496%)>耕地(27.362%)>草地(21.101%)>水域(0.723%)>建设用地(0.174%)>林地(0.144%)。生物资源的消费结构和饮食结构为:粮食等农产品>畜产品>水产品>林产品,饮食结构仍以粮食等农产品为主。

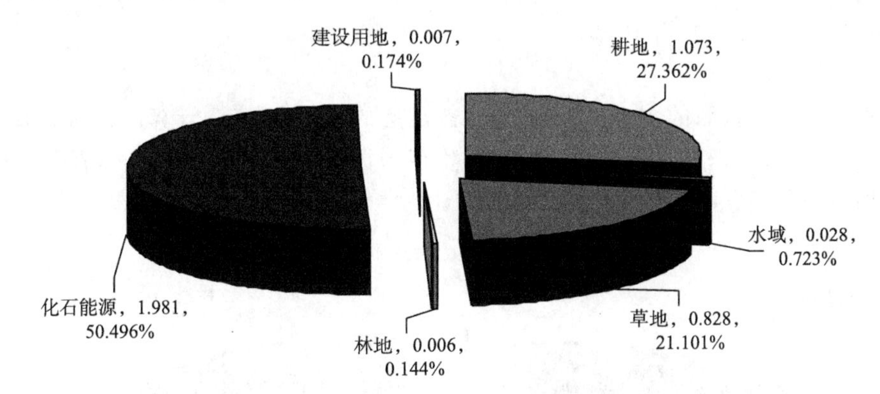

图 8-27　新疆不同资源 10 年平均人均生态足迹数值(hm^2)及其所占比例图

8.4.6.2　人均生态盈亏(ed)结构要素

如表 8-16 和图 8-28 所示,新疆只有林地和建设用地为生态盈余,其余的为生态赤字,其中,化石能源和草地的人均生态赤字相对较大,而耕地和水域的人均生态赤字较小。

表 8-16　新疆人均生态盈亏结构要素　(单位:hm^2)

	2002	2003	2004	2005	2006	2007	2008	2009	2010	2011
耕地	−0.041	−0.069	−0.125	−0.210	−0.269	−0.334	−0.349	−0.407	−0.457	−0.532
草地	−0.510	−0.566	−0.647	−0.734	−0.817	−0.709	−0.566	−0.524	−0.575	−0.559
林地	0.305	0.304	0.303	0.301	0.288	0.297	0.241	0.264	0.353	0.348
水域	−0.023	−0.023	−0.025	−0.027	−0.028	−0.028	−0.029	−0.030	−0.031	−0.034
化石能源	−1.214	−1.302	−1.454	−1.562	−1.748	−1.873	−2.075	−2.544	−2.775	−3.262
建设用地	0.250	0.250	0.248	0.243	0.239	0.234	0.231	0.227	0.182	0.182

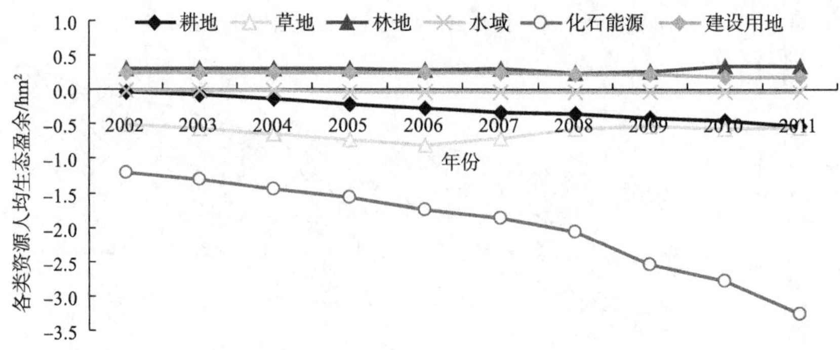

图 8-28 新疆不同资源人均生态盈余趋势图

化石能源的人均生态赤字最大，且增长迅速。由 2002 年的 1.214 hm^2，增长到 2011 年的 3.262 hm^2，增长率为 168.812%；其次为草地的人均生态赤字，已由 2002 年的 0.510 hm^2，增长到 2011 年的 0.559 hm^2，增长率为 9.537%；耕地的人均生态赤字由 2002 年的 0.041 hm^2，增长到 2011 年的 0.532 hm^2；水域的人均生态赤字较小，但有增长的趋势。

林地和建设用地处于生态盈余，林地有增长的趋势，由 2002 年的 0.305 hm^2 增长到 2011 年的 0.348 hm^2，增长率为 13.974%；建设用地有降低的趋势，由 2002 年的 0.250 hm^2 降低到 2011 年的 0.182 hm^2，减少率为 27.201%。

8.5 各种资源贡献力比较

以 6 省(区)不同资源的 10 年平均人均生态足迹的大小为基础，计算出青藏高原每种资源的平均人均生态足迹，来评价 6 种资源对人类生存的贡献力大小。图 8-29 为青藏高原不同资源平均人均生态足迹(ef)数值及其所占比例图。

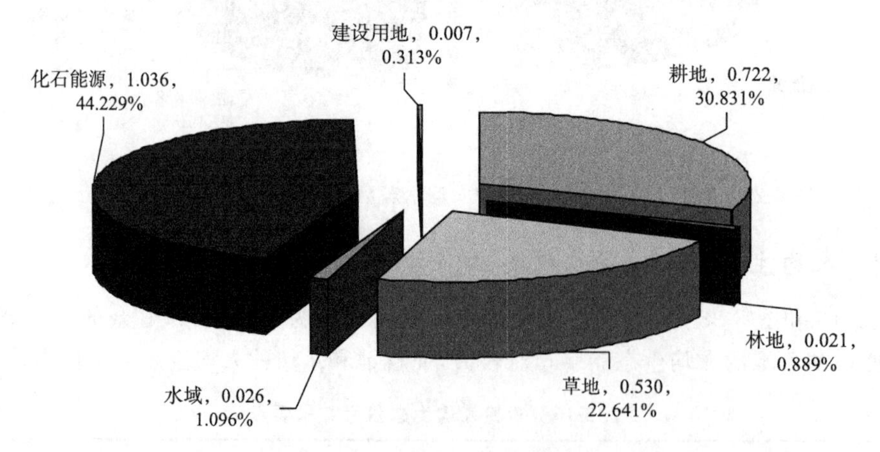

图 8-29 青藏高原不同资源平均人均生态足迹数值(hm^2)及其所占比例图

通过上图可以看出，根据不同资源所占比例的大小来判断各种资源对人生存的贡献力大小，得出青藏高原各种资源对人类生存的贡献力由大到小依次为：化石能源(44.229%)＞耕地(30.831%)＞草地(22.641%)＞水域(1.096%)＞林地(0.889%)＞建设用地(0.313%)。青藏高原地区消耗最多是化石能源，所占比例为 44.229%，说明青藏高原地区的经济发展对能源消耗的依赖很大。

8.6 小结

本章以生态足迹为指标,研究了青藏高原地区不同资源的贡献力情况,得出以下结论。

8.6.1 总体生态足迹分析

青藏高原地区除西藏外,其他 5 省(区)都已出现生态赤字。青藏高原各地区资源可持续发展的空间差异较大,西藏一直处于生态盈余状态,资源开发利用的程度小,而其他各省(区)都已出现生态赤字,且有增长的趋势。青海的生态赤字最小,2011 年为 1.207 hm^2;新疆的生态赤字最大,2011 年已达到 3.858 hm^2。

8.6.2 6 省(区)生态足迹内部结构要素差异较大

生态足迹的内部结构要素包括耕地、草地、林地、水域、化石能源和建设用地 6 部分,由这 6 部分的生态盈亏加和得到各地区整体的生态盈亏状态。青藏高原的 6 省(区)人均生态足迹内部的结构要素有很大的差异,如表 8-17 所示。

表 8-17 青藏高原各地区的人均生态足迹结构差异

	整体	内部结构要素					
		耕地	草地	林地	水域	化石能源	建设用地
青海	−	o	o	+	o	−	+
西藏	+	−	+	+	+		+
四川	−	−	−	+	−	−	+
云南	−	−	−	+	−	−	+
甘肃	−	+	−	+	+	−	+
新疆	−	−	−	+	−	−	+

注:生态盈余用"+"表示;生态赤字用"−"表示;基本生态平衡用"o"表示;西藏受数据的限制只分析了除化石能源以外的其他 5 种资源。

从表 8-17 中可以看出,青海整体上为生态赤字,而内部林地和建设用地为生态盈余,耕地、草地、水域基本生态平衡,化石能源为生态赤字;西藏整体上为生态盈余,内部草地、林地、水域和建设用地为生态盈余,耕地为生态赤字;四川整体上为生态赤字,内部林地和建设用地为生态盈余,耕地、草地、水域、化石能源为生态赤字;云南整体上为生态赤字,内部林地和建设用地为生态盈余,耕地、草地、水域、化石能源为生态赤字;甘肃整体上为生态赤字,内部耕地、林地、水域和建设用地为生态盈余,草地和化石能源为生态赤字;新疆整体上为生态赤字,内部林地和建设用地为生态盈余,耕地、草地、水域和化石能源为生态赤字。

虽然西藏整体上处于生态盈余,但耕地出现生态赤字,表明西藏应注意耕地资源的利用和保护。除西藏外,其余 5 省(区)都已出现生态赤字,但其内部结构要素却相差很大。青海出现生态赤字,主要原因是因为化石能源的消耗较大,而耕地、草地、水域正处在边界线上,保护资源环境刻不容缓;四川、云南和新疆的内部结构相同,在资源利用结构上相似性较大,只有林地和建设用地为生态盈余,由于能源消耗过大,加之耕地、草地资源的消耗量大,造成整体上出现生态赤字。甘肃对化石能源和草地的过度消耗导致其出现生态赤字。

8.6.3 6省(区)各种资源的贡献力存在较大差异

本章以不同资源人均生态足迹的平均值为基础，根据其所占比例的大小来判断各种资源对人生存的贡献力，青藏高原6省(区)的各种资源的贡献力大小排序如下：

青海：化石能源(57.001%)>草地(25.466%)>耕地(16.629%)>建设用地(0.776%)>水域(0.094%)>林地(0.034%)；

西藏：草地(73.159%)>耕地(22.872%)>林地(3.803%)>建设用地(0.095%)>水域(0.070%)；

四川：耕地(50.528%)>化石能源(39.020%)>草地(5.473%)>水域(4.263%)>林地(0.464%)>建设用地(0.252%)；

云南：耕地(45.634%)>化石能源(44.660%)>草地(5.912%)>水域(1.811%)>林地(1.741%)>建设用地(0.242%)；

甘肃：化石能源(62.615%)>耕地(26.583%)>草地(10.192%)>建设用地(0.384%)>水域(0.184%)林地(0.043%)；

新疆：化石能源(50.496%)>耕地(27.362%)>草地(21.101%)>水域(0.723%)>建设用地(0.174%)>林地(0.144%)。

8.6.4 青藏高原地区的6种资源的贡献力比较

本章以6省(区)6种资源的10年(2002—2011年)平均人均生态足迹的大小为基础，计算出青藏高原每种资源的平均人均生态足迹，来评价各种资源对人类生存的贡献力大小，得出6种资源的贡献力由大到小依次为：化石能源(44.229%)>耕地(30.831%)>草地(22.641%)>水域(1.096%)>林地(0.889%)>建设用地(0.313%)。

可以看出，生物资源(耕地资源、草地资源、林地资源和水资源)所占比例达到55.457%，其中耕地资源所占比例最大，其次是草地资源。在对人类生存贡献力方面，生物资源大于化石能源，但同时也应看到，化石能源所占的比例也很大，经济发展对能源的依赖很大，今后应注重产业的升级与转型。

8.6.5 根据生物资源的贡献力判断青藏高原各地区的饮食结构

青藏高原：粮食等农产品>畜产品>水产品>林产品；

青海：畜产品>粮食等农产品>水产品>林产品；

西藏：畜产品>粮食等农产品>林产品>水产品；

四川：粮食等农产品>畜产品>水产品>林产品；

云南：粮食等农产品>畜产品>水产品>林产品；

甘肃：粮食等农产品>畜产品>水产品>林产品；

新疆：粮食等农产品>畜产品>水产品>林产品。

青海和西藏由于草地资源丰富，所以畜产品的食用量在饮食结构中居首位，而四川、云南、甘肃和新疆都是以粮食等农产品为主食，畜产品次之。除此之外，西藏的水产品在饮食结构中排在最后，这与藏区的传统习俗有关。从整体上看，青藏高原各地区的饮食结构以粮食等农产品为主，对林产品的消费最少，今后应加强对野生菌等林产品的开发，合理调整饮食结构。

第 9 章　资源利用效率实证分析

随着人类对自然资源需要的增加和资源稀缺性的矛盾增强，资源利用效率成为资源可持续利用的主要方面，客观地评价青藏高原地区资源利用效率可为今后更有效地利用资源提供参考。

9.1　指标选取：万元 GDP 生态足迹

本章选取万元 GDP 生态足迹指标从“自然—经济”系统角度对青藏高原地区的资源利用效率进行实证分析，具体计算了青藏高原 6 省（区）2002—2011 年的万元 GDP 生态足迹的数值，通过其数值的变化来判断青藏高原各地区资源利用效率的变化。

9.2　数据来源

万元 GDP 生态足迹的计算需要生态足迹和 GDP 的数值，生态足迹的数值应用前文计算出的结果，GDP 数据来源于 2003—2012 年中国统计年鉴。

9.3　总体资源利用效率结果及分析

万元 GDP 生态足迹的大小表明资源的利用效率程度，数值越大说明利用效率越低，数值越小说明利用效率越高。青藏高原各地区的万元 GDP 生态足迹的变化如表 9-1 和图 9-1 所示，可以看出，青藏高原各地区的万元 GDP 生态足迹都呈下降趋势，说明各地区的资源利用效率都有所提高，其中，四川的万元 GDP 生态足迹减少的速度最大，为 67.496%，资源利用效率提高最快。新疆的万元 GDP 生态足迹在 10 年中一直处于最高值，在 2002 年为 3.427 hm^2/万元，是最小值青海（2.082 hm^2/万元）的 1.646 倍，在 2011 年降低为 1.779 hm^2/万元，是最小值四川（0.812 hm^2/万元）的 2.191 倍。6 个省（区）万元 GDP 生态足迹的基尼系数在 0.05～0.2 之间，10 年的平均值为 0.108，差异不大，但基尼系数呈增长趋势，差距在扩大，泰尔指数的不断增大也证明了这一点。

表 9-1　青藏高原各地区的万元 GDP 生态足迹　（单位：hm^2/万元）

	2002	2003	2004	2005	2006	2007	2008	2009	2010	2011	均值
青海	2.082	2.449	2.128	2.169	1.982	1.754	1.387	1.309	1.066	0.968	1.730
西藏	2.619	2.413	2.191	1.967	1.819	1.788	1.417	1.285	1.137	0.986	1.762
四川	2.498	2.464	2.221	2.016	1.777	1.436	1.269	1.210	0.987	0.812	1.669
云南	2.890	2.963	2.739	2.636	2.566	2.002	1.858	1.849	1.612	1.385	2.250

续表

	2002	2003	2004	2005	2006	2007	2008	2009	2010	2011	均值
甘肃	3.042	2.991	2.638	2.462	2.197	1.945	1.733	1.614	1.479	1.355	2.146
新疆	3.427	3.118	2.945	2.745	2.615	2.316	2.053	2.274	1.920	1.779	2.519
平均值	2.760	2.733	2.477	2.333	2.159	1.873	1.620	1.590	1.367	1.214	2.013
基尼系数	0.099	0.062	0.077	0.079	0.097	0.092	0.110	0.147	0.154	0.167	0.108
泰尔指数	0.005	0.003	0.003	0.004	0.005	0.005	0.007	0.011	0.013	0.015	0.007

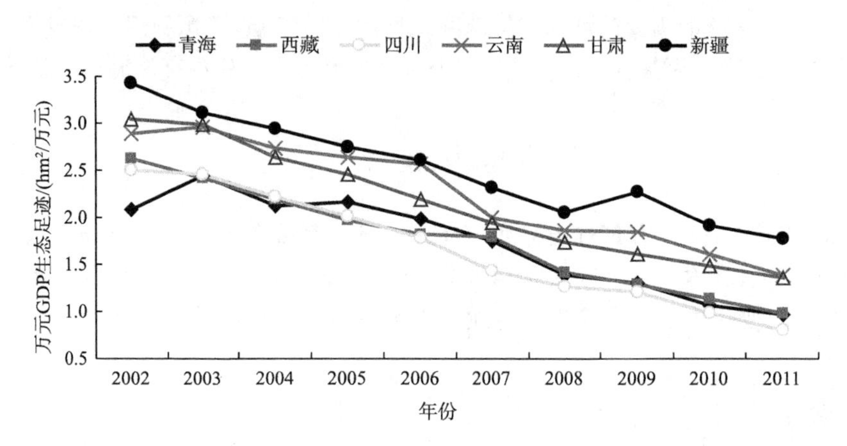

图 9-1　青藏高原各地区 2002—2011 年的万元 GDP 生态足迹趋势图

本章根据 6 省(区)的万元 GDP 生态足迹 10 年的平均值为依据,得出青藏高原各地区总体资源利用效率由高到低依次为:四川＞青海＞西藏＞平均值＞甘肃＞云南＞新疆。

青藏高原 6 省(区)的总体资源万元 GDP 生态足迹的数值都呈下降趋势,6 省(区)的总体资源利用效率都有所提高。根据万元 GDP 生态足迹 10 年的下降率来判断 6 省(区)总体资源利用效率增长的速度快慢,得出总体资源利用率增长的速度由快到慢依次为:四川＞西藏＞平均值＞甘肃＞青海＞云南＞新疆。

由此可以看出,四川的资源总体利用效率最高,其增速也最快;青海的资源利用效率排名第二位,但其增速较慢,低于平均值;西藏的资源利用效率及其增速都高于平均值;甘肃的资源利用效率及其增速都居中,且都低于平均值;云南的资源利用效率及其增速都较低,且低于平均值;新疆的资源利用效率及其增速都是最低的。

9.4　各种资源利用效率比较分析

本章在分析青藏高原 6 省(区)资源利用效率的基础上,进一步对不同资源的利用效率进行比较分析。根据 6 省(区)各种资源每年的万元 GDP 生态足迹得出平均值,再将计算出的 10 年的数值取平均值,得出每种资源的万元 GDP 生态足迹:耕地(0.665 hm^2/万元)、草地(0.457 hm^2/万元)、林地(0.016 hm^2/万元)、水域(0.023 hm^2/万元)、化石能源(1.013 hm^2/万元)、建设用地(0.006 hm^2/万元)。其中,化石能源是除西藏以外的 5 省(区)的 10 年平均值。万元 GDP 生态足迹数值越小,资源利用率越高,所以,根据各种资源的万元 GDP 生态足迹数值的大小得出,青藏高原的各种资源的利用率由高到低依次为:建设用地＞林地＞水域＞

草地>耕地>化石能源。

青藏高原地区虽然对化石能源的消耗量最大，但利用效率最低。草地和耕地的产品消耗量大，但利用率也较低，反而消耗资源量较少的建设用地、林地和水域的资源利用率较高。

9.4.1　耕地

青藏高原 6 省(区)耕地资源万元 GDP 生态足迹 10 年变化如表 9-2 和图 9-2 所示。

表 9-2　耕地资源万元 GDP 生态足迹　(单位:hm^2/万元)

	2002	2003	2004	2005	2006	2007	2008	2009	2010	2011	均值
青海	0.554	0.466	0.417	0.380	0.305	0.279	0.213	0.205	0.158	0.127	0.310
西藏	0.734	0.637	0.540	0.487	0.409	0.352	0.307	0.263	0.200	0.231	0.416
四川	1.539	1.382	1.206	1.092	0.920	0.675	0.596	0.548	0.460	0.380	0.880
云南	1.716	1.622	1.391	1.247	1.151	0.855	0.805	0.767	0.642	0.570	1.077
甘肃	0.988	0.935	0.780	0.708	0.602	0.467	0.426	0.419	0.362	0.302	0.599
新疆	1.092	0.946	0.857	0.784	0.716	0.638	0.581	0.600	0.476	0.419	0.711
平均值	1.104	0.998	0.865	0.783	0.684	0.544	0.488	0.467	0.383	0.338	0.665
基尼系数	0.244	0.258	0.258	0.255	0.277	0.239	0.264	0.271	0.277	0.275	0.258
泰尔指数	0.032	0.038	0.037	0.036	0.042	0.031	0.040	0.043	0.049	0.045	0.037

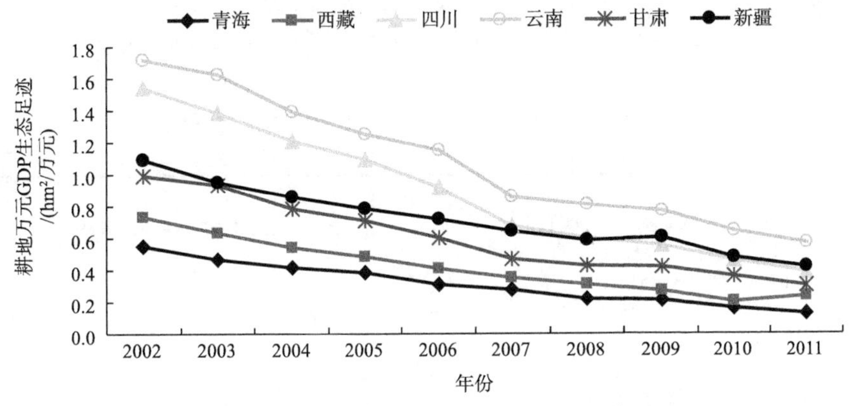

图 9-2　耕地资源万元 GDP 生态足迹趋势图

从青藏高原 6 省(区)耕地万元 GDP 生态足迹每年的平均值(表 9-2)中可以看出，耕地资源的利用效率是提高的。耕地万元 GDP 生态足迹的平均值从 2002 年的 1.104 hm^2/万元下降到 2011 年的 0.665 hm^2/万元，降幅较大。

青藏高原 6 省(区)的耕地资源万元 GDP 生态足迹的基尼系数在 0.2～0.3 之间，10 年的平均值为 0.258，泰尔指数也较小，说明各地区耕地资源的利用率差异不大。万元 GDP 生态足迹越大，说明每产生 1 万元的 GDP 消耗的资源量越大，资源利用效率越小，根据 6 省(区)的耕地资源万元 GDP 生态足迹 10 年的平均值得出，青藏高原各地区耕地资源利用效率由高到低依次为:青海>西藏>甘肃>平均值>新疆>四川>云南。

青藏高原 6 省(区)的耕地资源万元 GDP 生态足迹的数值都呈下降趋势，6 省(区)的耕地资源利用效率都有所提高，根据万元 GDP 生态足迹 10 年的下降率来判断 6 省(区)耕地资源利用效率增长速度的快慢，得出耕地资源利用率增长的速度由快到慢依次为:青海>四川>甘肃＞平均值＞西藏＞云南＞新疆。

由此可以看出，青海不仅耕地资源利用效率最高，而且资源利用率的增速也最快；西藏的耕地资源利用效率排名第二，但利用率增长的速度相对较慢，低于平均值；甘肃的耕地资源利用率居中，利用率的增长率也居中，且都高于平均值；新疆的耕地资源利用率和其增长率都低于平均值；四川的耕地资源利用率较低，低于平均值，但增长速度较快，排名第二位；云南耕地资源利用效率最低，资源利用率的增长也较缓慢。

9.4.2 草地

青藏高原6省(区)草地资源万元GDP生态足迹10年变化如表9-3和图9-3所示，从中可以看出，草地资源的利用效率是提高的。草地万元GDP生态足迹的平均值从2002年的0.601 hm^2/万元下降到2011年的0.259 hm^2/万元，降幅较大。

表9-3 草地资源万元GDP生态足迹

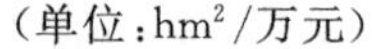
(单位：hm^2/万元)

	2002	2003	2004	2005	2006	2007	2008	2009	2010	2011	均值
青海	0.302	0.816	0.705	0.619	0.543	0.403	0.315	0.310	0.269	0.226	0.451
西藏	1.843	1.776	1.647	1.477	1.341	1.188	1.087	0.921	0.696	0.828	1.280
四川	0.142	0.134	0.120	0.110	0.098	0.084	0.071	0.064	0.053	0.043	0.092
云南	0.158	0.164	0.152	0.150	0.147	0.123	0.118	0.116	0.098	0.081	0.131
甘肃	0.292	0.291	0.261	0.255	0.244	0.207	0.183	0.176	0.149	0.124	0.218
新疆	0.869	0.808	0.769	0.730	0.691	0.543	0.391	0.365	0.308	0.250	0.572
平均值	0.601	0.665	0.609	0.557	0.511	0.424	0.361	0.325	0.262	0.259	0.457
基尼系数	0.591	0.535	0.543	0.535	0.532	0.548	0.557	0.529	0.504	0.585	0.546
泰尔指数	0.196	0.177	0.180	0.171	0.167	0.171	0.172	0.157	0.143	0.196	0.173

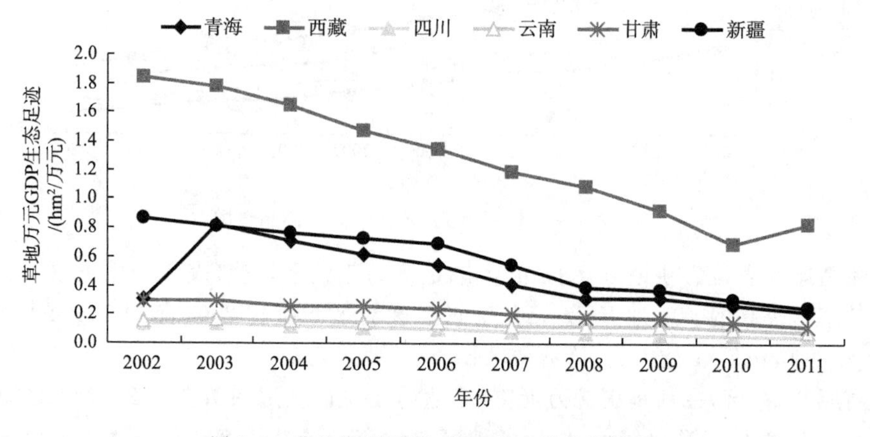

图9-3 草地资源万元GDP生态足迹趋势图

青藏高原6省(区)的草地资源万元GDP生态足迹的基尼系数在0.4～0.6之间，10年的平均值为0.546，泰尔指数也较大，说明各地区草地资源的利用率差异较大。万元GDP生态足迹越大，说明每产生1万元的GDP消耗的资源量越大，资源利用效率越小，根据6省(区)的草地资源万元GDP生态足迹10年的平均值得出，青藏高原各地区草地资源利用效率由高到低依次为：四川＞云南＞甘肃＞青海＞平均值＞新疆＞西藏。

青藏高原 6 省(区)的草地资源万元 GDP 生态足迹的变化趋势不同。四川、甘肃呈下降趋势,西藏先下降后增长,青海和云南先增长后减少,但整体都表现为下降趋势,说明 6 省(区)的草地资源利用效率都有所提高,根据万元 GDP 生态足迹 10 年的下降率来判断 6 省(区)草地资源利用效率增长的速度大小,得出草地资源利用率增长的速度由快到慢依次为:新疆>四川>甘肃>平均值>西藏>云南>青海。

由此可以看出,四川、云南、甘肃和青海的草地资源利用效率在青藏高原 6 省(区)中处于优势,高于平均值。姜立鹏等(2007)对青藏高原地区草地单位面积服务价值进行测算,得出青藏高原草地资源丰富,但质量不高,大多数地区单位面积服务价值在 10^5 元/km^2 以下,只有青藏高原东都和东北部地区属于草地高值区,青藏高原东北部(青海、甘肃、四川的交界处)地区的草地单位面积服务价值最高,达到 90×10^4 元/km^2 以上。这与本章得出的结论大体一致,西藏、新疆等以畜牧业为主的地区的草地资源利用效率很低,青藏高原地区的草地资源利用效率尚需大幅提高。

同时,本章还分析了各地区草地资源利用效率的增长速度的差异,对各地区的草地资源的利用做进一步分析。四川不仅草地资源利用效率最高,而且资源利用率的增长也最快;云南的草地资源利用效率排名第二,但利用率增长的速度相对较慢,低于平均值;甘肃的草地资源利用率和其增长率都居中,但都大于平均值;青海的资源利用率居中,大于平均值,但其增长率最低;新疆虽然资源利用率低于平均值,但其增长率最高;西藏虽然草地资源丰富,但草地资源利用率最低,且资源利用率的增长率也低于平均水平。

9.4.3　林地

青藏高原 6 省(区)林地资源万元 GDP 生态足迹 10 年变化如表 9-4 和图 9-4 所示,从中可以看出,林地资源的利用效率的波动较大,2006 年是青海、云南、甘肃和新疆的较大的转折点,2006 年达到最高,随后下降。西藏和四川的较大转折点在 2008 年,且方向相反。

青藏高原 6 省(区)的林地资源万元 GDP 生态足迹的基尼系数和泰尔指数都很大,基尼系数在 0.5~0.9 之间变化,10 年的平均值为 0.802,说明各地区林地资源的利用率差异很大。根据 6 省(区)的林地资源万元 GDP 生态足迹 10 年的平均值得出,青藏高原各地区林地资源利用效率由高到低依次为:青海>甘肃>新疆>四川>平均值>云南>西藏。

表 9-4　林地资源万元 GDP 生态足迹　　(单位:hm^2/万元)

	2002	2003	2004	2005	2006	2007	2008	2009	2010	2011	均值
青海	0.000	0.000	0.000	0.000	0.002	0.000	0.001	0.000	0.001	0.001	0.000
西藏	0.040	0.030	0.044	0.039	0.051	0.060	0.021	0.084	0.076	0.089	0.053
四川	0.002	0.001	0.001	0.001	0.007	0.010	0.013	0.008	0.005	0.006	0.005
云南	0.013	0.013	0.010	0.011	0.064	0.008	0.049	0.051	0.048	0.039	0.031
甘肃	0.001	0.001	0.001	0.001	0.001	0.000	0.002	0.001	0.000	0.001	0.001
新疆	0.000	0.000	0.000	0.000	0.008	0.001	0.005	0.006	0.004	0.003	0.003
平均值	0.009	0.008	0.009	0.009	0.022	0.013	0.015	0.025	0.022	0.023	0.016
基尼系数	0.862	0.825	0.890	0.880	0.691	0.849	0.677	0.761	0.778	0.805	0.802
泰尔指数	0.967	0.865	1.007	1.000	0.401	0.966	0.370	0.665	0.634	0.615	0.749

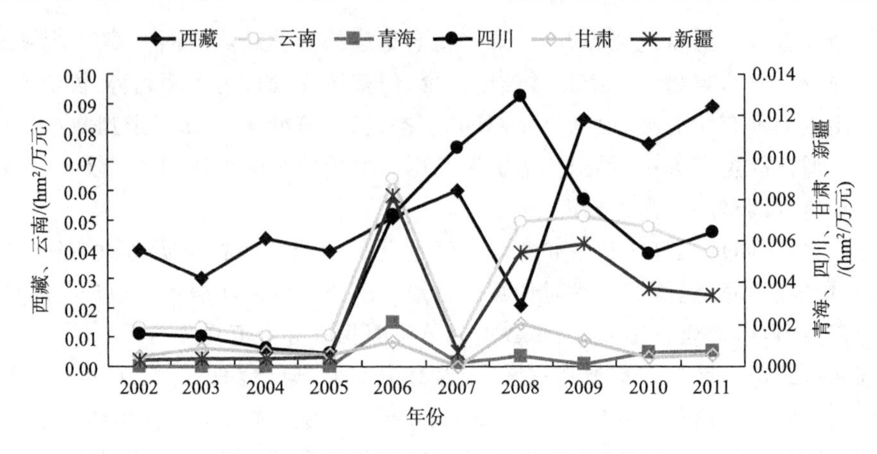

图 9-4 林地资源万元 GDP 生态足迹趋势图

由于各地区的差异很大，所以本章以 2002 年与 2011 年的变化，从整体上来判断各地区资源利用效率的变化趋势，青藏高原 6 省（区）的林地资源万元 GDP 生态足迹的数值都减少，6 省（区）的林地资源利用效率都有所提高，根据万元 GDP 生态足迹 10 年的下降率来判断 6 省（区）林地资源利用效率增长速度的快慢，得出林地资源利用率增长的速度由快到慢依次为：青海＞新疆＞四川＞云南＞平均值＞西藏＞甘肃。

由此可以看出，青海不仅林地资源利用效率最高，且资源利用率的增长也最快；甘肃的林地资源利用效率排名第二，但利用率增长的速度却是最慢的；新疆的资源利用率和其速度增长率都排在前面；四川的资源利用率和其速度增长率居中，且高于平均值；云南的资源利用率低于平均值，而资源利用率的增长速度高于平均值；西藏的林地资源利用率最低，且资源利用率的增长速度低于平均值。

9.4.4 水域

青藏高原 6 省（区）耕地资源万元 GDP 生态足迹 10 年变化如表 9-5 和图 9-5 所示，从中可以看出，整体上来看水资源的利用效率有所提高。水资源万元 GDP 生态足迹的平均值从 2002 年的 0.032 hm^2/万元下降到 2011 年的 0.013 hm^2/万元。

青藏高原 6 省（区）的水资源万元 GDP 生态足迹的基尼系数在 0.6～0.75 左右，10 年的平均值为 0.691，泰尔指数也较大，说明各地区水资源的利用率差异较大。根据 6 省（区）的水资源万元 GDP 生态足迹 10 年的平均值得出，青藏高原各地区水资源利用效率由高到低依次为：西藏＞青海＞甘肃＞新疆＞平均值＞云南＞四川。

表 9-5 水资源万元 GDP 生态足迹 （单位：hm^2/万元）

	2002	2003	2004	2005	2006	2007	2008	2009	2010	2011	均值
青海	0.004	0.002	0.002	0.001	0.002	0.001	0.001	0.001	0.001	0.001	0.002
西藏	0.002	0.002	0.002	0.001	0.001	0.001	0.001	0.002	0.001	0.001	0.001
四川	0.095	0.099	0.093	0.092	0.086	0.059	0.052	0.049	0.042	0.037	0.070
云南	0.058	0.055	0.052	0.047	0.051	0.034	0.031	0.030	0.028	0.027	0.041

续表

	2002	2003	2004	2005	2006	2007	2008	2009	2010	2011	均值
甘肃	0.008	0.007	0.006	0.006	0.005	0.003	0.003	0.002	0.002	0.002	0.004
新疆	0.027	0.025	0.023	0.021	0.019	0.017	0.015	0.015	0.013	0.012	0.019
平均值	0.032	0.032	0.030	0.028	0.027	0.019	0.017	0.017	0.014	0.013	0.023
基尼系数	0.658	0.690	0.697	0.720	0.707	0.694	0.696	0.680	0.689	0.674	0.691
泰尔指数	0.355	0.396	0.406	0.498	0.428	0.427	0.445	0.405	0.454	0.419	0.423

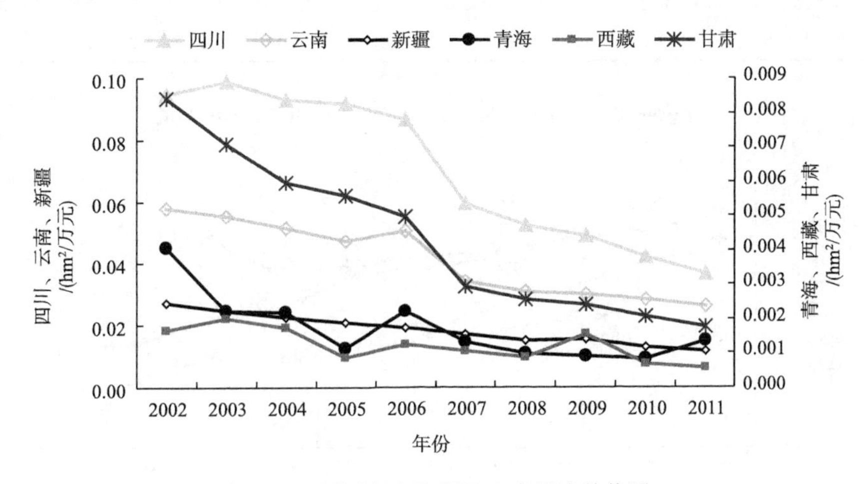

图 9-5　水资源万元 GDP 生态足迹趋势图

青藏高原 6 省(区)的水资源万元 GDP 生态足迹整体上都呈下降趋势,青海和西藏的波动较大。从整体上来看,6 省(区)的水资源利用效率都有所提高,根据万元 GDP 生态足迹 10 年的下降率来判断 6 省(区)水资源利用效率增长的速度快慢,得出水资源利用率增速由快到慢依次为:甘肃＞青海＞西藏＞四川＞平均值＞新疆＞云南。

由此可以看出,西藏对水资源的利用率最高,利用率的增速也较快,大于平均值;青海的水资源利用率和其增速都较高;甘肃的资源利用率居中,大于平均值,但其增速最快;新疆的水资源利用率高于平均值,但其增速低于平均值;云南的水资源利用率较低,低于平均值,且其增速最慢;四川的水资源利用率最低,增速居中,高于平均值。

9.4.5　化石能源

由于各类统计年鉴中没有对西藏的能源消耗的统计,所以,对于化石能源的比较对象为青海、四川、云南、甘肃和新疆 5 省(区)。青藏高原 5 省(区)化石能源万元 GDP 生态足迹 10 年变化如表 8-6 和图 8-6 所示,从中可以看出,能源的利用效率是提高的。化石能源万元 GDP 生态足迹的平均值从 2002 年的 1.209 hm^2/万元下降到 2011 年的 0.724 hm^2/万元,降幅较大。

表 9-6 化石能源万元 GDP 生态足迹 (单位：hm^2/万元)

	2002	2003	2004	2005	2006	2007	2008	2009	2010	2011	均值
青海	1.209	1.151	0.989	1.156	1.117	1.060	0.848	0.783	0.625	0.602	0.954
四川	0.717	0.842	0.797	0.717	0.661	0.604	0.534	0.538	0.423	0.343	0.618
云南	0.940	1.103	1.128	1.176	1.148	0.976	0.850	0.880	0.791	0.664	0.965
甘肃	1.744	1.748	1.582	1.485	1.337	1.261	1.111	1.008	0.960	0.921	1.316
新疆	1.434	1.335	1.292	1.205	1.177	1.114	1.057	1.284	1.115	1.090	1.210
平均值	1.209	1.236	1.157	1.148	1.088	1.003	0.880	0.899	0.783	0.724	1.013
基尼系数	0.211	0.165	0.162	0.138	0.130	0.145	0.155	0.191	0.220	0.250	0.177
泰尔指数	0.021	0.013	0.012	0.012	0.012	0.013	0.013	0.017	0.024	0.032	0.017

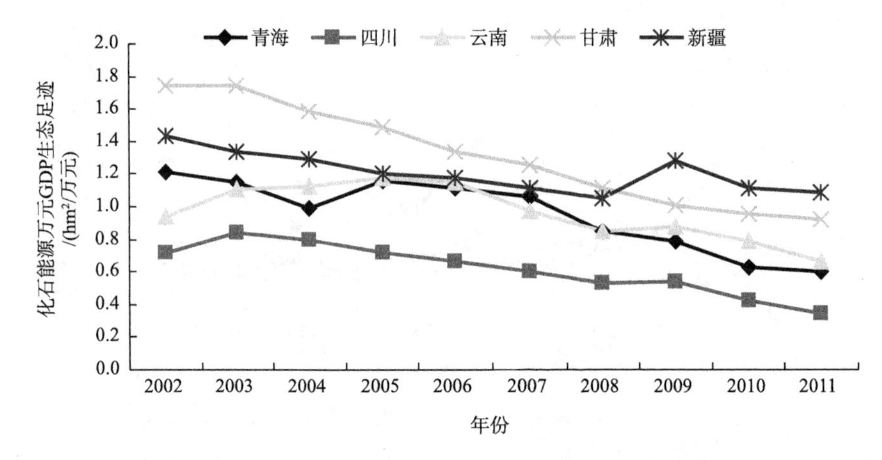

图 9-6 化石能源万元 GDP 生态足迹趋势图

青藏高原 5 省(区)的化石能源万元 GDP 生态足迹的基尼系数在 0.1～0.25 之间，10 年的平均值为 0.177，泰尔指数也较小，说明各地区能源的利用率差异较小。根据 5 省(区)的化石能源万元 GDP 生态足迹 10 年的平均值得出，青藏高原各地区能源利用效率由高到低依次为：四川＞青海＞云南＞平均值＞新疆＞甘肃。

青藏高原 5 省(区)的化石能源万元 GDP 生态足迹的数值都呈下降趋势，5 省(区)的化石能源利用效率都有所提高，根据万元 GDP 生态足迹 10 年的下降率来判断 5 省(区)化石能源利用效率增长速度的快慢，得出能源利用率增长的速度由快到慢依次为：四川＞青海＞甘肃＞平均值＞云南＞新疆。

由此可以看出，四川不仅能源利用效率最高，而且能源利用率的增长速度也最快；其次是青海，其能源利用效率和能源利用率增长速度都居第二位；云南的能源利用效率高于平均值，但其能源利用率增速小于平均值；新疆的能源利用效率小于平均值，且能源利用率的增速最慢；甘肃的能源利用效率最低，但能源利用率的增速大于平均值。

9.4.6 建设用地

青藏高原 6 省(区)建设用地的万元 GDP 生态足迹 10 年变化如表 9-7 和图 9-7 所示，从中可以看出，建设用地万元 GDP 生态足迹的平均值变化幅度较小。

表 9-7　建设用地万元 GDP 生态足迹　　(单位:10^{-3} hm^2/万元)

	2002	2003	2004	2005	2006	2007	2008	2009	2010	2011	均值
青海	13.575	13.467	14.200	12.604	12.755	11.937	10.194	10.340	11.420	11.127	12.162
西藏	1.584	1.707	1.732	1.768	1.726	1.473	1.343	1.329	1.333	1.301	1.530
四川	4.882	4.717	4.454	4.231	4.066	3.696	3.184	3.103	2.988	3.095	3.842
云南	5.349	5.315	5.112	5.319	5.376	5.179	4.831	4.789	4.608	4.489	5.037
甘肃	9.154	9.434	8.875	8.391	7.810	7.541	7.095	6.904	6.472	6.098	7.777
新疆	4.412	4.149	3.998	3.948	3.878	3.889	3.799	4.247	4.036	4.208	4.056
平均值	6.493	6.465	6.395	6.043	5.935	5.619	5.074	5.119	5.143	5.053	5.734
基尼系数	0.344	0.348	0.367	0.342	0.349	0.350	0.337	0.335	0.365	0.354	0.349
泰尔指数	0.086	0.085	0.089	0.078	0.080	0.084	0.080	0.080	0.088	0.085	0.083

注:基尼系数和泰尔指数是原数值。

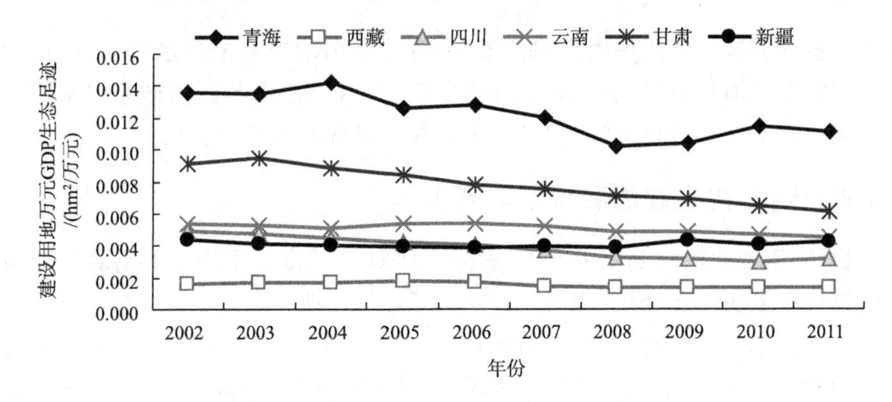

图 9-7　建设用地万元 GDP 生态足迹趋势图

青藏高原6省(区)的建设用地万元 GDP 生态足迹的基尼系数在0.3～0.4之间,10年的平均值为0.349,泰尔指数也较小,说明各地区建设用地的利用率差异不大。根据6省(区)的建设用地万元 GDP 生态足迹10年的平均值得出,青藏高原各地区建设用地利用效率由高到低依次为:西藏>四川>新疆>云南>平均值>甘肃>青海。

从总体上看,青藏高原6省(区)的建设用地万元 GDP 生态足迹的数值都呈下降趋势,6省(区)的建设用地利用效率都有所提高,根据万元 GDP 生态足迹10年的下降率来判断6省(区)建设用地利用效率增长速度的快慢,得出建设用地利用率增长的速度由快到慢依次为:四川>甘肃>平均值>青海>西藏>云南>新疆。

由此可以看出,西藏虽然建设用地利用效率最高,但其增速低于平均值;四川的建设用地利用效率排名第二,且利用率增长的速度最快;新疆的建设用地利用率高于平均值,但其增长速度最慢;云南的建设用地利用率高于平均值,但其增速较慢,低于平均值;甘肃的建设用地利用率低于平均值,但其增速较快,高于平均值,排名第二位;青海的建设用地利用率最低,且其增速低于平均值。

9.5　小结

本章结合万元 GDP 生态足迹这一指标对青藏高原地区的资源利用效率进行了实证分析。

一方面，对青藏高原各地区总体的资源利用效率进行分析；另一方面，对6种资源（耕地、草地、林地、水域、能源和建设用地）利用效率分别进行分析，得出以下结论。

9.5.1 各地区总体资源利用效率都有增长的趋势

青藏高原6省（区）的总体资源万元GDP生态足迹的数值都呈下降趋势，6省（区）的总体资源利用效率都有所提高。6省（区）万元GDP生态足迹的基尼系数在0.05～0.2之间，10年的平均值为0.108，各地区的差异很小。

6省（区）总体资源利用效率由高到低依次为：四川＞青海＞西藏＞平均值＞甘肃＞云南＞新疆；资源利用率增长的速度由快到慢依次为：四川＞西藏＞平均值＞甘肃＞青海＞云南＞新疆。

9.5.2 青藏高原不同资源的利用效率分析

青藏高原各种资源的利用率由高到低依次为：建设用地＞林地＞水域＞草地＞耕地＞化石能源。化石能源的消耗量最大，但利用效率最低，所以应加强节能减排等技术的研发，注重提高能源的利用效率。同时也应注意草地、耕地等重要资源的高效利用。

9.5.3 6省(区)不同资源的利用效率分析

耕地资源：利用效率由高到低依次为：青海＞西藏＞甘肃＞平均值＞新疆＞四川＞云南；增长速度由快到慢依次为：青海＞四川＞甘肃＞平均值＞西藏＞云南＞新疆。

草地资源：利用效率由高到低依次为：四川＞云南＞甘肃＞青海＞平均值＞新疆＞西藏；增长速度由快到慢依次为：新疆＞四川＞甘肃＞平均值＞西藏＞云南＞青海。

林地资源：利用效率由高到低依次为：青海＞甘肃＞新疆＞四川＞平均值＞云南＞西藏；增长速度由快到慢依次为：青海＞新疆＞四川＞云南＞平均值＞西藏＞甘肃。

水资源：利用效率由高到低依次为：西藏＞青海＞甘肃＞新疆＞平均值＞云南＞四川；增长速度由快到慢依次为：甘肃＞青海＞西藏＞四川＞平均值＞新疆＞云南。

化石能源：利用效率由高到低依次为：四川＞青海＞云南＞平均值＞新疆＞甘肃；增长速度由快到慢依次为：四川＞青海＞甘肃＞平均值＞云南＞新疆。

建设用地：利用效率由高到低依次为：西藏＞四川＞新疆＞云南＞平均值＞甘肃＞青海；增长速度由快到慢依次为：四川＞甘肃＞平均值＞青海＞西藏＞云南＞新疆。

9.5.4 6省(区)资源利用效率的差异程度分析

根据不同地区万元GDP生态足迹的基尼系数的大小，判断出青藏高原各地区的资源利用效率的差异程度。基尼系数越大，差异程度越大。

6省（区）10年的总体资源利用效率的基尼系数都在0.05～0.2之间，10年的平均值为0.108，但基尼系数有变大的趋势，说明青藏高原各地区总体资源利用效率的差异程度较小，但差异程度有变大的趋势。

青藏高原6省（区）10年的耕地资源利用效率的基尼系数在0.2～0.3之间，平均值为0.258；草地资源利用效率的基尼系数在0.5～0.6之间，10年的平均值为0.546；林地资源利用效率的基尼系数在0.6～0.9之间，10年的平均值为0.802；水资源利用效率的基尼系数在

0.6～0.75 之间，10 年的平均值为 0.691；化石能源利用效率的基尼系数在 0.1～0.25 之间，10 年的平均值为 0.177；建设用地利用效率的基尼系数在 0.3～0.4 之间，10 年的平均值为 0.349。

根据不同资源利用效率 10 年的基尼系数的平均值大小，得出不同资源利用效率的差异程度由大到小依次为：林地（0.802）＞水域（0.691）＞草地（0.546）＞建设用地（0.349）＞耕地（0.258）＞化石能源（0.177）。

第10章　资源可持续利用状态与社会福利实证分析

资源可持续利用状态的评价应从“自然—经济—社会”系统进行多角度分析，资源的高效持续利用和经济发展的最终目的是提高社会福利水平，资源可持续利用的研究要与社会福利有机结合。

10.1　社会福利指标

社会福利首先要考虑个人的福利，个人的福利包括个人欲望的满足和自身感到的幸福感，不仅是物质需求，更包括精神享受和社会环境等因素。社会福利的测量一直是一个有争议的话题。自福利经济学创立以来，学者们已发展出多种测度福利水平的指标，如国内生产总值(gross domestic product，GDP)(Sen，1976；Beckerman，1992)、可持续经济福利指标(index of sustainable economic welfare，ISEW)(Daly et al.，1989)、真实发展指数(genuine progress indicator，GPI)(Anielski et al.，1999；Hamilton，1999)、可持续净效益指数(sustainable net benefit index，SNBI)(Lawn et al.，1999)、主观福利(subjective well-being，SWB)(Diener et al.，1995；Diener，1999)、人类发展指数(human development index，HDI)(UNDP，1990；Sagar et al.，1998)等。

10.2　指标选取：资源福利指数

资源福利指数是在融合自然、经济和社会三方面因素的基础上建立起来的，是基于“自然—经济—社会”系统的资源可持续利用的有效评价指标之一。由于资源可持续利用是一个动态的过程，因此本章以资源福利指数的变化情况得出的资源可持续利用的评价标准为依据，通过青藏高原各地区HDI、EFI和RWI的具体数值和变化情况来判断青藏高原地区的资源可持续利用状态。

10.2.1　数据来源

各省(区)资源福利指数计算中的HDI来源于历年的《中国人类发展报告》(http://www.cn.undp.org/content/china/en/home/library/human_development/)。计算资源福利指数(RWI)涉及全球生态足迹数值，其数值通过《生命行星报告》只可获得1996、1999、2001、2003、2005和2008年，本章从2002年开始计算青藏高原各地区生态足迹，所以本章只计算2003年、2005年和2008年的RWI。这3年的人类发展指数(HDI)的数值分别来源于《2005年中国人类发展报告》《2007—2008年中国人类发展报告》和《2009—2010年中国人类发展报告》。

10.2.2 计算结果

根据这3年计算出青藏高原各地区的RWI的结果如表10-1和图10-1所示。青藏高原地区的6省(区),除西藏外,其余5省(区)的RWI都呈下降趋势。

表10-1　青藏高原6省(区)资源福利指数(RWI)

	2003	2005	2008	均值
青海	40.150	36.485	32.704	36.446
西藏	53.156	59.069	55.154	55.793
四川	11.860	11.662	11.598	11.707
甘肃	19.295	19.065	17.418	18.593
云南	13.576	12.861	12.082	12.840
新疆	13.231	12.138	11.012	12.127
平均值	25.211	25.213	23.328	24.584
基尼系数	0.387	0.418	0.413	0.406
泰尔指数	0.078	0.089	0.087	0.084

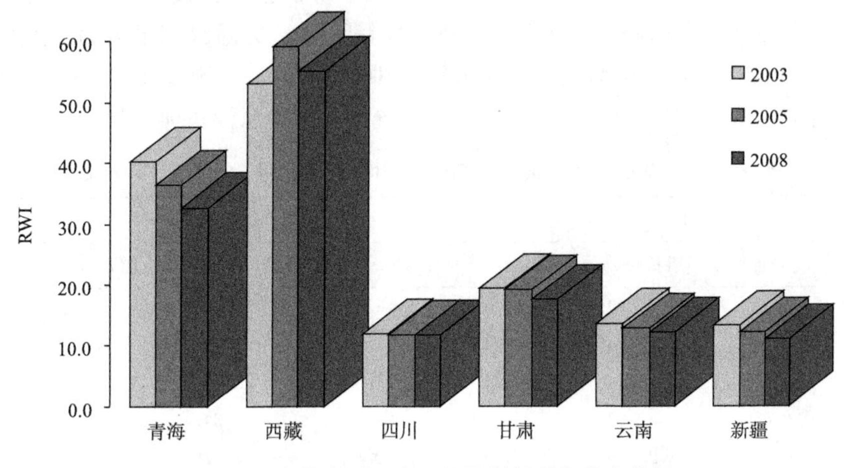

图10-1　青藏高原6省(区)资源福利指数变化图

青海的梯度下降变化最显著,下降率为18.545%,四川的变化最小,下降率仅为2.209%。西藏在2005年增加后又有所回升。虽然各地区的社会福利水平有所提高,但其增长速度远远不如生态足迹的增长速度,所以资源福利指数会下降。以青海为例,从2003年到2008年HDI增长了5.263%,但EFI增长了29.229%,远远大于HDI的增长速度,所以使RWI呈现减少趋势。基尼系数在0.3～0.45之间,平均值为0.406,泰尔指数也较大,说明青藏高原各地区资源可持续利用的状态差距较大。

青藏高原各地区中西藏的RWI最高,虽然其HDI是最低的,但由于其EFI最小,所以最终得到较高的RWI。而新疆的HDI最高,但其EFI也是最高的,是西藏的5.743倍,所以其RWI较小(图10-2)。

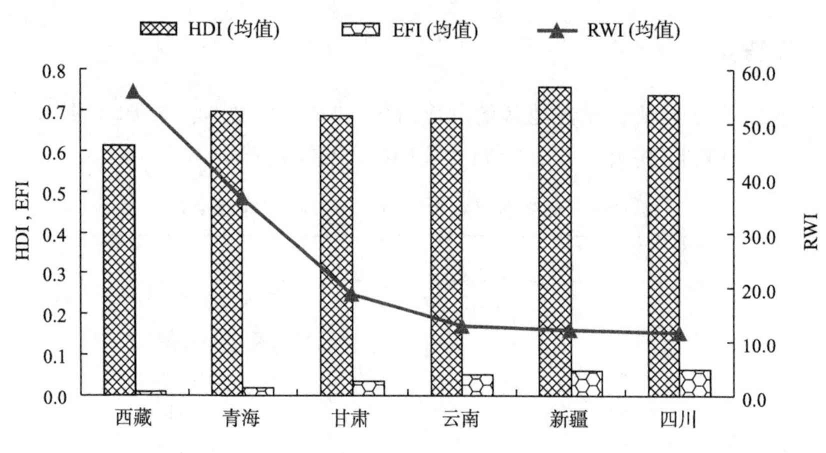

图 10-2　青藏高原 6 省(区)HDI,EFI 和 RWI 的平均值

10.2.3　状态评价

青藏高原 6 省(区)的社会福利水平和资源消耗都呈增长趋势,但根据两者增长速度的不同大致可分为两种情况:一种是社会福利增长速度大于资源消耗速度,资源福利增加,RWI 的增长率>0;另一种是社会福利增长速度小于资源消耗速度,资源福利下降,RWI 的增长率<0。根据表 10-2 可以看出,在青藏高原 6 个省(区)中 HDI 和 EFI 增长率都大于 0,在上述 6 种资源可持续利用状态中,只有两种情况:次良性正向发展和次恶性正向发展。

表 10-2　青藏高原各地区指数 2003—2008 年的均值、增长率及其排名

地区	HDI		EFI		RWI		RWI 增长率排名
	均值	增长率(%)	均值	增长率(%)	均值	增长率(%)	
西藏	0.611	7.509	0.011	3.615	55.793	3.758	1
四川	0.740	4.808	0.063	7.178	11.707	−2.212	2
甘肃	0.687	4.444	0.037	15.698	18.593	−9.727	3
云南	0.680	8.067	0.053	21.430	12.840	−11.005	4
新疆	0.758	2.246	0.063	22.841	12.127	−16.766	5
青海	0.696	5.263	0.019	29.228	36.446	−18.545	6

在 6 个省(区)中只有西藏 RWI 的增长率>0,HDI 的增长率(7.509%)大于 EFI 的增长率(3.615%),资源可持续利用呈现出次良性正向发展。西藏地区一直处于生态盈余状态,对资源的消耗没有超过自然环境的承受能力,这对今后的发展具有很强的优越性,未来发展的空间较大。

四川、甘肃、云南、新疆和青海的 RWI 的增长率<0,其中,RWI 下降率最大的是青海,达到−18.545%,最小的是四川,为−2.212%。而且 5 省(区)的 HDI 的增长率都小于 EFI 的增长率,其中,四川的 HDI 的增长率(4.808%)小于 EFI 的增长率(7.178%);甘肃的 HDI 的增长率(4.444%)小于 EFI 的增长率(15.698%);云南的 HDI 的增长率(8.067%)小于 EFI 的增长率(21.430%);新疆的 HDI 的增长率(2.246%)小于 EFI 的增长率(22.841%);青海的 HDI 的增长率(5.263%)小于 EFI 的增长率(29.228%)。其中,青海的 EFI 增长率最高,说明其资源消耗增长的速度最快,RWI 下降的速度也最快。

根据资源福利指数的评价标准，得出青海、四川、云南、甘肃和新疆5省(区)的资源可持续利用呈现出次恶性正向发展。以上5省(区)已处于生态赤字状态，发展经济的同时过度利用资源，资源的消耗已超出环境的承受能力。RWI呈现下降趋势，其资源的可持续利用处于不良发展状态，因此，提高资源的利用率问题是其今后发展的必要手段，遏制住RWI的下降趋势，使资源的利用向良性可持续发展状态转变。

10.3 小结

本章以资源福利指数来分析青藏高原地区的资源可持续利用状态，得出以下结论：青藏高原没有良性发展状态，即没有地区既增加社会福利水平，又能减少对资源的消耗，6省(区)只有西藏处于次良性正向发展，即在资源福利指数增长的情况下，社会福利水平的增长率大于资源消耗的增长率。而其他5省(区)都处于次恶性正向发展，即资源福利指数降低，且社会福利水平的增长率小于资源消耗的增长率。

10.3.1 西藏：次良性正向发展

次良性正向发展状态仅次于资源可持续利用的良性发展状态，说明经济发展水平提高的同时，不仅生活质量得到了改善，人们的幸福感、教育等非经济层面的精神面貌也得到了改善，而且后者的速度高于前者的速度。青藏高原地区只有西藏处于此状态。

西藏地区虽然是我国经济欠发达地区，但也是青藏高原6省(区)唯一一个生态盈余地区，资源承载力大于生态足迹，这为其发展提供了良好的外部环境。同时，西藏还是藏族的重要居住地，藏民族有其传统的生态伦理文化和资源利用伦理，涉及藏族牧民的生产和生活的方方面面，崇尚自然、尊敬自然的理念为保护自然环境和实现资源的可持续利用提供了精神支柱。

10.3.2 青海、四川、云南、甘肃和新疆：次恶性正向发展

次恶性正向发展状态是资源可持续利用状态中的不良的发展方向。资源福利指数呈减少趋势，而且资源消耗的增长率大于社会福利的增长率。青藏高原有5个省(区)处于这种状态。说明青藏高原地区的社会经济发展对资源的依赖性很大，资源利用效率问题仍很严峻。

资源利用效率问题是青藏高原地区资源利用面临的难题，这个问题不仅出现在青藏高原地区，中国其他区域的资源利用也存在这个问题，由中国科学院可持续发展战略研究组(2013)编纂的《2013年中国可持续发展战略报告》中也明确指出，资源利用效率低下、资源的不合理利用导致生态环境恶化等问题是中国资源利用的主要问题，提出资源循环和高效利用的政策措施，其中调整消费结构，提高资源利用效率就是其中之一。因此，结合对青藏高原6省(区)资源利用结构的分析，找出消费结构的不足和消费结构调整的方向十分重要。

第11章　生态文明健商指数实证分析

2012年,党的十八大报告提出生态文明建设,强调生态文明与经济、社会、政治、文化的融合发展和“绿色化”进程,并在实践中不断丰富和深化生态文明建设的内涵。生态文明价值观包含建设资源节约和环境友好型国家、社会与个人三个层面:国家将创造绿色发展的氛围,营造生态文明建设的体制机制;人人、事事、时时崇尚生态文明的社会新风尚,是生态文明建设的坚实社会基础;提倡勤俭节约、绿色低碳、文明健康的生活方式和消费模式,是个人生态文明意识的体现(中国科学院可持续发展战略研究组,2015)。生态文明的价值观可从一定程度反映资源的利用情况。生态文明健商指数是结合“健商”概念提出的用于评价生态文明健康状况的指标,也是本书的创新点之一。

11.1　指标选取:生态文明健商指数

生态文明是指具有保持和改善生态系统服务,并能够为民众提供可持续福利的文明形态(赵景柱,2013),可从一定程度上反映资源的利用情况。本章选取生态文明健商指数,从生态文明观的视角对青藏高原地区的资源利用情况进行实证分析,具体计算了青藏高原地区2009—2013年的生态文明健商指数的数值,通过其数值的变化来判断青藏高原各地区资源利用情况的变化。

11.2　数据来源

生态文明健商指数指标体系需要的数据来源于2010—2014年中国统计年鉴和各省(区、市)的统计年鉴。由于西藏数据缺失较多,所以,本章只计算了青海、四川、云南、甘肃和新疆5省(区)的2009—2013年生态文明健商指数。

11.3　计算结果分析

11.3.1　青海

青海的生态文明健商指数在2009—2013年期间有所波动,整体上呈增长趋势(表11-1和图11-1)。2009年生态文明健商指数为−0.053,其中的资源节约程度为−0.103,生态文明认知程度为0.038,生态文明行为程度为0.007,生态文明制度建设程度为0.095,环境保护程度为−0.090。可以看出,由于资源节约程度负值较大,整体上的生态文明健商指数为负数。

表 11-1　青海生态文明健商指数

	2009 年	2010 年	2011 年	2012 年	2013 年
资源节约程度	－0.103	－0.079	－0.060	－0.053	－0.012
生态文明认知程度	0.038	0.032	0.015	0.022	0.023
生态文明行为程度	0.007	－0.009	－0.022	－0.047	－0.049
生态文明制度建设程度	0.095	－0.028	0.081	0.036	0.094
环境保护程度	－0.090	－0.114	－0.031	－0.055	－0.068
生态文明健商指数	－0.053	－0.198	－0.018	－0.097	－0.012

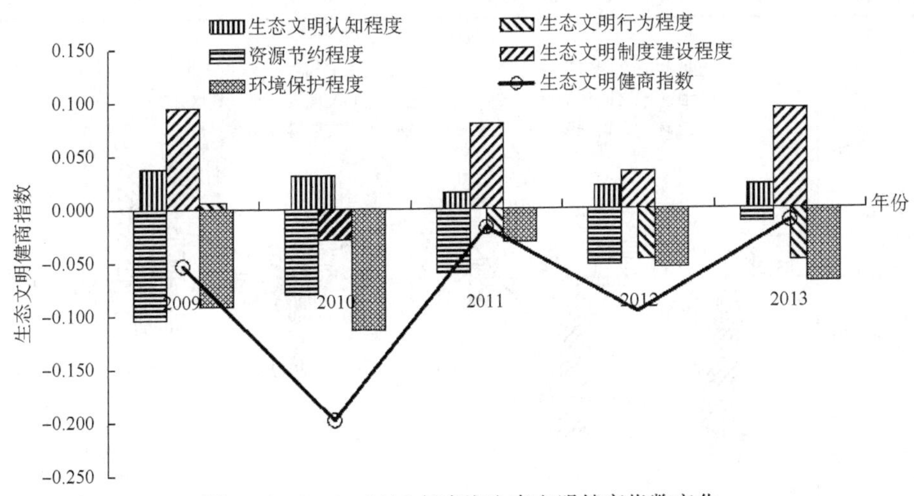

图 11-1　2009—2013 年青海生态文明健商指数变化

2013 年青海的生态文明健商指数有所提高，数值为－0.012。其中，资源节约程度为－0.012，生态文明认知程度为 0.023，生态文明行为程度为－0.049，生态文明制度建设程度为 0.094，环境保护程度为－0.068，相对比而言，虽然资源节约程度负值有所减少，但环境保护程度负值较大，整体上生态文明健商指数仍为负数。

2009—2013 年期间，资源节约程度为负数，并逐渐减少，说明资源节约程度逐步变好；生态文明认知程度一直为正数，但生态文明行为程度数值由正数转变为负数，说明生态文明行为方面有待加强；生态文明制度建设程度数值基本保持在正数，环境保护程度一直为负数。

由于青海的生态文明健商指数为负数，所以，青海的生态文明处于不健康状态。

11.3.2　四川

四川的生态文明健商指数在 2009—2013 年期间整体上呈增长趋势，由负值增长为正值(表 11-2 和图 11-2)。2009 年生态文明健商指数为－0.137，其中的资源节约程度为－0.152，生态文明认知程度为 0.033，生态文明行为程度为 0.005，生态文明制度建设程度为 0.022，环境保护程度为－0.045。可以看出，由于资源节约程度负值较大，整体上的生态文明健商指数为负数。

表 11-2 四川生态文明健商指数

	2009 年	2010 年	2011 年	2012 年	2013 年
资源节约程度	−0.152	−0.132	−0.005	−0.021	−0.010
生态文明认知程度	0.033	0.029	0.016	0.030	0.040
生态文明行为程度	0.005	−0.008	−0.021	−0.035	−0.043
生态文明制度建设程度	0.022	0.001	0.072	0.028	0.095
环境保护程度	−0.045	0.018	−0.002	0.005	−0.028
生态文明健商指数	−0.137	−0.092	0.059	0.006	0.054

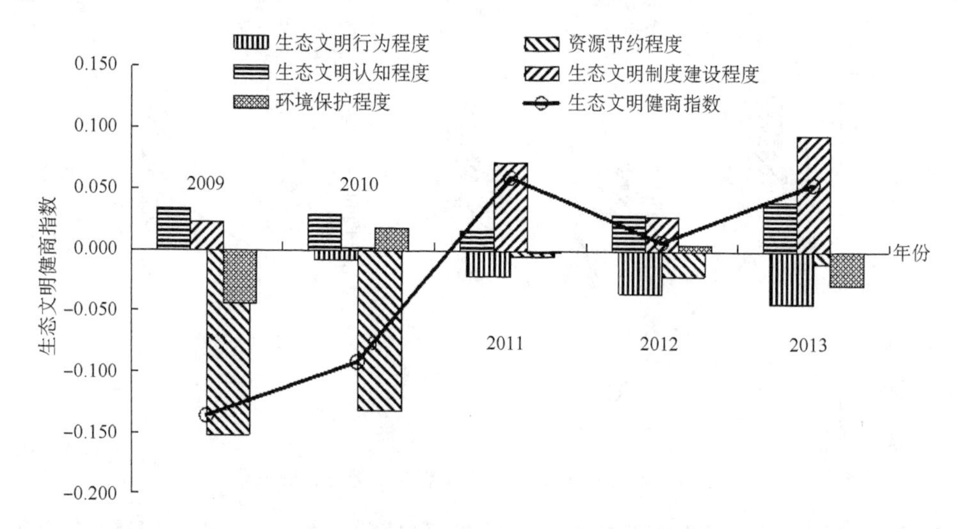

图 11-2 2009—2013 年四川生态文明健商指数变化

2013 年四川的生态文明健商指数增长为 0.054。其中，资源节约程度为−0.010，生态文明认知程度为 0.040，生态文明行为程度为−0.043，生态文明制度建设程度为 0.095，环境保护程度为−0.028。由于资源节约程度指数改变较多，增长较快，所以最终生态文明健商指数为正值。

2009—2013 年期间，资源节约程度为负数，并逐渐减少，说明资源节约程度逐步变好；生态文明认知程度一直为正数，但生态文明行为程度数值由正数转变为负数，说明生态文明行为方面有待加强；生态文明制度建设程度数值基本保持在正数，环境保护程度有所波动，但基本都是负数。

从 2011 年开始，四川的生态文明健商指数变为正数，但内部的 5 个指标不全为正，所以四川的生态文明状态是从不健康转变为亚健康状态。

11.3.3 云南

云南的生态文明健商指数在 2009—2013 年期间整体上呈增长趋势(表 11-3 和图11-3)。2009 年生态文明健商指数为−0.196，其中的资源节约程度为−0.186，生态文明认知程度为 0.014，生态文明行为程度为 0.005，生态文明制度建设程度为 0.003，环境保护程度为−0.033。可以看出，由于资源节约程度负值较大，整体上的生态文明健商指数为负数。

表 11-3　云南生态文明健商指数

	2009 年	2010 年	2011 年	2012 年	2013 年
资源节约程度	−0.186	−0.172	−0.043	−0.028	−0.038
生态文明认知程度	0.014	0.003	0.037	0.020	0.051
生态文明行为程度	0.005	−0.001	−0.014	−0.030	−0.045
生态文明制度建设程度	0.003	0.011	0.027	0.068	0.091
环境保护程度	−0.033	−0.032	−0.090	−0.101	−0.079
生态文明健商指数	−0.196	−0.191	−0.083	−0.071	−0.020

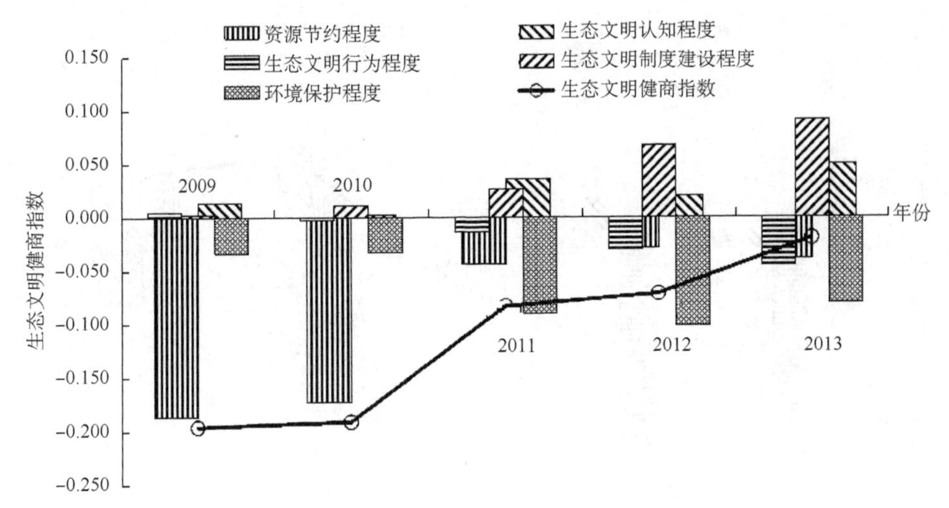

图 11-3　2009—2013 年云南生态文明健商指数变化

2013 年云南的生态文明健商指数增长为−0.020。其中，资源节约程度为−0.038，生态文明认知程度为 0.051，生态文明行为程度为−0.045，生态文明制度建设程度为 0.091，环境保护程度为−0.079，整体上生态文明健商指数仍为负值。

2009—2013 年期间，资源节约程度为负数，并逐渐减少，说明资源节约程度逐步变好；生态文明认知程度一直为正数，但生态文明行为程度数值由正数转变为负数，说明生态文明行为方面有待加强；生态文明制度建设程度数值基本保持在正数，环境保护程度基本都是负数。

由于云南的生态文明健商指数为负数，所以，云南的生态文明处于不健康状态。

11.3.4　甘肃

甘肃的生态文明健商指数在 2009—2013 年期间整体上呈增长趋势，由负数逐步转变为正数(表 11-4 和图 11-4)。2009 年生态文明健商指数为−0.082，其中的资源节约程度为−0.186，生态文明认知程度为 0.028，生态文明行为程度为 0.019，生态文明制度建设程度为 0.020，环境保护程度为 0.037。可以看出，由于资源节约程度负值较大，整体上的生态文明健商指数为负数。

表 11-4 甘肃生态文明健商指数

	2009 年	2010 年	2011 年	2012 年	2013 年
资源节约程度	－0.186	－0.157	－0.030	－0.010	0.008
生态文明认知程度	0.028	0.011	0.031	0.043	0.055
生态文明行为程度	0.019	0.003	－0.015	－0.032	－0.048
生态文明制度建设程度	0.020	0.040	0.001	0.087	0.059
环境保护程度	0.037	0.024	－0.016	－0.013	－0.015
生态文明健商指数	－0.082	－0.079	－0.028	0.074	0.060

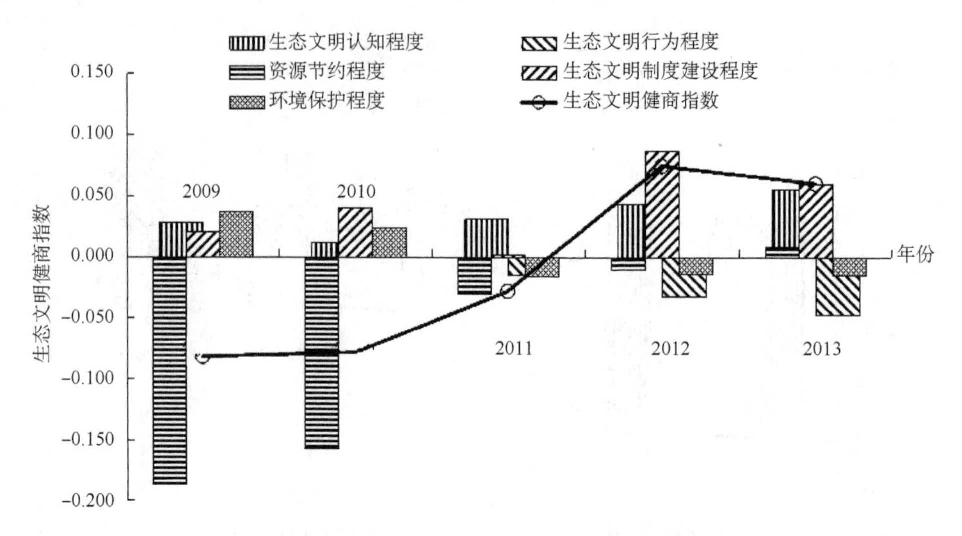

图 11-4 2009—2013 年甘肃生态文明健商指数变化

2013 年甘肃的生态文明健商指数增长为 0.060。其中，资源节约程度为 0.008，生态文明认知程度为 0.055，生态文明行为程度为－0.048，生态文明制度建设程度为 0.059，环境保护程度为－0.015。

2009—2013 年期间，资源节约程度由负数逐渐增长为正数，说明资源节约程度逐步变好；生态文明认知程度一直为正数，但生态文明行为程度数值由正数转变为负数，说明生态文明行为方面有待加强；生态文明制度建设程度数值基本保持在正数，环境保护程度由正数转变为负数，说明环境保护程度下降。

从 2012 年开始，甘肃的生态文明健商指数变为正数，但内部的 5 个指标不全为正，所以甘肃的生态文明状态是从不健康状态转变为亚健康状态。

11.3.5 新疆

新疆的生态文明健商指数在 2009—2013 年期间有所波动，整体上呈增长趋势(表 11-5 和图 11-5)。2009 年生态文明健商指数为－0.053，其中的资源节约程度为－0.158，生态文明认知程度为 0.034，生态文明行为程度为 0.012，生态文明制度建设程度为 0.050，环境保护程度为 0.008。可以看出，由于资源节约程度负值较大，整体上的生态文明健商指数为负数。

表 11-5　新疆生态文明健商指数

	2009 年	2010 年	2011 年	2012 年	2013 年
资源节约程度	−0.158	−0.108	−0.072	−0.083	−0.068
生态文明认知程度	0.034	0.009	0.022	0.038	0.052
生态文明行为程度	0.012	−0.004	−0.017	−0.037	−0.044
生态文明制度建设程度	0.050	0.004	0.023	0.001	0.088
环境保护程度	0.008	−0.003	−0.007	−0.029	−0.050
生态文明健商指数	−0.053	−0.101	−0.051	−0.111	−0.022

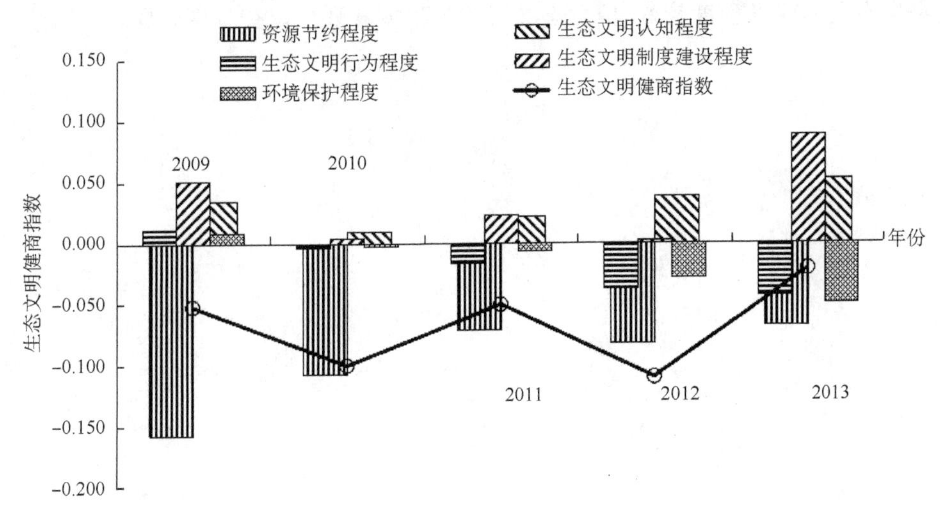

图 11-5　2009—2013 年新疆生态文明健商指数变化

2013 年新疆的生态文明健商指数增长为－0.022。其中，资源节约程度为－0.068，生态文明认知程度为 0.052，生态文明行为程度为－0.044，生态文明制度建设程度为 0.088，环境保护程度为－0.050，整体上生态文明健商指数为负数。

2009—2013 年期间，资源节约程度一直为负数，但负数逐渐减少，说明资源节约程度逐步变好；生态文明认知程度一直为正数，但生态文明行为程度数值由正数转变为负数，说明生态文明行为方面有待加强；生态文明制度建设程度数值基本保持在正数，环境保护程度由正数转变为负数，说明环境保护程度下降。

由于新疆的生态文明健商指数为负数，所以，新疆的生态文明处于不健康状态。

11.4　小结

本章以生态文明健商数来分析青藏高原地区的生态文明健康程度，得出以下结论：在 2009—2013 年间，5 省（区）的生态文明健康状况中，青海、云南、新疆处于生态文明不健康状态；四川和甘肃的生态文明状态从不健康状态转为亚健康状态。

11.4.1　生态文明不健康：青海、云南、新疆

此 3 省份生态文明不健康的原因相同点：资源节约程度低，生态文明认知程度和行为程度

低，并有下降趋势，环境保护的程度低。虽然生态文明制度建设方面较好，生态文明制度建设程度数值一直为正值，但人们的实际行为有待进一步加强。同时，整体上看，此3省（区）生态文明健康向着好的方向发展。

11.4.2 生态文明由不健康转变为亚健康：四川、甘肃

四川省生态文明健康情况好转主要是因为生态文明认知程度较好，生态文明制度建设较好，但资源利用程度、生态文明行为程度和环境保护程度较弱。

甘肃省在资源节约程度方面表现突出，资源节约程度数值由负值转变为正值，生态文明认知程度和生态文明建设程度较好，但生态文明行为程度和环境保护程度较弱。

第3篇 青藏高原地区特殊资源可持续利用分析

第 12 章　青藏高原高寒草地放牧生态系统可持续利用

青藏高原地理位置独特，是我国乃至世界的冷源、生态源、水源和生命之源，草地资源尤为丰富，不仅是当地畜牧业生产的基地，还是我国重要的生态环境屏障，具有十分重要的生态学意义。主要草地植被种类包括高寒草甸、高寒灌木、高寒草地和高寒荒漠，高寒草地面积居各种类型草地之首。

青藏高原高寒草地牧区畜牧业在发展方式上长期依赖天然草地的自然再生产和动物性初级畜产品的产出，农牧民增收主要依靠牲畜数量增长，这种生产方式过度消耗草地资源，其结果表现为高消耗、高风险、高土地密集，低产出、低效益、低附加值，因此难以摆脱“夏饱、秋肥、冬瘦、春死”的靠天养畜、粗放型的生产方式。因此，要转变青藏高原高寒草地放牧生态系统可持续发展经营方式，科学地利用和保护好现有草地，促使草地畜牧业由粗放式经营向集约式经营方向转变，实现青藏高原高寒草地畜牧业的可持续发展。

12.1　青藏高原高寒草地现状

青藏高原是我国天然高寒草地分布面积最大的一个区域，这里以畜牧业生产为主，天然高寒草地面积 1.28×10^8 hm^2(谢高地等，2003b)。青藏高原全区平均海拔在 4000～4500 m，草地总面积 1.38×10^8 hm^2，高寒草地占草地总面积的 94%，分布于青藏高原海拔 3000 m 以上的高寒草地可利用草场面积达 1.059 亿 hm^2，其中：西藏 0.57 亿 hm^2，青海 0.38 亿 hm^2，川西北 0.073 亿 hm^2，甘南 0.036 亿 hm^2，占全国北方草原区(2.2 亿 hm^2)可利用草地面积的 48.20%(石生光，2008)。胡自治(2000)根据青藏高原的水热条件、植被、地形、地域等生态经济特征，将青藏高原高寒草地分为 5 个亚区：藏西北高原高寒草原、高寒荒漠亚区；藏西南山原湖盆温性草原、高寒草原亚区；祁连山山地、环湖盆地温性草原、高寒草原、高寒草甸亚区；青藏高原东部高原山地高寒草甸亚区和喜马拉雅山南翼高山峡谷暖性灌草丛、山地草甸亚区。其中，第四个青藏高原东部高原山地高寒草甸亚区的草地面积最大，为 4991.8×10^4 m^2，理论载畜量也最大，为 4610.1×10^4 羊单位，是青藏高原上最关键的一个亚区。

目前，青藏高原草地畜牧业推行草地承包到户责任制，牧业生产趋于以单个牧户为主体。尽管草地承包到户有利于明确草地资源的使用权，避免公地悲剧的发生，但可能对各种产业的规模化生产、社区成员的交流学习、传统民族文化的传承、草地生态系统内其他组分的繁衍(如野生动物)带来负面影响。

12.1.1　草地退化严重

20 世纪末，青藏高原的草地退化已经成为一个特别的生态环境危机。高寒草地的退化是一个连续的过程。它的顺序如下：未退化草地—轻度退化草地—中度退化草地—重度退化草地(周华坤等,2003)。王一博等(2005)认为草场退化主要表现在草场植物类型的结构变化、物质生产能力下降、生态功能的衰退、生物个体特征的改变等方面。王根绪等(2001)的研究表明,高寒草甸草原和高寒草甸草地面积减少速度在20世纪70年代和80年代,分别为2.26%和3.74%,在80年代和90年代其减少速度递增为6.64%和25.21%。其中,“黑土滩”型草地退化最为突出。“黑土滩”型退化草地是在寒冷、半湿润和湿润条件下发育形成的高寒草甸类草地,由于鼠类活动、过牧和土壤冻融等影响,使原有的草地植被遭到破坏以后裸露,从而呈现出高寒草甸上特有的大面积黑色裸地的景观。

据调查,仅位于青藏高原主体部位的西藏高原,退化草地面积为325 310 km^2,占牧草面积的42.88%,其中,轻度、中度、重度退化面积分别为214 575 km^2、81 978 km^2、28 757 km^2,分别占牧草面积的25.87%、9.89%、3.47%(邵伟等,2008)。

12.1.2 草原鼠害频发

近年来,随着经济的发展和人口的增加,草地载畜量急剧上升,超强度利用冷季牧场,牛羊无休止地反复啃食,优良牧草得不到生息繁衍的机会,逐渐退化消失。同时,家畜不食的毒杂草滋生蔓延,使草地生产力下降。加上人类捕杀野生动物等活动,使植物—鼠—鹰和植物—鼠—狐—狼等食物链中本来为数不多的次级和高级消费者的数量及活动范围大大减少,生态系统失衡,这些都给鼠类的迁入、生存和繁衍提供了良好的环境。

近年来,青藏高原鼠患严重的面积达数百万平方千米之多,已成为我国鼠害最严重的地区之一。由于鼠害连年大面积发生,加剧了草地退化、水土流失和风蚀作用,农牧业生产损失严重,生态环境急剧恶化。平均海拔4200 m以上的四川省甘孜州石渠县,因黑唇鼠兔造成的草地受害面积达到143.13万hm^2,占全县草地总面积的2/3以上(郭永旺等,2009)。

随着人口的持续增长和人们生计需求的不断提高,过度或不合理的草地利用方式所导致的天然草地退化,生物多样性减少,草地生态服务功能减弱,生产力下降,牲畜品种退化,生产性能降低,牧民增收缓慢等问题日益突出,给青藏高原的草地生态环境健康、草地畜牧业可持续发展和藏区社会稳定带来了巨大的压力。

12.2 青藏高原高寒草地放牧生态系统

高寒草地生态系统是当地牧民群众生存和经济发展的基础,是国家生态安全的重要保障,具有水土保持、水源涵养、防止风沙、净化空气的作用,具有生物多样性维持功能,是地球上独特的基因库(苏才旦等,2009)。青藏高原的高寒草地是世界上最著名的放牧生态系统和最大的草地系统之一,大约有1.3亿公顷的牧场和7000万的家畜(贺有龙等,2008)。

12.2.1 概述

植物—食草动物生态系统可称为放牧生态系统,是人类出于自己的生存利益,对自然生态系统加以改造和调控而形成的复合系统。它有两个基本类型,即相互作用的放牧生态系统和非相互作用的放牧生态系统。相互作用的放牧生态系统,指食草动物的食草作用,会对其所吃的植物的生物量和增长率产生影响的生态系统。非相互作用的放牧生态系统是指食草动物的牧食不影响植物的生产力。绝大多数放牧生态系统属于前一类型。

从营养结构上讲，放牧生态系统有四个主要组成部分：非生物环境（无机物、有机物、气候或其他物理条件等）、生产者（各种牧草）、消费者（家畜、野生食草动物）、分解者（细菌和真菌）。放牧生态系统结构的一般性模型如图 12-1 所示。

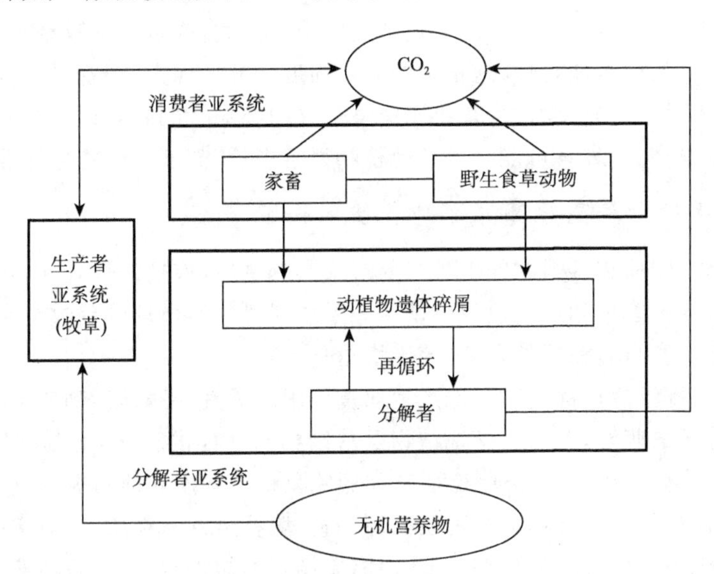

图 12-1　放牧生态系统结构的一般性模型（粗线包围的三个大方块表示三个亚系统，连线和箭头表示系统成分间物质传递的主要途径；有机物质库以方块表示，无机物质库以椭圆表示）

12.2.2　放牧对青藏高原高寒草地的影响

在青藏高原的放牧生态系统中，草畜平衡是核心，放牧强度和频率直接影响草地植物群落结构和植物多样性，进而影响家畜生产力、草地恢复力和稳定性。阐述放牧强度对青藏高原高寒草地放牧生态系统中植被和土壤的影响，对青藏高原高寒草地生态系统的稳定、高寒草地畜牧业的可持续发展具有重大的意义。研究草地植被的生长变化，是优化草地生态系统、维持草地生态系统平衡的基础，以草地生态系统最优模型为科学管理的依据，才能使草地既满足最大的经济效益又实现草地的生态功效，实现草地畜牧业的可持续发展（赵俊权，2007）。

12.2.2.1　放牧对青藏高原高寒草地植被的影响

放牧是一种典型的人为干预，它不仅改变青藏高原高寒草地的形态特征，也会改变草地的生产力、物种的结构和物种的多样性。同时放牧会直接影响草地的景观、养分和物质的循环以及草地的演替方式。由于全年有 6～7 个月处于负温状态，青藏高原高寒草地的植物群落主要是在寒冷中生长的多年生草本植物为优势种构成的。牧草的生长季短，产草量低，净第一生产力为 200～500 $g/(m^2 \cdot a)$（王宝山等，2007），因此过高的放牧强度容易造成“黑土滩”退化草地，而且一旦破坏较难恢复。

放牧是一种高度复杂的干扰方式，它对植物群落既有积极的作用，也有消极的影响（McIntyre et al，1999）。高寒草地植被对放牧有一定的耐受性，轻度放牧有利于刺激可食性牧草的生长，增加其在群落中的比例，在群落中占主导地位。中等程度的放牧使群落资源的复杂度和丰富度增加，增强草地植物群落的稳定性。

一方面，草地在合理的载畜量时，家畜采食牧草能够刺激植物单位叶面积光合率的提高，植物利用补偿作用，使储存于各组织和器官中的碳水化合物得到补偿。同时，在进化过程中，植物发展了防卫机制，食草动物亦随之产生有关的适应性，即植物与食草动物产生协同进化作用；另一方面，重度放牧条件下，当草地超过了它的载畜量时，家畜采食牧草会抑制草地植物的生长，因为随着家畜数量增加，对草地植被的采食强度和频率加大，干扰过于剧烈，减少了有机质向土壤中的输入，植物的补偿性生长小于家畜采食的部分。同时，过度放牧改变了植物的竞争格局，增加了竞争排除，最终可能导致草地植物群落产量、高度和生物多样性的降低。

12.2.2.2 放牧对青藏高原高寒草地土壤的影响

放牧通过采食、践踏和排泄物等3种主要形式影响草地(侯扶江等,2004)。适度放牧对土壤系统有积极的影响，但长期过度放牧会使生态系统崩溃。不合理的放牧会导致土壤紧实，持水量减少，影响土壤腐殖质和氮的积累，使土壤退化。

动物的践踏和排泄活动都会对草地产生双重作用。适宜的践踏活动使土壤的渗透性和通气性提高，加快种子的萌发，有利于草地植物群落结构与功能的稳定，但高强度的践踏活动会增加土壤紧实度，降低其渗透性和通气性，从而影响草地的物质和能量循环，引起草地的退化；一定数量的家畜排泄物可参与草地的物质循环，向土壤补给营养物质，但过多的家畜粪便超出高寒草地生态系统中的分解者的分解能力，使物质循环不能正常运行，破坏草地的植被结构和土壤结构的动态平衡，导致草地的退化。另外，由于青藏高原高寒草地土壤中的微生物因地处高寒地区，分解和转化养分速率较慢，对高寒草地的物质和能量循环的影响更大，动物的践踏和排泄活动对青藏高原高寒草地产生的负面作用会更强烈。

12.3 放牧生态系统与青藏高原高寒草地可持续利用关系研究

放牧生态系统是人类出于自己的生存利益，对自然生态系统加以改造和调控而形成的社会与经济复合系统。传统藏区放牧生态系统有其独特之处，它虽是在自然生态系统基础上发展起来的人工生态系统，但是它的活动基本都依赖于自然环境，对自然生态系统的控制和调整程度并不明显。牧民虽然对生态系统内部生物种类和数量进行调控，但会尽量保持其原有的种类，在自己的放牧范围内不侵扰野生食草动物的活动，使野生动物与家畜共用一块草地(付伟等,2013d)。

12.3.1 放牧生态系统草地可持续利用内涵

草地利用，是指人类为了一定的目标，通过一定的行为，对草地进行开发和经营，从而满足自身需要的过程(丁勇,2008)。草地可持续利用的本质是在不同尺度及不同等级层次上经济发展和生态保护等相互冲突目标之间的权衡与取舍。草地可持续利用具有发展性、可持续性、公平性和综合性等特点。这种可持续性强调，在时间尺度上，当代人的需要不能够危害和削弱后代人满足他们对草地资源系统及其产品或对社会的服务需求能力(丁勇,2008)。因此，草地可持续利用就是在特定区域内，草地资源的生产能力和再生能力维持稳定的发展，达到社会、经济和生态的最佳综合效益(刘黎明等,2001)。放牧生态系统的草地可持续利用是维持草畜平衡，使草地畜牧业从单一经济目标向社会、经济、文化、生态综合功能目标转变，构建更具发展潜力和可持续的青藏高原牧区草地畜牧业生产系统。

12.3.2　放牧生态系统的“结构—需求—供给”

青藏高原高寒草地放牧生态系统与草地的可持续利用息息相关。从生态学的角度分析放牧生态系统的结构，从经济学的角度来分析放牧生态系统的需求与供给，最后形成放牧生态系统“结构—需求—供给”链条，分析其与青藏高原高寒草地可持续利用的关系。

“结构”代表青藏高原高寒草地生态系统中的“植被特征”，即不同植物种类组成的生物系统，用植物群落类型和特征来描述。良好的青藏高原高寒草地放牧生态系统结构是实现青藏高原高寒草地可持续利用的基础。“结构”决定了青藏高原高寒草地生态系统的生产力，而生产力又决定着“供给”。对于放牧生态系统来说，植物群落通过提供第一性生产和生态环境效益分别满足畜牧业的生产需求和整个社会的生态环境需求。在这 1.059 亿 hm^2 的高寒草地上，每年生产近 2 亿 t 的可食牧草，由 1300 万头牦牛、5000 万只绵羊和其他一些草食家畜转化成近 30 万 t 牛、羊肉，2 万 t 羊毛和近 40 万 t 的鲜奶及奶制品（石生光，2008）。同时，“需求”与“供给”两者不可分离。作为青藏高原高寒草地放牧生态系统，其最主要的需求是提供第一性物质生产以满足牧民生产和生活的基本物质需求。

12.3.2.1　满足牧民的需求是前提

满足青藏高原高寒草地放牧生态系统中牧民的基本生活需求，是维系青藏高原高寒草地可持续利用的前提条件。由于青藏高原高寒草地相对严酷的自然条件和相对简单的放牧生态系统的经营利用方式，以经营畜牧业为主，通过草地→牲畜→市场几个主要环节，最终以货币等形式来满足牧民的生活、生产需求和发展。所以，保持一定的牲畜数量并维系青藏高原高寒草地生态系统的第一性生产力是其重要内容。

12.3.2.2　实现合理的草畜平衡载畜量是关键

随着人们日益增长的物质需求，青藏高原高寒草地过度放牧，超载现象严重，尤其是西藏地区。要实现青藏高原高寒草地的可持续利用必须实现合理的草地载畜量，达到草畜平衡。2011 年西藏自治区建立的“草原生态保护补助奖励机制”中，根据其当前产草量和其他途径等获得的可利用饲草饲料总量，综合考虑牧民正常生活需要等其他因素核定载畜量，作为草畜平衡载畜量（表 12-1）。建立合理的草畜平衡载畜量和减畜量至关重要，它是指导今后 3～5 年畜牧业发展的基础和依据。

表 12-1　西藏各地区载畜量　（单位：10^4 羊单位）

		2010 年末实际载畜量	计划实现平衡载畜量	需减畜量
西藏		4599.14	3484.48	1114.66
其中：	拉萨市	457.45	331.94	125.51
	日喀则地区	865.95	742.89	123.06
	山南地区	359.79	307.43	52.36
林芝地区		263.8	215.14	48.66
昌都地区		999.13	747.67	251.46
那曲地区		1306.36	889.21	417.15
阿里地区		346.66	250.20	96.46

12.4 青藏高原高寒草地放牧生态系统可持续利用的对策

根据青藏高原高寒草地的生态环境特点、资源潜力和社会需要，对其放牧生态系统可持续发展提出如下建议。

12.4.1 合理放牧，优化放牧生态系统草地群落结构

放牧强度是放牧管理的中心环节，因此合理放牧是决定放牧生态系统草地群落结构的关键。合理放牧是指在牧草全生育期内，在时间和空间上合理安排使用不同类型草场，有计划地放牧。既能充分利用生育期的光、热、水资源，使其具有最大的生产率，又能延长草地利用年限，保护草地资源，发挥高寒草地潜在的饲用价值。合理放牧包括确定合理的放牧率以及在时间、空间上对不同类型草地的合理利用等，可利用季节的不同有针对性地分配载畜量。蔚俊等(2007)将甘南藏族自治州草地分为冷季放牧场、暖季放牧场和全年放牧场，并针对不同的牧场进行载畜量的分析，得出暖季放牧场一般较冷季牧场退化轻，而全年放牧场不分季节利用，重复利用次数多，超载过牧现象严重。草地季节利用不平衡会引起草地资源的浪费，赵英伟等(2003)通过对西藏高寒草地资源的分析认为西藏草地季节利用不平衡，除喜马拉雅山南麓的草地外，西藏中低海拔的冷季草地不足，利用过度；而高海拔暖季草地较宽裕，利用不充分。

同时，要做到放牧时期正确、放牧强度适宜和划区轮牧，还要结合一定的禁牧和休牧措施，减少冬春放牧地的压力，只有这样才能发挥草地资源的最大效能，实现放牧草地的优化控制，防止过度放牧导致的草场退化，加快当地畜牧业的发展。

12.4.2 探索社区参与式的草地联户经营模式

青藏高原草地畜牧业推行草地承包到户责任制，牧业生产趋于以单个牧户为主体。尽管草地承包到户责任制有利于明确草地资源的使用权，避免“公地悲剧”，但随着市场经济的不断发展，传统分散的经营方式缺乏畜产品初级生产和深加工的条件，无法实现规模效益，不能满足市场发展的需求。同时也会对牧区畜牧业的规模化生产、社区成员的交流学习、传统藏族文化的传承等带来负面影响。因此，在草地承包到户、家庭式经营的基础上，必须对现有草地管理模式进行创新研究。

联户经营模式是指在草场承包责任制推进过程中，联户体内的牧民通过自发联合实现的以社会为基础的草场资源共管模式(韦惠兰等，2010)。联户经营介于集体经营和家庭经营之间，其内部具有自身的内生制度，这些内生制度使得联合体内的成员可共同使用集体内部的草地资源，保证草地的合理利用，实现联户体内部的利益共享与风险共担。这也是社区参与式管理的一种具体表现形式，即一个联户体就是一个小社区，多个小社区就组成了一个大社区。

青藏高原社区参与式的草地联户经营可以根据当地的风俗习惯、草场资源的分布和气候特征等条件合理地选择草场使用方式，不仅可以使分散的管理变得相对集中，还有利于社区牧民广泛地参与社区资源管理工作，提高社区牧民利用与管理草地资源的能力。

第 13 章　青藏高原高寒草地生态补偿机制研究

现代生态文明观强调人类经济社会的发展不以损害自然的生产力、平衡力为限度，在满足人类物质需求、精神需求和生态需求的同时，实现人与自然的互利共存、协调发展（李清源，2008）。在全球进入生态文明的时代，青藏高原的发展，不能再走以破坏环境、掠夺资源为代价的工业化老路。随着可持续发展理念的深入人心以及人与自然和谐发展的必然趋势，生态补偿已经成为调整生态环境利用、保护利益相关方关系和维护生态系统服务的主要手段。20 世纪 80 年代以来，国内外学者就对生态补偿进行了积极的探索和研究。

生态补偿政策是生态保护长效机制的重要支撑，《青藏高原区域生态建设与环境保护规划（2011—2030 年）》从多个角度设计了生态补偿政策：一是加大中央财政转移支付力度；二是建立健全重点领域的生态补偿，如在草地保护方面，将基于草地生态保护补偿试点，逐步扩大补偿范围和提高补偿标准；三是中央安排的生态建设与环境保护的公益性项目，取消部分州县两级配套资金，通过项目形式对生态保护的成本进行补偿；四是扶持后续产业发展（环境保护部规划财务司，2011）。本章针对青藏高原高寒草地的生态补偿机制进行研究，以期对青藏高原生态保护政策的制定提供参考。

13.1　生态补偿理论

13.1.1　生态补偿内涵

生态补偿（ecological compensation）最早源于德国 1976 年实施的 Engriffs regelung 政策。国际上对“生态补偿”比较通用的名称是“生态服务费”（PES）或“生态服务补偿”（CES），其实质是由于土地使用者往往不能因为提供各种生态环境服务而得到补偿，因此对提供这些服务缺乏积极性，通过对提供生态服务的土地使用者支付费用，可以激励保护生态环境的行为。

在中国最早的生态补偿概念是在 1987 年由张诚谦提出的。生态补偿就是从利用资源所得到的经济收益中提取一部分资金，以物质和能力的方式归还生态系统，以维持生态系统物质、能量的输入、输出的动态平衡。这主要是从生态意义的角度出发阐述的（张诚谦，1987）。

随后对生态补偿概念的认识进入到社会经济意义的层面。中国生态补偿机制与政策研究课题组认为，生态补偿（eco-compensation）是以保护和可持续利用生态系统服务为目的，以经济手段为主要方式，调节相关者利益关系的制度安排。并对生态补偿进行了广义和狭义的区分。广义的生态补偿既包括对保护生态系统和自然资源所获得效益的奖励或破坏生态系统和自然资源所造成损失的赔偿，也包括对造成环境污染者的收费。狭义的生态补偿主要是指前者(中国生态补偿机制与政策研究课题组,2007)。

通过国内外的研究分析可以看出,生态补偿是一种通过外部效应内部化,调整生态环境利用、保护和建设中相关方的利益关系,实现生态资源可持续利用的一种手段或制度安排。生态补偿分为三个层次:第一,生态补偿是生态环境的外部性内部化的一种手段,通过生态补偿控制由于资源开发造成生态环境破坏的外部成本,体现了生态环境保护的外部效应;第二,生态补偿是一种促进生态环境保护的经济手段,优化社会经济活动和资源配置;第三,生态补偿是一种区域协调发展制度,依据生态环境的外部性和区域性特征建立区域生态补偿机制,提高生态环境的保护效率,促进区域的协调发展。

13.1.2　生态补偿原理

依据"破坏者付费、使用者付费、受益者付费、保护者得到补偿"的原则,生态补偿的主体根据利益相关者在特定保护生态事件中的责任和地位加以确定。

13.1.2.1　生态补偿的生态学原理

对自然资源环境利用的不可逆性是建立生态补偿机制的生态学基础。人类社会的生存和发展,特别是经济活动与自然资源环境从来都是密切联系的。人类的经济再生产活动一方面不断地从自然界获取生产所需的自然资源,另一方面又将产生的废物排入环境损害环境资源。从人类社会几乎无限增长的需求看,自然资源环境—社会系统的物质能量的交换表现为不可逆,它从本质上规定了资源的"单流向"特征,自然资源环境作为供体总是被消耗(李金昌等,1990)。

生态补偿是基于生态系统服务价值的基础提出的,生态系统最早是由英国植物生态学家A. G. Tansley于1936年提出的,它是生态学的功能单位。根据界面生态学理论(任继周等,2000),可将青藏高原草业系统视为由3个界面键合而成的复合生态系统。3个界面即:草丛—地境界面、草地—动物界面、草畜—经营管理界面。界面通过能量的积累和交换,实现生态系统的平衡。

生态系统服务(ecosystem services)的概念最早由J. Holdren et al.(1974)提出。生态系统服务(ecosystem services)就是由自然生态系统的生境、物种、生物学状态、性质和生态过程所产生的物质和维持的良好生活环境对人类提供的直接福利(Costanza et al.,1997)。2003年,在由联合国和相关机构发起和赞助的国际合作项目"千年生态系统评估"中,将生态系统服务定义为人类从生态系统中获得的各种收益。

1997年,由Gretch Daily等人编著的《生态系统服务功能》一书,不仅系统阐述了生态系统服务功能的内容与评价方法,同时还分析了不同地区森林、湿地等生态系统服务功能价值评价的近20个实例(中国21世纪议程管理中心,2009)。欧阳志云等(1999)提出生态系统服务功能是指生态系统与生态过程所形成及所维持的人类赖以生存的自然环境条件和效用。Costanza R.等人将全球生态系统服务划分为17类,包括大气调节、气候调节、干扰调节、水调节、水供给、侵蚀控制和保持沉积物、土壤形成、养分循环、废物处理、传粉、生物防治、避难所、食物生产、原材料、基因资源、休闲娱乐、文化等,见表13-1。

表 13-1　生态系统服务

生态系统服务	内容
1. 大气调节	大气化学成分调节
2. 气候调节	全球温度、降水及其他由生物媒介的全球及地区性气候调节
3. 干扰调节	生态系统对环境波动的容量、衰减和综合反映
4. 水调节	水文流动调节
5. 水供给	水的储存和保持
6. 控制侵蚀和保持沉积物	生态系统内的土壤保持
7. 土壤形成	土壤形成过程
8. 养分循环	养分的储存、内循环和获取
9. 废物处理	易流失养分的再获取，过多或外来养分、化合物的去除或降解
10. 传粉	有花植物配子的运动
11. 生物防治	生物种群的营养动力学控制
12. 避难所	为常居和迁徙种群提供生境
13. 食物生产	总初级生产中可用为食物的部分
14. 原材料	总初级生产中可用为原材料的部分
15. 基因资源	独一无二的生物材料和产品的来源
16. 休闲娱乐	提供休闲旅游活动机会
17. 文化	提供非商业性用途的机会

生态系统服务价值的内涵源于对生物多样性的研究。其主要包括使用价值和非使用价值，根据中国21世纪议程管理中心(2009)的研究，生态系统服务价值构成如图13-1所示。

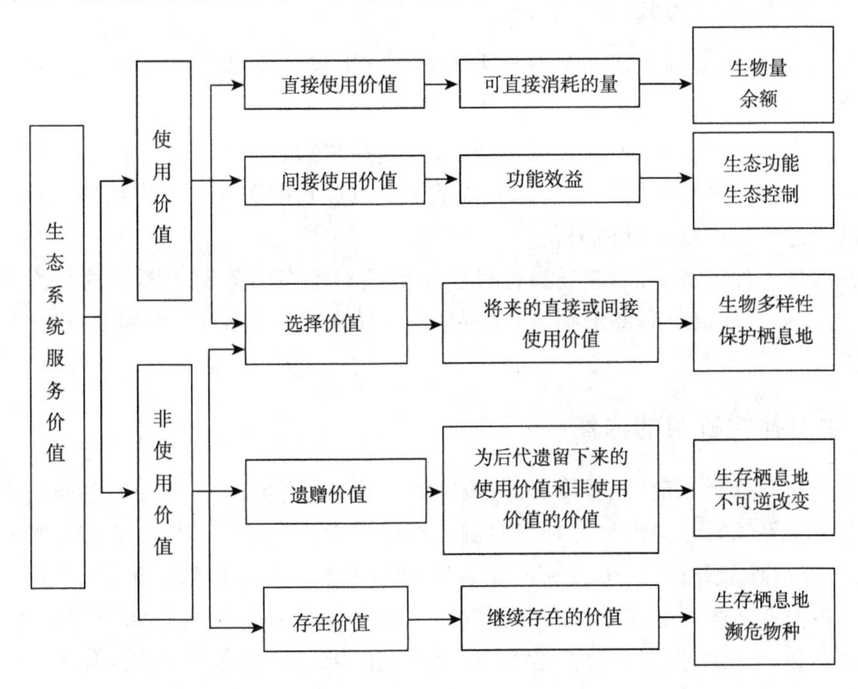

图13-1　生态系统服务价值

1997 年 Costanza R. 等对全球主要类型生态系统服务价值进行了评估，得出全球陆地生态系统服务功能价值为每年 33 万亿美元，相比之下，全球 GNP 的年总量为 18 万亿美元，即全球生态系统服务总价值大约为全球 GNP 的 1.8 倍。表 13-2 是 Roush 简化后的数据(孙儒泳，2001)。

表 13-2 全球生态系统服务的价值

生态系统	面积/百万 hm^2	价值/(美元/hm^2/a)	全球价值/(万亿美元/a)
海洋	33 200	252	8.4
近海水域	3102	4052	12.6
热带森林	1900	2007	3.8
其他森林	2955	302	0.9
草地	3898	232	0.9
湿地	330	14 785	4.9
湖泊、河流	200	8498	1.9
农田	1400	92	0.1
全球总价值＝33.3 万亿美元			

面对自然环境的日趋恶化，人们在生态恢复、生态保护决策确定前，迫切需要知道，我们付出多大的代价才能维持和促进生态系统向着良性循环的方向发展。将生态系统服务的经济价值融入市场经济的运行中去，可以明确环境资源的价值，也就可以采取相关措施来有效地解决环境资源的质量和数量。

13.1.2.2 生态补偿的经济学原理

当个人、企业或组织的生产和消费行为影响到别人或其他群体的福利，而且这种影响未能通过市场价格进行补偿时，经济行为便产生了外部性。

生态系统属于自然资本，不仅具有生产功能，提高食物、纤维、药材、遗传资源等，而且还具有调节、栖息及信息功能，提供作为生命支持系统不可或缺的服务。生态系统提供的部分资源和服务可以通过界定产权实行内部化。

生态补偿是一种经济手段，它通过向过度使用或对生态服务利用不当的行为采取收费的方式，减少对社会其他成员利益的损害，实现生态系统服务的内部化(中国 21 世纪议程管理中心，2009)。

13.1.3 生态补偿机制的内涵

根据生态补偿机制的定位、性质、外延及原则的不同，不同的学者对生态补偿机制有不同的理解。李文华等(2010)提出生态补偿机制是指以保护生态环境和促进人与自然和谐发展为目的，根据生态系统服务价值、生态保护成本和发展机会成本运用政府和市场手段进行调节生态保护利益相关者之间利益关系的公共制度。生态补偿机制至少具有四个层面的含义，包括对生态环境本身的补偿、生态环境补偿费、对个人或区域保护生态环境或因保护生态环境而放弃发展机会的行为予以补偿、对具有重大生态价值的区域或对象进行保护性投入等。其范围包括重要类型(如森林)和重要区域(如西部)的生态补偿(国家环保总局环境规划院，2005)。

生态补偿机制是一种为改善、维护和恢复生态系统功能，调节相关利益者保护或破坏生态环境活动产生的环境利益及其经济利益分配关系，以内化相关活动产生的外部成本为原则的，具有经济激励特征的制度。生态补偿机制还是一种有效保护生态环境的环境经济手段，有利于促进社会和谐发展，具有重要的战略地位。

13.1.4 生态补偿标准核算方法

生态补偿核算的基础是生态系统服务功能的评估。生态系统服务功能的经济价值评估方法可分为两类：一是替代市场技术法，它以“影子价格”和消费者剩余来表达生态系统服务功能的经济价值，评价方法有费用支出法、市场价值法、机会成本法、旅行费用法和享乐价格法等；二是模拟市场技术法，它以支付意愿和净支付意愿法来表达生态系统服务功能的经济价值，其评价方法是条件价值法(刘青，2007)。以此为基础，综合国内外的研究成果，目前的生态补偿标准核算方法主要有以下几种。

13.1.4.1 费用支出法

费用支出法是以在生态环境保护中所支付的成本费用来测算其生态价值，如保护区民众生产生活补助、生态保护规划投入、治污截留工程、造林绿化投入、保护区学生补助、医疗补助、生态移民安置费用等(江中文，2008)。计算公式为

$$P = \sum C \tag{13-1}$$

$$C = C_1 + C_2 + C_3 + C_4 + \cdots + C_n \tag{13-2}$$

式中，P 为补偿额；C_1、C_2，…，C_n 为对生态保护建设所产生的费用。

13.1.4.2 机会成本法

机会成本是指在其他条件相同时，把一定的资源用于生产某种产品时所放弃的生产另一种产品的价值。由于自然资源具有稀缺性，其价格不是由其平均机会成本决定的，而是由边际机会成本决定，它在理论上反映了收获或使用一单位自然和生态资源时全社会付出的代价。此方法常用在流域生态补偿的计算上，李怀恩等(2009)利用参照县市居民的人均可支配收入与水源地人均可支配收入进行对比，估算机会成本，并以此作为补偿的参考依据。

13.1.4.3 条件价值评估法

条件价值评估法属于模拟市场技术方法，它的核心是直接调查咨询人们对生态系统服务功能的支付意愿，并以支付意愿和净支付意愿来表达生态系统服务功能的经济价值。条件价值法适用于缺乏实际市场和替代市场交换商品的价值评估，是“公共商品”价值评估的一种特有的重要方法，它能评价各种生态系统服务功能的经济价值，包括直接利用价值、间接利用价值、存在价值和选择价值(刘青，2007)。陈琳等(2006)将条件价值评估法(contingent valuation method，CVM)定义为通过问卷调查的形式，引导资源使用者表达出对于环境改善的最大支付意愿(willingness to pay，WTP)的量化值，或资源保护区者对其付出愿意获得的最小补偿意愿(willingness to accept，WTA)的量化值。

13.2 草地生态补偿概述

草地生态补偿是生态系统服务补偿的一种，补偿方式一般包括国家(公共)财政转移支付、

生态补偿基金、市场交易和企业与个人参与等。草地生态补偿政策以纵向财政转移支付和生态建设、保护投资政策为主，以给予当地政府和牧民相应的税收优惠、扶贫和发展援助政策为辅。

13.2.1 草地生态补偿的内涵

目前我国对草地生态补偿机制的研究还处于探索阶段。所谓草地生态补偿，即指草地使用人或受益人在合法利用草地资源过程中，对草地资源的所有权人或为草地生态环境保护付出代价者支付相应的费用，其目的是支持和鼓励草地地区更多承担保护草地生态环境责任，而不是过高发展经济责任(马莉等,2009)。

13.2.2 草地生态补偿的特殊性

草地生态补偿机制的设计涉及资源与环境科学、生态学、管理学和经济学等多学科领域，这就决定了草地生态补偿机制设计的复杂性。

13.2.2.1 牧民身份的双重性

当草地的退化是由过度放牧引起时，牧民既是草地的破坏者又是草地的受害者。如果不改变对草地的这种掠夺式利用方式，补偿不仅不能起到保护草地生态环境的作用，而且可能招致牧民扩大牲畜的规模，造成更大的草地生态破坏。

13.2.2.2 草地生态系统的独特性

草地生态补偿要以维持草地生态系统的可持续利用为原则，草地生态补偿机制的构建应充分考虑牧区和牧民在经济社会领域所处的弱势地位，努力创造“造血”补偿的条件，而不仅仅进行“输血”型的补偿。所以，在确定补偿主体、补偿范围、补偿标准及补偿方式方面应考虑草地生态系统的独特性和草地牧区涉及面的广泛性。

13.3 青藏高原高寒草地生态恢复措施

13.3.1 推行“草畜平衡”制度

草畜平衡，就是根据草地类型和草地单位面积产草量来确定草场载畜量的制度。实行“草畜平衡”制度，是防止草地过度放牧，有效保护高寒草地的措施之一。根据草地不同地区的不同类型分别规定草地最高载畜量，签订草畜平衡责任书，严格落实奖惩制度。同时，加强对草地的监管，注重饲草与家畜发展比例之间的平衡关系，根据季节变化等不同情况，及时调整载畜量的标准。

13.3.2 推广“三牧”政策

“三牧”即禁牧、休牧和轮牧。“禁牧”就是对生态环境极度恶化、植被被严重破坏、再生能力极其脆弱的地区，实行彻底地禁牧封育，给草地以休养生息的机会，使植被自然恢复；“休牧”就是在每年牧草发芽生长的春季，对家畜实行圈养40～60天，避免返青的牧草幼芽被啃食，从而提高草地生产力；“轮牧”是在生态条件和植被条件较好的地区，适应一定时间段内的牧草生长和合理采食的需要，根据水源等条件将草地划分为若干个小区，轮流放牧，从而防止由于连续啃食破坏草地的恢复力，实现草地的可持续利用。

13.4　青藏高原高寒草地生态补偿流程

青藏高原高寒草地生态补偿是一项复杂的系统工程，涉及经济、自然、社会、政策、法律和管理等方面的内容。在生态补偿政策的实施过程中，往往由于政策制定流程的不完善和运行机制的不明晰而导致生态补偿失败。因此，青藏高原高寒草地生态补偿机制的建立必须充分地考虑青藏高原高寒草地的独特性、现实情况和青藏高原高寒草地在生态屏障建设和区域经济发展中的地位与作用，在进行综合监测评估与生态补偿效益评估后，确定草原生态补偿的规模，明确补偿主体、补偿客体、补偿范围（类型、退化程度、功能区）、补偿标准、补偿方式（货币、物资）和补偿周期（草原恢复状态）等，形成一个科学有效的草原生态补偿运行体系（图13-2）。

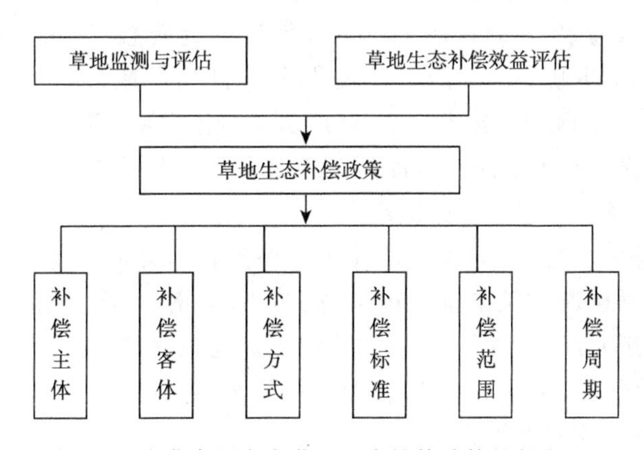

图13-2　青藏高原高寒草地生态补偿政策的制定流程

13.5　青藏高原高寒草地生态补偿标准和期限

青藏高原高寒草地生态补偿标准的理想状态是，根据草原生态服务功能价值进行评估，然而由于草原生态功能价值难以准确计量、不同的评估方法又导致不同的评估结果，在实际运用中十分困难。在这种情况下，不能仅根据理论价值估算确定补偿标准，还应针对补偿对象的不同采取不同的补偿标准。

13.5.1　适当提高补偿标准

随着近年来物价水平的上升，牧民生产、生活成本支出增加，补偿标准应当随经济发展水平做相应变动。依据牧民的意愿和粮食成本上升的现状，建议基础设施补助应当占投资额的50%～60%，饲料粮补助和围栏投资补助分别提高50%和60%左右。

13.5.2　建立长效生态补偿机制

青藏高原高寒草地生态补偿的生态效益需要很长的时间才能显现。目前，草地生态恢复大都以“项目工程”为主，5～10年的补偿期限过短，补偿期满后，项目区牧民生活可能又回到过去，生态恢复的成果很难巩固，所以，草地生态补偿项目应当至少实行10～20年，甚至更长的时间。只有实行长效的生态补偿机制，从制度上保障牧民根本利益，才能巩固草地生态建设成果，实现草地可持续发展。

草地生态补偿是一项复杂的系统工程，要根据草地的退化程度、沙化程度、超载程度和有效载畜量等，有计划地实施以草定畜、减畜补偿等措施。国家在草地生态补偿方面已做出一定的成绩。2006年中央1号文件提出，“要建立和完善生态补偿机制”，2007年中央1号文件更加明确提出“要探索建立草原生态补偿机制”（朱立博等，2008）。2003—2009年，国家安排退牧还草资金共115.75亿元，平均每年16.54亿元，平均4.5元/hm^2（蒲小鹏等，2011），青藏高原的草地生态补偿也取得了很大的进展。

2010年，西藏在全国率先启动了草原生态保护奖励机制试点。2011年，中央财政安排专项资金136亿元，用于禁牧补助、草畜平衡奖励、牧草良种补贴、牧民生产性补贴和畜牧良种补贴等方面，支持8个主要草原牧区省全面建立草原生态保护补助奖励机制。西藏在2011年获得中央财政补助奖励资金203 941万元，其中，禁牧补助资金77 628万元，草畜平衡奖励114 693万元，牧草良种补贴1060万元，牧民生产资料综合补贴7600万元，畜牧良种补贴2960万元；同时，西藏自治区配套经费预算3495万元，用于草地资源普查、草原生态监测、配套畜牧良种补贴及工作经费等方面。通过全面建立草原生态保护补助奖励机制，基本实现草畜平衡，从源头上扭转草原生态环境退化趋势。

2014年，农业部发布《关于深入推进草原生态保护补助奖励机制政策落实工作的通知》，草原生态保护补偿奖励机制政策继续在内蒙古、四川、云南、西藏、甘肃、青海、宁夏、新疆、河北、山西、辽宁、吉林、黑龙江13省（区），以及新疆生产建设兵团、黑龙江省农垦总局实施。内容具体包括加快补奖任务资金落实、及时准确填报补奖信息、开展政策实施成效评估研究、划定和保护基本草原、扶持草原畜牧业转型发展。

13.6 “六位一体”结合型青藏高原高寒草地生态补偿机制构想

“六位一体”结合型青藏高原高寒草地生态补偿机制是结合政府补偿、市场补偿和社区补偿，将“政府、企业、牧民、社区、生态评估机构和监督机构”六位相结合，以政府为主导，市场交易为基础，以生态评估为参考，社区牧民参与，监督机构进行监督反馈，补偿主体和补偿方式多样的草地生态补偿机制。补偿途径既包括货币补偿、实物补偿，也包括智力补偿和技术补偿等，根据补偿主体和补偿客体的不同而采取不同的补偿方法。

“六位一体”结合型青藏高原高寒草地生态补偿机制的利益相关者为补偿主体、补偿客体和第三方非利益相关者（生态评估机构和监督机构），见图13-3。青藏高原高寒草地生态补偿机制的补偿主体为政府部门（中央政府、受益地方政府和牧区政府）、受益企业和社区；补偿客体为牧区政府和牧民。同时生态补偿标准及实施是在生态评估机构进行评价的基础上进行的，监督机构对生态补偿的实施进行监督，并将结果进行反馈。

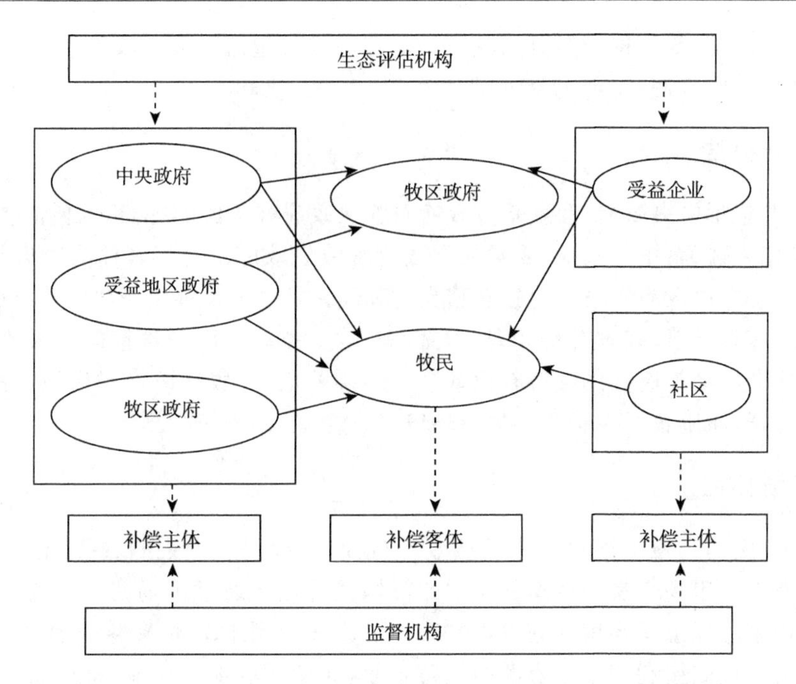

图 13-3　“六位一体”结合型青藏高原高寒草地生态补偿机制图

“六位一体”结合型青藏高原高寒草地生态补偿机制具体的实施过程为三个阶段，即政策制定阶段、政策实施阶段和政策反馈阶段(图 13-4)。第一，政策制定阶段：由生态评估机构(第三方非利益相关者)对草地生态情况进行调查，包括草原生态评估、补偿绩效评估等。协助政府制定全面的生态补偿政策，包括草地生态补偿计划、补偿资金的筹措、补偿标准的制定和受益者范围等。第二，政策实施阶段：社区、牧民通过生态恢复的措施对草原进行保护与恢复，受益企业提供补偿金，地方政府可作为利益调节者负责补偿金的管理与发放。第三，政策反馈阶

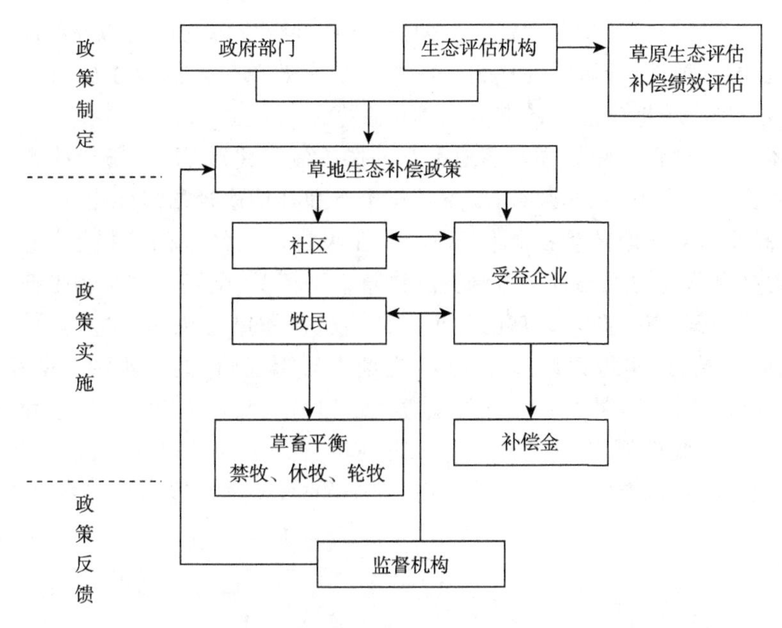

图 13-4　“六位一体”结合型青藏高原高寒草地生态补偿机制实施过程图

段:中央政府可设立监督机构,对社区、牧民的生态保护及生态恢复的实施情况和受益者提供补偿金的情况进行监督,并将情况及时反馈。

13.6.1 政府补偿

政府补偿既包括中央政府、受益地方政府对牧区政府和牧民的补偿,也包括牧区政府对牧民的补偿。补偿主体为:中央政府、受益地方政府和牧区政府。补偿客体为牧区政府和牧民。补偿途径包括:①中央政府以财政直接转移支付和间接补偿的形式给予牧区政府或牧民补偿,包括货币补偿、实物补偿、技术补偿和智力补偿等;②受益地方政府直接向牧区政府或牧民进行横向补偿,或向中央政府缴纳生态补偿基金等间接补偿;③牧区政府对当地牧民进行货币、实物、技术等补偿,激励牧民保护草场生态环境。

13.6.2 市场补偿

政府补偿在实施过程中存在大量的低效率行为,如部门色彩强烈、缺乏有效的监督制度等,因此有必要引入市场交易。生态补偿中的市场交易是指通过市场调节促进生态服务的外部性内部化(国家环保总局环境规划院,2005)。要充分利用市场资源,补充生态补偿的资金。补偿主体为:直接或间接利用草地资源的受益企业,即草产业加工企业、畜产品加工企业和草原地下矿藏的利用者。补偿客体为牧区政府和牧民。补偿途径有:①工矿企业直接对受损牧民进行经济补偿;②工矿企业应根据生态建设中的最典型的 4P 原则,即"谁污染、谁弥补、谁补偿、谁受益",缴纳资源税和生态税。

13.6.3 社区补偿

生态系统服务可能局限在某一特定范围,由社区内部成员共享。这些提供服务的生态资源由于对每一个社区成员重要而没有私有化,成为共有产权资源(Dasgupta,2009)。对于放牧的草地,一个成员的使用将减少其他成员的使用,从而导致资源利用上的外部性。由于青藏高原牧区牧民居住的分散性,社区往往成为牧区管理的有效单位。因此成员内部可就资源的使用权进行交易,以提高草地生态系统服务的利用效率。

"六位一体"结合型青藏高原高寒草地生态补偿机制是将政府、市场和社区有机结合的生态补偿机制,六位互相交织,互相弥补,实现补偿主体和补偿途径的多元化。

对于青藏高原高寒草地的生态补偿机制,应在吸取以前经验的前提下,建立一种长效机制,进一步完善高寒草地的生态补偿机制,推行"草畜平衡"制度,实行"草畜平衡"的动态管理,充分考虑"人—草—畜"三个要素,将社区、生态评估机构和监督机构引进其中,与政府、企业、牧民"六位一体"相结合,实行以政府为主导,市场交易为基础,生态评估为参考,社区牧民参与,监督机构进行监督反馈,补偿主体和补偿方式多样的生态补偿机制。通过建立青藏高原高寒草地生态补偿的长效机制,既能实现保护生态环境、促进牧民增收的双重效益,又能推动青藏高原高寒草地畜牧业走上"高产、优质、生态、安全"的可持续发展的生态畜牧业之路。

第 14 章 青藏高原山地林业资源优化利用研究

青藏高原地区的山区面积在全国所占比例最大，而山地在资源禀赋、经济社会、生态环境方面都具有一定的特殊性，林业在青藏高原地区经济发展中具有重大的生态贡献和产业贡献。所以研究青藏高原地区山地林业资源的优化利用，是促进农民增收和经济社会进一步发展的客观要求。

14.1 山地

“山地”属于地貌学范畴，是地球陆地表面突出的地貌体和地理单元。在不同的学科视角下呈现不同的内容，在生态学视角下，山地的自然生态条件多样，生物多样性丰富；在经济学视角下，山地经济发展较为落后，同时山地的资源开发潜力较大；在社会学视角下，山地是自然—人文综合体，人地关系面临危机；在旅游经济学视角下，山地的自然和人文资源富饶；在公共管理视角下，山地是社会问题较为复杂的“山区”；在国家发展战略视角下，山地具有重大的资源储备意义，所以山地是集山区、资源富集区、水源涵养区、生物多样性汇集区、民族地区、贫困区、生态环境脆弱区于一身的复杂区（付伟等，2016）。

山地与山区因无明确的界限，所以经常被混用，但两者还是有一定区别的。山地更多地强调区域的地貌特征，具有一定海拔和高差，因其具有较大的绝对高程和相对高度，不仅反映和浓缩了水平自然带的自然地理和生态学特征，而且其高度异质化的生境、相对较低的人类干扰强度，成为大量濒危物种的避难所和新兴植物区系分化繁衍的摇篮，是地球上生物多样性最为丰富的陆地单元和全球生物多样性保护的重点区域（王根绪等，2011）。而山区内涵较为丰富。人们习惯上也把山地、丘陵的分布地区，连同较崎岖的高原、台地，都叫山区，这跟山地是相通的（地理学范畴）。同时，山区还具有一定社会学属性，涉及区域经济学、发展经济学、历史学、政治学、社会学等学科。一般情况下，山区自然资源与人文资源丰富，但生产生活条件恶劣，经济社会发展落后。

成都山地所将山地定义为：①海拔大于 1000 m；②海拔大于 500 m 且小于 1000 m 时，相对高差大于 200 m；③海拔大于 50 m 且小于 500 m 时，相对高差大于 50 m（冯佺光等，2013）。根据此定义，我国山地面积为 663.59 万 km^2，占全国面积的 70%，我国山地的分布如表 14-1 所示。由此可以看出，我国山地主要分布在西部地区，约占全国山地面积的 83.18%。

我国是一个多山的国家，目前全国山地居住人口 5.8 亿，全国 2852 个行政县中有 1424 个在山地，536 个民族县中有 520 个在山地，拥有 7 亿多亩耕地，16 亿多亩森林，23 亿多亩草场，6.8 亿 kW 水能资源，90%以上的森林和水能资源、54%的耕地、50%以上的草地、76%的湖泊集中在山区（冯佺光等，2013）。因此，山地开发、山区社会经济的可持续发展，成为我国现代化进程中亟待研究和解决的课题。

表 14-1 我国山地的分布

我国山地		东部山地		中部山地		西部山地	
面积/万 km^2	占全国面积/%	面积/万 km^2	占全国山地面积/%	面积/万 km^2	占全国山地面积/%	面积/万 km^2	占全国山地面积/%
663.59	70	45.49	6.85	66.07	9.96	552.03	83.18

江晓波(2008)在前人研究的基础上,采用两种方案确定中国山地范围,方案一:①海拔≥3000 m;②海拔≥300～3000 m,同时相对高差>200 m或坡度>25°。方案二:①海拔≥2500 m;②海拔≥1500～2500 m,坡度≥2°;③海拔≥1000～1500 m,坡度≥5°或相对高差≥300 m;④海拔≥300～1000 m,相对高差≥300 m。按两种方法计算所得的分省山地面积中,前6名都是西藏、青海、新疆、四川、云南和甘肃(表14-2)。可见,青藏高原地区的山地面积在全国所占比例最大,西藏山地面积最大,山地面积占区域面积大于99%,其次是青海。

表 14-2 两种方案计算的青藏高原地区山地分布

省市	方案一			方案二		
	山地面积/km^2	山地面积占区域面积比例/%	面积排名	山地面积/km^2	山地面积占区域面积比例/%	面积排名
西藏	1 209 310.73	99.36	1	1 207 730.88	99.25	1
青海	618 077.95	85.38	2	723 326.42	99.91	2
新疆	542 211.96	32.65	3	667 474.07	40.21	3
四川	366 497.61	75.08	4	359 208.85	73.56	4
云南	274 553.32	70.63	5	352 208.85	90.53	5
甘肃	151 844.62	37.18	6	265 393.22	64.98	6

14.2 山地林业

山区人均耕地仅0.075 hm^2,比全国平均水平低10%,而全球陆地森林的28%是山地森林,山区森林资源丰富,占全国森林面积的90%、林木蓄积量的80%,人均林地近0.4 hm^2,大大高于全国0.1 hm^2的平均水平。山地林业是国民经济发展的基础,具有生态、经济和社会三重属性,森林不仅提供人类生产生活所需的木材产品和其他林副产品,具有产品贡献,其生态服务价值还有巨大的生态贡献。山地林业资源的优化配置利用,发展林下经济、林业特色产业,是促进农民增收和经济社会进一步发展的客观要求。

14.2.1 林业的生态属性

林业是以森林为经营对象,森林是自然界最丰富、最稳定和最完善的碳储库、基因库、资源库、蓄水库和能量库(江泽慧,2007)。森林对于维持陆地生态平衡起着至关重要的作用。谭世明(2002)将林业的生态贡献总结为6个方面:

(1)调节气候,净化空气。森林可以降低风速,增加空气湿度10%～20%,减少蒸发蒸腾量20%～30%。据研究,1 hm^2森林每年能吸收二氧化硫约700 kg,可明显减轻工业酸雨的危害;对城市行道林带的滞尘率,更是高达70%～90%;噪声经过30 m宽的林带,可减低6～8 dB(江泽慧,2007),这对优化城市环境,促进人体健康起到了重要的作用。

(2)涵养水源,滋润农田。森林具有复杂的垂直结构、林冠层、林下枯枝落叶层,能够有效地截留降水,缓解雨水对地表的直接冲刷。在森林地区,林冠可截留降水的 15%～40%,林下枯枝落叶层能吸收 5%～10%的降水,其余 50%～80%的降水渗入地下成为地下水的补充,迂回流出地表,是江河湖泊的水源,用以灌溉农田。

(3)保持水土,改良土壤。森林能防止成土母质、土壤和土壤养分的流失。据测定,有林地可以控制水土流失的 90%左右。森林枯枝落叶层的分解和森林土壤微生物的活动等,能有效补充土壤养分,改良土壤质地。据研究,有林地与无林地相比,平均单位面积有机质可增加 83.9%,水解氮增加 27.8‰。

(4)防风固沙,保护农田。森林能影响气团的移动,削弱风速,固定流沙,保护农田。6.7 hm^2 成林的防风林,可以保护 666.7 hm^2 农田。

(5)保护生物多样性。目前在地球上 500 万种以上的生物中,有一半以上在森林中栖息繁衍,中国生物多样性丰富度居世界的第八位,保护物种的最有效办法就是保护和发展森林。

(6)提供生态服务。森林可为人类提供不同的生态景观,让人产生美感,同时是山林中的“林雾”能产生一种“负氧离子”,使人心旷神怡,是人们休闲疗养之地。

可见,森林的生态系统服务功能较多,具有不可替代的作用,是人类发展过程中不可缺少的重要组成部分。

14.2.2　林业的经济属性

林业不仅可以提供木质林产品,还是我国木本粮油、果、茶、竹、林副产品及土特产品和药材等的主产区,为我国提供绿色天然的非木质产品,如药材、香料等。近 50 年来,我国累计生产木材 22 亿 m^3、竹材 73 亿根、人造板 9223 万 m^3、锯材 6 亿 m^3、松香 1200 万 t。此外,还可以利用森林资源中的树叶、树皮、花、种子等木材剩余物,进行直接或间接加工,成为木本饲料。如三北地区的沙棘林,每年能够提供枝叶饲料约 3.5 亿 kg。

所以,林业是山区经济的龙头,是实现当地人民增收的重要途径。利用林业丰富的森林资源,大力发展包括林果业、林药业、竹产业、花卉产业、森林食品业、林下经济、森林旅游业等,可获得可观的经济效益。

14.2.3　林业的社会属性

林业产业是一个复杂的产业体系,包含林业第一、二、三产业。林业第一产业是木质林产品生产和非木质林(经济林、花卉业、动植物驯养繁殖业、林副产品生产业等)产品的生产;林业第二产业指木质林产品和非木质林产品的加工制造业;林业第三产业包括森林生态服务业、森林旅游服务业和其他森林服务业。林业三产业为社会提供了更多的就业机会。

在全球变化影响下,伴随经济社会的发展,近年来山地生态与环境发生了显著变化,全球陆地森林覆盖面积持续减少,以热带森林递减率最大,为年均 1.1%,同时生态系统退化、物种多样性减少、水源涵养功能降低、区域地质灾害频发、水土流失加剧(FAO,1993;孙鸿烈,2005)。因此,山区经济发展与环境恶化的矛盾加剧,林业资源的持续利用势在必行。

14.3　林业资源优化利用与可持续利用

林业上最初倡导的可持续发展其原意为“永续利用”,是森林经理学研究的核心问题。追溯历史，林业是研究资源可持续发展最早的行业。随着人类社会的文明与进步，如何合理地利用有限的森林资源，使其不但为当代所用，还应该不断造福我们的子孙后代，成为可持续发展的关键问题之一(邓坤枚，2000)。

为了保持森林资源的均衡利用，18世纪末德国林学家G. L. Hartig提出了"森林永续利用原则"，永续利用最初的定义是生产作业和木材生产收获的不断继续，其最基本的含义是连续、均衡的木材产出。19世纪J. Ch. Hundeschagen提出了"法正林学说"，建立了森林永续利用的理论基础。1867年G. L. Hartig提出了被誉为经典的"森林效益永续经营理论"。1992年联合国在巴西里约热内卢召开的联合国环境与发展大会上，通过了《关于森林问题的原则声明》等5个文件，大会强调指出，森林可持续发展是经济持续发展的重要组成部分。此后，森林可持续利用引起了社会的广泛关注。

山地林业资源优化利用的根本目标是寻求各种生产活动对资源的合理分配，实现林业资源持续利用。"优化"利用既是一种过程，又是一种手段，目的在于配比不同林业资源的生产活动，提高综合效益。林业资源的优化利用是可持续利用的一部分，优化利用的目的就是实现林业资源的可持续发展。

14.4 山地林业资源优化利用模型构建

应用线性规划法研究山地经济资源的优化利用，是探讨在一系列约束条件下，如何把有限的资源在许多可供选择的生产活动之间进行最优分配，以便对这些资源进行规划，使其得到合理利用(戴思锐，1985)。线性规划法已被应用于农业资源的利用上(戴思锐，1985；冯佺光，2010)。本章拟将多目标线性规划方法应用于山地林业资源的优化利用上，尝试构建山地林业资源优化利用模型。

14.4.1 构建模型的目标选择

山地林业资源优化利用的目标是在时空上把现有的资源分配于不同的生产过程，在不导致生态环境质量下降的情况下，使这些资源生产出更多的产品和提供更多的服务。根据山地林业资源的特点，要取得尽可能大的效益，实现山地林业资源优化利用的目标，模型设计的效益应该追求以下目标。

14.4.1.1 经济效益目标

所谓经济效益，也就是生产过程中的效益，是指在有限的投入条件下，尽可能多地生产出符合人民需要的产品及各种服务(辛绍翠，2010)。山地林业资源利用的经济效益十分明显，生产活动不同，产生的经济效益内容就不同，对森林活立木的使用产生直接的经济效益，同时森林的枝叶还可作为"三料"(燃料、饲料和肥料)使用，产生经济效益。

14.4.1.2 生态效益目标

我国是山地大国，山地的林业资源对于保障山区发挥生态屏障的功能至关重要。生态效益目标则成为山地林业资源优化利用的目标之一。

14.4.1.3 社会效益目标

全国有80%以上的少数民族聚居在山区，民族文化丰富。山地林业资源的优化利用不能只追求经济效益，还要考虑产出的产品和服务与社会需求的匹配问题，社会就业、社会保障和社会稳定等方面也是社会效益考虑的内容。

14.4.2　模型构建

鉴于山地林业资源优化利用模型追求的三大效益，本章将目标函数表示为

$$Z = \max(\text{经济效益、生态效益、社会效益}) = F_1 + F_2 + F_3 + \cdots + F_n \qquad (14\text{-}1)$$

式中，n 表示不同的效益。

14.4.2.1　经济效益目标函数

本章将经济效益目标函数定为 F_1，即 $F_1 = f(X) = f(X_1, X_2, \cdots, X_m)$，可以选择的生产活动有 M 种；所拥有的林业资源有 Q 种，其数量分别为 $b_1, b_2, \cdots, b_q$；每进行一单位第 m 种生产活动需要消耗第 q 种资源的数量为 a_{qm}，不同生产活动变量的系数为 C_m。则在研究追求经济目标 F_1 时，其资源利用的最优方案，可用下面的数学模型求解。

在满足约束条件：

$$\left.\begin{aligned} a_{11}x_1 + a_{12}x_2 + \cdots + a_{1m}x_m \leqslant b_1 \\ a_{21}x_1 + a_{22}x_2 + \cdots + a_{2m}x_m \leqslant b_2 \\ a_{q1}x_1 + a_{q2}x_2 + \cdots + a_{qm}x_m \leqslant b_q \end{aligned}\right\} \qquad (14\text{-}2)$$

以及：

$$X_m \geqslant 0 \qquad (14\text{-}3)$$

$$X = [X_1 X_2 \cdots X_m]^{\mathrm{T}}$$

求变量使目标函数：

$$F_1 = C_1X_1 + C_2X_2 + \cdots + C_mX_m \qquad (14\text{-}4)$$

达到极大。

14.4.2.2　生态效益目标函数

森林的生态服务价值较为重要，本章选用生态服务价值来构造生态效益目标函数。其生态系统服务功能价值为

$$F_2 = \sum A_k C_k \qquad (14\text{-}5)$$

式中，A_k 为山地林业的分布面积；C_k 为森林单位面积的生态系统服务功能价值系数。

14.4.2.3　社会效益目标函数

本章分析山地林业的社会效益主要从增加就业效益（F_3）和文化科教及其他效益（F_4）考虑。

（1）增加就业效益。山地林业所提供的社会就业是社会效益的一项主要内容。山地林业资源的利用所提供的社会就业主要包括林业资源的经营、林下经济发展、森林生物多样性利用等。计算公式如下：

$$F_3 = \Delta P \cdot I \cdot R \qquad (14\text{-}6)$$

式中，ΔP 表示直接增加的就业人数；I 表示增值系数；R 表示林业系统在职职工人均年收入。

（2）文化科教及其他效益。山地林业可以作为科学研究的基地，特别是天然林，为生物学、生态学、生物保护、生物育种等提供试验场地。如山地面积占 94%的云南香格里拉普达措国

家公园，位于滇西北“三江并流”世界自然遗产中心地带，原始生态环境保存完好，拥有森林草甸、湖泊湿地、珍稀动植物等，文化、科研及教育等价值的重要性显著。此外，山地林业可以通过生态旅游业和文化旅游业的发展，提高大众的自然保护意识。计算公式如下：

$$F_4 = \sum_{i=1}^{n} Q_i W_i R \tag{14-7}$$

式中，Q_i 表示各级保护区数量；W_i 表示各级保护区年科研文化效益；R 表示增值系数。

14.5 基于 DPER 的山地林业资源优化利用机制研究

付伟等(2013b)在分析中国西北部地区的生态安全问题时建立起资源、环境和可持续发展的预警机制，即驱动力(driving forces)→资源环境压力(press)→环境质量(environmental quality)→响应(response)，简称为 DPER 机制(图 14-1)。DPER 机制可系统地分析不同的驱动力对资源环境产生的压力，从而影响整体的环境资源质量，导致人们做出相应的反馈。本书应用 DPER，结合山地林业资源优化利用模型，来研究山地林业资源的可持续利用机制。

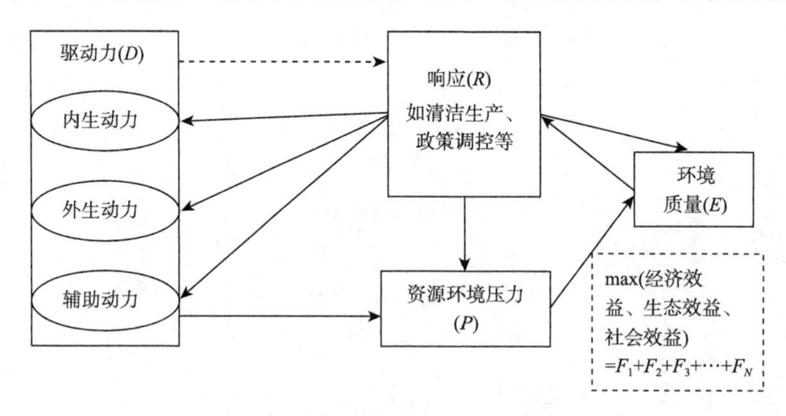

图 14-1 DPER 机制图(实线表示直接影响，虚线表示间接影响)

目前，我国林业经济已迈入相对快速发展的时期。第八次全国森林资源清查从 2009 年开始，历时 5 年，至 2013 年结束。根据第八次全国森林资源清查结果，全国森林面积 2.08 亿 hm^2，森林覆盖率 21.63%，森林蓄积 151.37 亿 m^3，森林面积占世界森林面积的 5%，列第 5 位(国家林业局，2014)，同时，政府推进集体林权制度改革，林业产品实行多样化经营，山地的林业经济也取得了一定的发展。

林业经济发展变化的驱动力可细化为内生动力、外生动力和辅助动力三个方面。内生动力主要指人们发展观的变化和对林业产品消费观的变化；外生动力主要包括技术进步和制度创新；辅助动力主要指人口增长率的减缓。驱动力是一种推动着工农业生产、旅游交通运输等领域的发展动力，对资源利用、环境保护有利的驱动力称为正向驱动力，反之为负向驱动力，两者之间的博弈将直接或间接地导致林业资源压力的增减，从而影响林业资源的质量。林业资源利用质量的高低则可用山地林业资源优化利用模型中综合效益的大小来评价。

如果林业资源的质量恶化，人类的生产环境受到影响，会迫使社会对上述因素的变化做出判断并出台相应的政策手段。但我们不能在受到负面影响时才做出反应，而是对影响驱动力的各个因素及时做出判断和响应，通过调整发展观念和消费观念、发明新技术、寻找替代资源、完善生态补偿机制、控制人口增长等措施减轻林业资源压力。

14.6　山地林业资源优化利用对策及建议

14.6.1　协调发展，提高综合效益

山地林业资源涉及经济效益、生态效益和社会效益，三者相互依存，相互联系。协调各种利益的关系实质上就是要统筹好山地林业资源开发与保护的关系，处理好短期利益与长远利益的关系，着眼未来才能使综合效益得到长远的增长。

14.6.2　DPER 的应用

要实现山地林业资源的优化利用就应将 DPER 机制贯穿于山地林业经济发展之中，注重其内生、外生和辅助动力，人口的压力减轻能缓解人类对林业资源的压力，技术的进步和制度的创新可以提高资源的利用效率，而发展观和消费观的转变则规定了技术进步的方向。

14.6.3　复合型“多”位利用

森林资源为人类提供“多”种功能，森林资源是指林木、竹类和林区范围内其他动植物以及林地资源（含水资源）的总称，从广义上讲，它包含森林资源、林地资源、野生动物资源、野生植物资源、薪材资源、森林旅游资源等六大类资源，其内部组成和结构具有丰富的多样性和再生性，开发利用价值极大，在生态环境建设中具有不可替代的作用（谭世明，2002）。

优化利用山地林业经济，还要从“多”上做文章，大力发展各种林产品（林、果、竹、药、茶），开展林粮、林牧、林渔、林药、林禽、林畜结合等诸多形式的综合经营，实现资源结构与生态功能的有序协同，谋求山地的立体生态功能分区和多种优势资源开发。

在 Feng(2008)提出的山地资源综合研究的基础上，跨学科、跨区域和跨部门地进行山地林业资源优化配置，拓展山地林业优化利用的方向，从单一型利用向复合型利用转变，实现山地林业资源的永续利用。

第15章 青藏高原地区旅游资源可持续利用研究

旅游业被称为“黄金产业”“绿色产业”，是发展方式的“转换器”、产业升级的“助推器”。发展旅游业既是推动经济的重要手段，又是惠民利民的重要内容，也是提高城市知名度和竞争力的重要举措。

“旅”是旅行，外出，即为了实现某一目的而在空间上从一地到另一地的行进过程；“游”是外出游览、观光、娱乐，二者合起来即旅游。旅游(tour)来源于拉丁语的“*tornare*”，其含义是“车床或圆圈；围绕一个中心点或轴的运动”。后缀“ism”被定义为“一个行动或过程”，词根tour与后缀“ism”连在一起，tourism则指按照圆形轨迹的移动，即指离开后再回到起点的活动(一种往复的行程)。后缀“ist”则意指“从事特定活动的人”，词根tour与后缀“ist”连在一起，指完成这个行程的人也就被称为旅游者。因此，旅游是一种以游客空间移动为前提，旅游者在旅游客源地和旅游目的地之间开展反复联系的一种行为，同时也是一种由旅游需求引发的旅游者空间反复移动消费现象。

旅游的先驱是商人，最早旅游的人是海上民族腓尼基人。1963年，联合国国际旅游大会在罗马召开。这次大会是当时的国际官方旅游组织联盟(世界旅游组织的前身)发起的。1970年9月27日，国际官方旅游联盟在墨西哥城召开的特别代表大会上通过了将要成立世界旅游组织的章程。1979年9月，世界旅游组织第三次代表大会正式将9月27日定为世界旅游日。

中国于1983年正式成为世界旅游组织成员。随着社会经济的发展，我国的旅游业发展迅速，目前已进入大众化发展的新阶段，根据国家旅游局公布的数据可以充分说明这一点：2012年，中国已经形成了近30亿人次的国内旅游市场规模，位居世界第一；出境旅游人数已超过8000万人次，中国成为全球第三大出境旅游客源国，中国出境旅游对世界旅游市场的贡献率超过7%；入境过夜旅游人数2012年已达到5772万人次，继续位居世界第三。2013年2月18日，中国政府网发布了《国民旅游休闲纲要(2013—2020年)》，提出国民旅游休闲发展目标：到2020年，职工带薪休假制度基本得到落实，城乡居民旅游休闲消费水平大幅增长，国民休闲质量显著提高，与小康社会相适应的现代国民旅游休闲体系基本形成。主要任务为：保障国民旅游休闲时间；改善国民旅游休闲环境；推进国民旅游休闲基础设施建设；加强国民旅游休闲产品开发与活动组织；完善国民旅游休闲公共服务；提升国民旅游休闲服务质量。

青藏高原不仅是我国重要的生态安全屏障、战略资源储备基地、高原特色农产品生产基地和中华民族特色文化保护地，而且还是重要的世界旅游目的地。青藏高原发展旅游业，既能更好地保护藏区旅游资源的神秘性和神圣性，使当地的民族风俗和传统文化得以完整地保存，在游客领略旅游资源的原始风光和原汁原味的民族风俗时，又能使当地的经济得以发展，有利于生态保护和生计需要问题的有效解决，有利于处理好旅游与保护的矛盾，实现可持续发展的战略目标。

15.1　理论基础

旅游是一项综合性的社会实践活动，呈现出综合性和关联性强的特点，因而生态旅游的理论基础也必然会涉及多学科的相关理论。旅游涉及环境科学、生态学、经济学、旅游学、地理学、社会学、管理学、美学等各种学科。

15.1.1　景观生态学理论

15.1.1.1　景观

景观生态学起源于欧洲，其产生可追溯到 20 世纪初。景观是生态系统的载体，也是人类旅游活动的载体。景观生态学的创始人特罗尔(C. Troll)把景观定义为将地圈、生物圈和智能圈的人类建筑和制造物综合在一起，供人类生存的总体空间可见实体。景观是由异质实体系统组成的陆地空间镶嵌体，这些相互作用的、性质不同的生态系统称为景观要素(landscape element)(余新晓等，2006)，景观要素一般可根据其生态学或自然地理学性质分为不同的类型，如森林、草地、灌丛、河流、湖泊、农田、村庄、道路等。

福尔曼将景观结构成分分为斑块(patch)、廊道(corridor)和基质(matrix)(Forman，1995)。景观中的斑块、廊道、基质等景观结构成分随着人类文明的演进发生着演变，如表 15-1(余新晓等，2006)所示。

表 15-1　人类文明演进与景观结构成分演变

人类文明演进阶段	斑块	廊道	基质	人与自然的关系
原始农牧、渔猎期	零星岛状分布的人类活动区域	各类自然廊道为主，人工廊道少	原始自然植被及其他自然景观	依附于自然的原始和谐
近现代工农业发展时期	破碎化、岛状分布的残存自然景观	自然廊道遭到破坏，人工廊道作用明显	各种人为及人为管理景观	人类沙文主义
建立可持续生物圈的生态文明时期	包容于生态网络中的城镇等人类活动区域	区域、大陆尺度生态网络	通过生态网络连接的自然、半自然景观	和谐共生的生态伦理意识

15.1.1.2　景观生态学

国际景观生态学会(IALE)于 1982 年在荷兰成立，正式标志着景观生态学全新发展阶段的开始。景观生态学是以斑块镶嵌体为研究对象，通过研究斑块之间生物作用下物质流、能量流、信息流与价值流及其在异质景观中的迁移转换规律，揭示不同景观空间配置对上述过程的影响及其所产生的生态服务效应，结合人类社会需求，探索景观格局的空间优化模式(中国科学技术协会，2012)。景观生态学的原理和方法已经广泛应用于许多领域，尤其在解决生态问题的科学与实践中发挥着越来越重要的作用(Fortin et al.，2005)。

景观生态学还注重对景观管理、景观规划和空间结构与生态过程的相互影响的研究，围绕建造宜人景观这一目标，综合考虑景观的生态价值、经济价值和美学价值。因此，在旅游资源的开发和旅游管理过程中，加入景观生态学的原理和方法，是保证旅游可持续发展的一种有效途径。

15.1.2 旅游经济学理论

15.1.2.1 旅游经济学

旅游经济是以旅游活动为前提,以商品经济为基础,以科学技术为手段,由旅游者空间位移而形成的,旅游者和旅游经营者之间发生经济交往所表现出来的各种经济现象和经济关系的总和。旅游经济的特点表现为:受客源地需求推动的敏感性;受目的地供给约束的波动性;受主客文化差异影响的跨文化性。

旅游经济学的研究范围是旅游活动中的经济现象,旅游现象中的主要矛盾是旅游需求与旅游供给的矛盾,旅游经济学的研究对象是旅游经济运行中的经济现象、经济关系以及经济规律(徐虹等,2008)。

15.1.2.2 旅游产品的经济学特点

第一,旅游产品是属于需求价格富有弹性的产品,需求价格弹性,简称需求弹性,是指需求量对价格变动的反应程度,是需求量变化的百分比除以价格变化的百分比。需求富有弹性,即需求量变动的幅度大于价格变动的幅度,旅游产品属于奢侈品,是否购买这种产品主要取决于收入状况和价格水平,故它受价格变动的影响就大。另外,需求弹性的影响因素之一为该产品的替代程度,替代程度越大,弹性越大。旅游产品可替代程度就较高,当一个旅游点的价格高或服务不好时,旅游者就可能选择到其他地方旅游。所以,旅游产品的需求富有弹性。

第二,旅游产品具有消费上的关联性。旅游业是一个综合性很强的产业,吃、住、行、游、购、娱是旅游的六大要素,旅游的发展,必然不断带动与这些要素直接相关的饮食、建筑、交通、通讯、园林、商业、保险等行业的发展。因此旅游产品的关联性很强,旅游产业的乘数效应也很明显(下文详细介绍)。

15.1.2.3 旅游乘数效应

旅游乘数效应是旅游经济学研究中的重要理论之一。乘数效应(multiplier effect),即支出或收入乘数效应,是宏观经济学的一个重要概念,是指支出的变化导致经济总需求的变化。

乘数概念起源于19世纪后半叶,英国经济学家卡恩在《国内投资与失业的关系》中提出了就业乘数,其后,凯恩斯等经济学家进一步完善了这一理论,用以说明某行业的一笔投资或收入不仅能增加本部门的收入,而且还会在整个国民经济中引起连锁反应,最终会带来数倍于这笔投资款的国民收入的增加量,这就是乘数效应(徐虹等,2008)。

根据凯恩斯的乘数原理,乘数等于收入的增加量除以投资的增加量,其中的收入增加量又由消费的增加量和储蓄的增加量($\Delta Y=\Delta C+\Delta S$)或者消费增加量与投资增加量($\Delta Y=\Delta C+\Delta I$)共同构成,所以,用公式表示如下:

$$K=\Delta Y/\Delta I=\Delta Y/(\Delta Y-\Delta C)=1/(1-MPC)=1/MPS \tag{15-1}$$

式中,K为乘数;MPC(marginal propensity consume)为边际消费倾向;MPS(marginal propensity savings)为边际储蓄倾向。

由此得出,乘数效应的大小与边际消费倾向有着密切的关系,边际消费倾向越大,则增加的国民收入中用于消费支出的部分就越大,引起的下一轮总需求增加也就越多,乘数效应越明显。

乘数效应产生的原因是因为各个经济部门在经济活动中互相关联的，某一经济部门的一笔投资不仅会增加本部门的收入，而且会在国民经济的各个部门中引起连锁反应，从而增加其他部门的收入，最终使国民收入总量成倍地增加(徐虹等，2008)。

旅游乘数效应是指旅游支出的变化导致的经济总需求的变化，表示旅游经济活动的变化引起的经济总量变化的连锁反应程度。旅游产业的乘数效应十分明显。由于旅游经济有较强的关联效应和带动力，使人们加强了对旅游乘数及其效应的研究。旅游产业关联度高，与其相关的行业超过 110 个；旅游收入每增加 1 元，可带动相关行业增收 4.5 元；旅游投资每增加 1 元，可带动其他行业投资 5 元，产生经济增长的乘数效应，对第三产业发展和经济结构调整有着重大的引领和带动作用。许多国内外学者通过研究，提出旅游乘数主要有旅游收入乘数、旅游产出乘数、旅游就业乘数、旅游投资乘数、旅游进口乘数等主要类型。

15.1.3　旅游环境学理论

15.1.3.1　环境

环境是一个非常广泛的概念，《中华人民共和国环境保护法》明确指出："环境是指影响人类生存和发展的各种天然的和经过人工改造的自然因素的总体，它包括大气、水、海洋、土地、矿藏、森林、草原、野生生物、自然遗迹、人文遗迹、自然保护区、风景名胜区、城市和乡村等。"从该定义中可以看出，环境既包括自然因素，也包括社会因素；既包括非生命体形式，也包括生命体形式。

1972 年 6 月 5 日在瑞典首都斯德哥尔摩召开了《联合国人类环境会议》，会议通过了《人类环境宣言》，并提出将每年的 6 月 5 日定为"世界环境日"。同年 10 月，第 27 届联合国大会通过决议接受了该建议。联合国环境规划署在每年的年初公布当年的世界环境日主题，历年世界环境日主题如表 15-2 所示，并在每年的世界环境日发表环境状况的年度报告书。从中可以看出，世界各国对于环境问题的关注与日俱增。

表 15-2　历年世界环境日主题

年份	世界环境日主题
1974	只有一个地球(Only One Earth)
1975	人类居住(Human Settlements)
1976	水：生命的重要源泉(Water: Vital Resource for Life)
1977	关注臭氧层破坏，水土流失(Ozone Layer Environmental Concern; Lands Loss and Soil Degradation)
1978	没有破坏的发展(Development Without Destruction)
1979	为了儿童和未来——没有破坏的发展(Only One Future for Our Children - Development Without Destruction)
1980	新的十年，新的挑战——没有破坏的发展(A New Challenge for the New Decade: Development Without Destruction)
1981	地下水，人类食物链中的有毒化学品，环境经济学(Ground Water; Toxic Chemicals in Human Food Chains and Environmental Economics)
1982	斯德哥尔摩人类环境会议十周年——提高环境意识(Ten Years After Stockholm(Renewal of Environmental Concerns))

续表

年份	世界环境日主题
1983	管理和处置有害废弃物,防治酸雨破坏和提高能源利用率(Managing and Disposing Hazardous Waste:Acid Rain and Energy)
1984	沙漠化(Desertification)
1985	青年:人口、环境(Youth:Population and the Environment)
1986	和平之树(A Tree for Peace)
1987	环境与居住:不仅有个屋顶(Environment and Shelter:More Than A Roof)
1988	保护环境、持续发展、公众参与(When People Put the Environment First,Development Will Last)
1989	警惕全球变暖(Global Warming;Global Warning)
1990	儿童与环境(Children and the Environment)
1991	气候变化——需要全球合作(Climate Change,Need for Global Partnership)
1992	只有一个地球——一起关心,共同分享(Only One Earth, Care and Share)
1993	贫穷与环境——摆脱恶性循环(Poverty and the Environment - Breaking the Vicious Circle)
1994	一个地球,一个家庭(One Earth One Family)
1995	各国人民联合起来,创造更加美好的未来(We the Peoples:United for the Global Environment)
1996	我们的地球、居住地、家园(Our Earth, Our Habitat, Our Home)
1997	为了地球上的生命(For Life on Earth)
1998	为了地球上的生命——拯救我们的海洋(For Life on Earth - Save Our Seas)
1999	拯救地球就是拯救未来(Our Earth Our Future - Just Save It!)
2000	2000 环境千年——行动起来吧!(2000 The Environment Millennium - Time to Act)
2001	世间万物 生命之网(Connect with the World Wide Web of Life)
2002	使地球充满生机(Give Earth a Chance)
2003	水——二十亿人生命之所系(Water-Two Billion People are Dying for It!)
2004	海洋存亡,匹夫有责(Wanted! Seas and Oceans - Dead or Alive)
2005	营造绿色城市,呵护地球家园(Green Cities - Plan for the Planet!)
2006	莫使旱地变荒漠(Deserts and Desertification - Don't Desert Drylands!)
2007	冰川消融,是个热点话题吗?(Melting Ice - a Hot Topic?)
2008	戒除嗜好! 面向低碳经济(Kick the Habit! Towards a Low Carbon Economy)
2009	地球需要你:团结起来应对气候变化(Your Planet Needs You! Unite to Address Climate Change)
2010	多样的物种·唯一的星球·共同的未来(Many Species · One Planet · One Future)
2011	森林:大自然为您效劳(Forest:Nature For Your Service)
2012	绿色经济,你参与了吗?(Green Economy:Does It Include You?)
2013	思前,食后,厉行节约(Think,Eat,Save)
2014	提高你的呼声,而不是海平面(Raise Your Voice Not the Sea Level)
2015	可持续消费和生产(Sustainable Consumption and Production)
2016	为生命呐喊(Go Wild for Life)

15.1.3.2 环境危机

人类环境随着科技的进步和社会的发展发生了一系列的变化。特别是工业革命时期,化石能源大量使用,进一步开垦土地资源。在短短的100多年的时间里,人类几乎开发了陆地上几乎可以利用的土地。同时,人类的需求迅速增加,为了提高农业生产率,大量使用农药、化肥，造成了严重的环境问题。

关于环境危机产生的主要原因，众说纷纭，莫衷一是。据巴里·康芒纳(Barry Commoner)教授的归纳，主要有这几种见解(张光生，2009)：

(1)“人口说”，认为环境危机是人口太多的缘故；

(2)“富裕说”，认为富裕社会的废弃物太多，还不如虽贫穷但与环境相和谐的穷人社会；

(3)“需求说”，认为污染的原因不在工业界而在公众过旺的物质需求；

(4)“进取意识说”，认为问题的原因在于人类的内在进取意识，认为人类是地球上最残忍的物种；

(5)“教育说”，认为人类所受的教育使人日益变得非人，变成不懂得为什么要爱自然；

(6)“利润说”，认为原因在于基督教的自然存在的唯一目的是服务于人类的信条；

(7)“技术说”，认为原因在于以盈利为唯一目的、失去控制的技术发展；

(8)“政客说”，认为由于制定和执行环境政策的政府机关被亲工业界的政客所把持，使得那些机关瘫痪无力。

15.1.3.3　旅游环境问题的经济学分析

从经济学的角度来分析，旅游环境问题的主要根源在于市场失灵和政府失灵。

(1)市场失灵

①旅游环境资源的公共产品属性。旅游环境资源是一种公共产品，它具有消费的非竞争性和非排他性。首先，一般情况下，旅游环境资源的消费具有完全的非竞争性，每增加一个消费者的边际生产成本为零。例如，增加或减少一个市民，对于旅游环境的净化空气、陶冶情操、休闲娱乐等功能是没有任何影响的；再次，旅游环境资源具有受益的非排他性，任何人都不能阻止其他人从中获益，所有人都享有旅游环境的服务功能。公共产品的非排他性，使更多的消费者“搭便车”，从而导致资源的过度利用和环境的恶化。作为公共产品，其市场价值很难准确评估，造成管理规范的缺失。

②旅游活动的外部不经济。旅游业发展会有外部经济和外部不经济。旅游开发商为了提升旅游目的地的效益，会对当地的交通线路、通信设备、旅游设施进行改造，无形之中方便了当地人民的生活，即产生了外部经济；但是，如果盲目地追求经济效益吸引游客，超过了旅游地的环境容量，会造成当地生态环境的破坏，影响周边居民的正常生活，即产生外部不经济。

③旅游资源产权不明确。产权不明确是造成市场失灵的另一个主要原因。旅游环境资源是一种公共产品，所有权在国家。但是，管理权和开发使用权的对象存在差异。管理权是由国家任命的各级旅游职能部门代为执行；而实际的使用、开发权往往又被委托或承包给了某些相关企业或私人。这就造成了旅游管理体制混乱，责任和权利很难界定，造成了“公地悲剧”。

(2)政府失灵

政府失灵，政府的活动或干预措施缺乏效率，是指政府干预经济不当，未能有效克服市场失灵，却阻碍和限制了市场功能的正常发挥，从而导致经济关系扭曲，市场缺陷和混乱加重，以致社会资源最优配置难以实现。张光生(2009)将造成旅游环境问题的政府失灵归纳为以下几个方面。

①政策缺位。政府未对各种类型的旅游资源制定科学有效的开发利用政策，造成一些地方毁林造田、无序采掘等行为，造成了很多历史文化名城原貌被改造，千古流传的历史文化被

破坏，这些资源一旦被破坏，要想恢复就很困难。

②服务缺位。政府公共服务是旅游产业发展的重要支撑。没有完善的环境维护体系，脏、乱、差的环境问题就需要政府充分发挥其服务职能，整合全社会力量，才能为旅游业提供良好的环境条件。

③规范缺位。旅游业的相关产业较多，旅游业的持续发展需要政府各方面的科学规范，无序开发就会使资源严重耗损。当经济活动对环境产生外部不经济性时，就需要政府的法治管理，加强监管和制约。

15.1.3.4 旅游环境学

旅游环境按环境要素分成旅游自然环境和旅游社会环境。旅游自然环境是指旅游目的地和依托地的各种自然因素的总和，是旅游区的大气、水、生物、土壤、岩石等所组成的自然环境综合体。旅游社会环境是指旅游目的地和依托地的社会物质、精神条件的总和。随着旅游业的发展，旅游环境出现新的问题。旅游环境学就是随着旅游环境问题的不断加剧而产生的一门新的学科，研究旅游环境的变化规律、调控机制、修复措施和保护措施等内容。

旅游环境学的研究对象是旅游环境，从人类旅游活动与旅游环境质量关系的角度来研究旅游环境问题及其防治、控制、规划和建设。

15.1.4 旅游文化学理论

15.1.4.1 旅游文化

旅游文化是旅游业与文化结合的产物，是人类所创造的与旅游有关的物质财富和精神财富的总和。1978年经济学家于光远提出“旅游文化”的概念，1984年出版的《中国大百科全书·人文地理卷》首次将“旅游文化”作为专有名词收录其中。

旅游文化的内涵十分丰富，外延也相当宽泛，涉及文学、艺术、历史、地理、民族宗教、体育学、饮食学、建筑学、生态学、园艺学等学科与旅游相关部分，同时还体现在旅游游览过程中的服务、管理、环境等。所以，旅游文化渗透在与旅游有关的吃、住、行、游、购、娱诸多要素及相关的服务各方面。

旅游文化具有继承性、创造性、服务性、美观性等特点，是旅游产业的灵魂和支柱，也是旅游可持续发展的源泉。

15.1.4.2 旅游文化区

王会昌等在2001年拟定了中国旅游文化区方案。他们首先根据由于地理环境差异、生产方式不同而形成的游牧文化、农业文化和现代商业海洋文化的三种最基本的文化形态，划分出三个一级旅游文化区，旅游文化亚区则根据不同地域、不同民族的历史背景、文化传统、生活方式等的差异而划分(谢春山，2012)。如下所示。

Ⅰ. 西部游牧文化——民族风情旅游区

  ⅠA 北国沙漠草原典型游牧文化旅游亚区

    ⅠA_1 内蒙古—宁夏旅游文化副区

    ⅠA_2 丝绸之路旅游文化副区

  ⅠB 青藏高原宗教—游牧文化旅游亚区

ⅠB$_1$ 青海旅游文化副区

ⅠB$_2$ 西藏旅游文化副区

ⅠC 云贵高原民族风情文化旅游亚区

ⅠC$_1$ 云南旅游文化副区

ⅠC$_2$ 贵州旅游文化副区

ⅠC$_3$ 广西旅游文化副区

Ⅱ. 东部传统文化——名山胜水旅游区

ⅡA 东北白山黑水文化旅游亚区

ⅡA$_1$ 黑龙江旅游文化副区

ⅡA$_2$ 吉林旅游文化副区

ⅡA$_3$ 辽宁旅游文化副区

ⅡB 海滦河流域燕赵古都文化旅游亚区

ⅡB$_1$ 京津冀北旅游文化副区

ⅡB$_2$ 冀南旅游文化副区

ⅡC 黄河流域炎黄传统文化旅游亚区

ⅡC$_1$ 陕西旅游文化副区

ⅡC$_2$ 山西旅游文化副区

ⅡC$_3$ 河南旅游文化副区

ⅡC$_4$ 山东旅游文化副区

ⅡD 长江流域仙山秀水文化旅游亚区

ⅡD$_1$ 巴蜀旅游文化副区

ⅡD$_2$ 长江三峡旅游文化副区

ⅡD$_3$ 湖北旅游文化副区

ⅡD$_4$ 湖南旅游文化副区

ⅡD$_5$ 江西旅游文化副区

ⅡD$_6$ 安徽旅游文化副区

ⅡD$_7$ 江苏旅游文化副区

ⅡD$_8$ 上海旅游文化副区

ⅡD$_9$ 浙江旅游文化副区

ⅡE 珠江流域东风西韵文化旅游亚区

ⅡE$_1$ 福建旅游文化副区

ⅡE$_2$ 广东旅游文化副区

ⅡE$_3$ 海南旅游文化副区

Ⅲ. 沿海现代文化——购物娱乐旅游区

ⅢA 香港购物娱乐文化旅游亚区

ⅢB 澳门宗教—博彩文化旅游亚区

ⅢC 台湾碧海翠岛风光旅游亚区

15.2 青藏高原的旅游资源

旅游资源分为自然资源和人文资源两大类。自然旅游资源包括地文景观、水域风光、生物景观、天象与气候天象等 4 大类;人文旅游资源包括遗址遗迹、建筑与设施、旅游商品、人文活动等 4 大类(马耀峰等,2005;骆高远等,2006)。

青藏高原位于我国地势的第一阶梯,拥有自然界与生俱来的冰峰雪山、广阔草原和奔腾江河。在漫长的地质发育与自然演替过程中,青藏高原不仅形成了迥异的高寒草原与草甸生态系统,还兼有沙漠、湿地及多种森林类型自然生态系统。在这特殊的地理环境中有许多蔚为奇观的地质遗迹和绚丽多姿的自然景观。这里有高原明珠青海湖、黄教胜地塔尔寺和沙区的天然屏障格尔木胡杨林;有世界上海拔最高的珠穆朗玛峰、被誉为“圣湖”的纳木错湖、世界最大的峡谷雅鲁藏布江大峡谷。青藏高原地区自然风光绮丽,具有许多特有的地质地貌类型,为保护这些自然遗迹而建立的丰富多彩的自然保护区为人类提供了高原自然界的原始“本底”,对于一般游客来说,更显得魅力无穷。

在青藏高原世居的少数民族主要有藏族、回族、土族、撒拉族和蒙古族等,其中藏族、土族和撒拉族人口量多,分布集中,形成了比较一致的民族风俗。各自特色的风俗习惯、风土民情对来自异国他乡的游客有着特殊的吸引力。藏文化博大精深,其独特的民族文化、音乐舞蹈文化、建筑文化、服饰文化、餐饮文化具有丰富的内涵。高原艺术成就随处可见,热贡艺术是藏传佛教艺术的重要流派,包括绘画(壁画、卷轴画,藏语称唐卡)、雕塑(泥塑、木雕)、堆绣(刺绣、剪堆)、建筑彩画、图案、酥油花等多种艺术形式。其中,酥油花、堆绣和壁画被誉为塔尔寺的艺术“三绝”。2009 年,热贡艺术被批准列入《人类非物质文化遗产代表作名录》。布达拉宫建筑宏伟奇特,收藏丰富多彩,堪称世界上海拔最高的古代宫殿艺术博物馆,是开展宗教文化旅游的圣地。

15.2.1 青海省

15.2.1.1 自然资源

(1)青海湖——一颗圣洁的高原明珠

青海湖位于青藏高原东北部、青海省境内,中国最大的内陆湖泊和最大的咸水湖,又名“措温布”,即藏语“青色的海”之意,被称为“圣湖”,也是青海省名称的由来。

青海湖由祁连山的大通山、日月山与青海南山之间的断层陷落形成。湖泊地域面积辽阔,环湖一圈约 360 km,湖水浩瀚无边又蔚蓝空灵。湖的周围被群山环抱,而贴近湖畔则是苍茫的草原,景色壮观优美,可供观赏的地带和景观很多,是游玩青海最重要的景区。

(2)三江源——中华水塔

三江源地区位于我国的西部,青藏高原的腹地、青海省南部,平均海拔 3500～4800 m,素有“中华水塔”“东亚水塔”美誉,是长江、黄河、澜沧江三条大河的发源地,长江总水量的 25%、黄河总水量的 49%和澜沧江总水量的 15%都来自这一地区。

三江源自然保护区是中国面积最大的自然保护区,是中国海拔最高的天然湿地,也是世界上高海拔地区生物多样性最集中的地区。2000 年 8 月 19 日,为了保护三江源的自然资源,三江源自然保护区纪念碑正式落成揭碑，标志着三江源自然保护区的正式成立。

(3)格尔木胡杨林——沙区的天然屏障

格尔木胡杨林位于阿尔顿曲克草原西北部，以托拉黑河命名的托勒海地区。托勒海，蒙古语即“胡杨很多的地方”，这里距格尔木市区约 60 km，平均海拔约 2800 m，整体面积 30 多平方千米，核心区面积 8 km^2，是青海唯一，也是世界上海拔最高的胡杨林。胡杨林带是保护沙区农牧业的天然屏障，是野生生物的重要栖息地，是维护这一地区生态平衡的主体，胡杨林已于 2000 年被认定为省级自然保护区。

格尔木胡杨林是一处集自然、山水、沙漠、胡杨和罗布麻、白刺、沙柳等野生植物为一体的风景胜地。胡杨林南靠巍巍昆仑山脉，北面是茫茫戈壁盐滩，夹在其中的沙漠化地带里，一条叫托拉海的季节河从沙地中流淌过来，林中伴生着芦苇、梭梭、红柳、盐爪爪、骆驼刺等沙生植物，与这里栖息的野生动物野鸡、狐狸、狼、野兔等，共同组成一个特殊的生态系统。

一年四季，胡杨林各具特色，尤其是金秋十月，胡杨就会由浓绿变为金黄，别具风采，使无数的旅游者感受到胡杨树生命的顽强，胡杨树的精神——生而千年不死，死而千年不倒，倒而千年不朽，万古流长。

(4)最美五大森林公园

①互助北山国家森林公园。位于青海省互助土族自治县东北部，海拔 2100～4308 m，公园总面积 1127 km^2，森林覆盖率 64.3%，森林蓄积量 428.86 万 m^3，离兰州市 220 km，距西宁市大约 110 km。

境内群峰巍峨，山清水秀，天高云淡，空气洁净，高原特色突出，是旅游避暑、疗养度假、科普考察的胜地，是首批全国保护母亲河行动生态教育基地之一，也是青海省唯一的以森林自然景观为主体的生态公园。2000 年被国家旅游局评定为 4A 级旅游风景区。2007 年被青海大众评选为“青海最美丽的十大景观”之一。2012 年被国家林业局评为“全国最具影响力国家森林公园”之一。

②门源仙米国家森林公园。位于青海东北部，是青海的北大门，属于“西宁旅游圈”辐射带和连通“河西走廊”黄金旅游线的结构中，地理位置优越。门源仙米国家森林公园是青海省面积最大的林区，公园覆盖门源县东川、仙米、珠固三个镇，土地总面积 14.8 万 hm^2。1996 年该公园被批准为省级森林公园，2003 年升级为国家森林公园。

门源仙米国家森林公园旅游资源得天独厚，县城东部有全省面积最大的仙米天然林区；中部有堪称高原奇观的百里油菜花海；西部有苏吉、皇城为主的大草原风光；境内有闻名遐迩的花海鸳鸯、鸾城翔凤、朝阳涌翠、冷龙夕照、骆驼曲流、狮子崖古八景。风景资源具有极高的观赏审美价值和奇异、神秘原始的特征，令游客心醉神迷，流连忘返。

③察汗河国家森林公园。位于大通县西北部，大坂山南麓宝库峡风景区内，这里气候温凉湿润，夏季年平均温度在 12℃左右，是理想的避暑胜地以及人们回归自然的绝妙佳境。察汗河国家森林公园因河而得名，但又不以河而专美，山峰与河水相互作用，两侧奇峰林立，山水以瀑布表现，落差不等，气势各异，有高原“张家界”之称。

④祁连黑河大峡谷省级森林公园。公园有林地 3.9913 hm^2，具有独特的地理条件和气候因素，峡谷内的高原动植物资源极其丰富，奇花异草密布，景致极为独特，是旅游探险的理想去处。

⑤群加国家森林公园。位于青海省湟中县境内，地处西宁市、海东地区、海南藏族自治州

与黄南藏族自治州交界之处。总面积 11 266 hm^2。群加国家森林公园是典型的高山峡谷地貌,山势雄伟,景色诱人,雄、奇、险、幽融为一体,历史文化源远流长、民风民情古朴神秘,被誉为“高原绿色明珠”。

15.2.1.2　人文资源

(1)塔尔寺

塔尔寺,又名塔儿寺,创建于明洪武十年(1377 年),位于青海省西宁市西南 25 km 处的湟中县城鲁沙尔镇。塔尔寺是中国西北地区藏传佛教的活动中心,酥油花、壁画和堆绣被誉为“塔尔寺艺术三绝”,另外寺内还珍藏了许多佛教典籍和历史、文学、哲学、医药、立法等方面的学术专著。

塔尔寺是中国藏传佛教格鲁派(黄教)六大寺院之一,也是青海省首屈一指的名胜古迹和全国重点文物保护单位,是国家 5A 级旅游景区。

(2)西海郡故城遗址

西海郡故城位于青海省海北藏族自治州海晏县县城约 1 km,青海湖东北侧、湟水南岸的金银滩上,为西汉新莽时代所设“西海郡”郡城遗址。西海郡故城遗址又称三角城遗址,位于青海湖东北。四个城门的门址保存较好,这一遗址为湟水流域迄今发现的规模最大的汉代城址。1988 年 1 月被国务院公布为第三批全国重点文物保护单位。

(3)喇家遗址

喇家遗址位于青海省民和县官亭镇喇家村,是一处新石器时代的大型聚落遗址,被称为“东方庞贝”,再现了齐家文化时期人类生活方式和生存状态,是迄今为止发现的我国唯一一处大型灾难遗址。其出土的“世界第一碗面”,提供了世界上最早的面条实物证据,为研究古代面条成分和制作工艺提供了难得的物证。2001 年被国务院公布为第五批全国重点文物保护单位之一,2002 年被评为我国十大考古发现之一。

(4)玉树赛马会

青海省玉树州被誉为“名山之宗”“江河之源”“牦牛之地”“歌舞之乡”。藏族在玉树占到了全州总人口的 96%,也是青海藏族分布最集中的地区。玉树赛马会是青海规模最大的藏民族盛会。会时藏族群众身着鲜艳的民族服装,将各自的帐篷星罗棋布地扎在结古草原上,参加赛马、赛牦牛、藏式摔跤、马术、射箭、射击、民族歌舞、藏族服饰展示等极具民族特色的活动。2008 年 6 月入选我国第二批国家级非物质文化遗产名录。玉树赛马会已伴随美丽玉树品牌享誉国内外,每年的赛马节已由单纯的观赏骑射、赛马比赛,发展为一项展示民族文化、经济交流,促进旅游业发展的全民盛会。

15.2.2　西藏自治区

15.2.2.1　自然资源

(1)珠穆朗玛峰——世界最高峰

珠穆朗玛峰藏语意为“圣母”,海拔 8844.43 m,为世界第一高峰,位于喜马拉雅山中段之中尼边界上、西藏日喀则地区定日县正南方。峰顶终年积雪,一派圣洁景象。珠峰地区拥有 4 座 8000 m 以上、38 座 7000 m 以上的山峰。珠穆朗玛峰于 2013 年被评为 4A 级景区。

珠穆朗玛峰周围 5000 km^2 范围内冰川覆盖面积约 1600 km^2。在许多大冰川的冰舌区还普遍出现冰塔林。土壤表层反复融冻形成石环、石栏等特殊的冰缘地貌现象。

(2)纳木错湖——圣湖

纳木错湖是西藏以自然景观为主的生态旅游景区。“纳木错”为藏语，藏语“纳木”是“天”的意思，“错”是湖，纳木错意为“天湖”。纳木错是西藏的“三大圣湖”(纳木错、玛旁雍错、羊卓雍错)之一，位于西藏自治区中部，是西藏第二大湖泊，也是中国的第三大咸水湖。湖面海拔4718 m，是世界上海拔最高的湖泊，面积1920多平方千米。纳木错被《中国国家地理》“选美中国”活动评选为“中国最美的五大湖泊”第三名。

纳木错鱼类资源甚丰，每当风和日丽之际，湖平似镜，可见到成群的鱼类在水中嬉游，主要鱼类为细鳞鱼和无鳞鱼。夏季，湖岛和滨岸浅滩上，还有大量赤麻鸭、鱼鸥、鸬鹚等候鸟在此栖息和越夏。湖泊四周有丰美的水草，是藏北优良的牧场之一。

(3)雅鲁藏布大峡谷

雅鲁藏布大峡谷位于西藏林芝地区米林县，平均深度5000 m，最深处达6009 m，地球上最深的峡谷。大峡谷地区是青藏高原最具神秘色彩的地区，因其独特的大地构造位置，被科学家看作“打开地球历史之门的锁孔”。峡谷具有从高山冰雪带到低河谷热带雨林等9个垂直自然带，汇集了多种生物资源，包括青藏高原已知高等植物种类的2/3，已知哺乳动物的1/2，已知昆虫的4/5，以及中国已知大型真菌的3/5。

雅鲁藏布江大峡谷里最险峻、最核心的地段，是一条从白马狗熊往下长约近百公里的河段，峡谷幽深，激流咆哮，至今还无人能够通过，其艰难与危险，堪称“人类最后的秘境”。

15.2.2.2　人文资源

西藏有1600多座保护完好、管理有序的寺庙，形成了独特的人文景观。特别是布达拉宫、大昭寺、甘丹寺等是西藏不同文化发展时期的代表，不但具有极高的旅游观光价值，也具有重要的科学研究价值。

(1)布达拉宫

布达拉宫坐落于拉萨市区西北玛布日山上，是世界上海拔最高，集宫殿、城堡和寺院于一体的宏伟建筑，也是西藏最庞大、最完整的古代宫堡建筑群。

布达拉宫始建于7世纪松赞干布时期，主体建筑分白宫和红宫，主楼十三层，高115.7 m，由寝宫、佛殿、灵塔殿、僧舍等组成，是藏传佛教的圣地，每年至此的朝圣者及旅游观光客不计其数。1961年3月，国务院列为首批全国重点文物保护单位；1994年12月，联合国教科文组织列其为世界文化遗产；2013年1月，国家旅游局又列其为国家5A级旅游景区。

布达拉宫是世界十大土木建筑之一，宫内珍藏大量佛像、壁画、经典等文物，这一民族文化艺术瑰宝被列入国家级文物保护单位和《世界文化遗产名录》。布达拉宫集中西藏宗教、政治、历史和艺术诸方面于一身，是“西藏历史的博物馆”。

(2)大昭寺

又名“祖拉康”“觉康”(藏语意为佛殿)，位于拉萨老城区中心，始建于唐贞观二十一年(647年)，是藏王松赞干布为纪念尺尊公主入藏而建，后经历代修缮增建，形成庞大的建筑群。

大昭寺已有1300多年的历史，在藏传佛教中拥有至高无上的地位。大昭寺是西藏现存最辉煌的吐蕃时期的建筑，也是西藏最早的土木结构建筑，并且开创了藏式平川式的寺庙市局规式。

(3)甘丹寺

甘丹寺为我国重点文物保护单位，由 50 多座建筑组成，位于拉萨达孜县境内拉萨河南岸海拔 3800 m 的旺波日山上。甘丹寺是格鲁派的祖寺，与哲蚌寺、色拉寺合称拉萨“三大寺”，清世宗曾赐名为永寿寺。

15.2.3 其他省区

(1)九寨沟自然保护区

九寨沟自然保护区位于四川省南坪县(1998 年更名为九寨沟县)境内，面积 64 300 hm²，森林覆盖率超过 80%。九寨沟是一条纵深 60 多千米的山谷，因沟内有树正寨、荷叶寨、则查洼寨等九个藏族村寨坐落在这片高山湖泊群中而得名。1978 年国务院批准建立，主要保护对象为大熊猫及森林生态系统，有 74 种国家保护珍稀植物、18 种国家保护动物，还有丰富的古生物化石、古冰川地貌，是我国第一个以保护自然风景为主要目的的自然保护区。1992 年被联合国教科文组织批准列入“世界文化与自然遗产名录”，后来又加入世界人与生物圈保护区网。

保护区内自然景观奇特，“九寨归来不看水”，是对九寨沟景色真实的诠释。境内百余处美丽的高山湖泊、众多而壮观的瀑布。翠海、叠瀑、彩林、雪峰、藏情、蓝冰，被称为“六绝”。神奇的九寨，被世人誉为“童话世界”，号称“水景之王”，是国家 5A 级旅游景区。

(2)碧塔海自然保护区

碧塔海自然保护区位于云南省西北部的中甸县(2001 年更名为香格里拉县)东部，普达措国家公园里，距县城 25 km。保护区以碧塔海为中心，总面积 840 km²。地处横断山脉上部的高原面上，属青藏高原向云南高原的过渡地带。

碧塔海素被称为高原明珠，湖面海拔 3538 m，是云南省海拔最高的湖泊，湖水常年澄澈碧绿，清丽不俗，湖中栖息有许多珍禽名鱼，主要有国家一类保护动物黑颈鹤，还有被生物学家称之为“碧塔重唇鱼”的珍稀鱼类。

马生林(2011)根据青藏高原的旅游资源，将其分为七大旅游区：一是以西宁为主的青海湖和位于湟中县内的塔尔寺、互助北山、坎布拉等旅游区；二是以三江源为主的长江、黄河源头及可可西里等旅游区；三是以青海西部戈壁大漠为主的格尔木、胡杨林、地质探险的旅游区；四是以祁连山为主的北线草地、古道、原始林区等景区旅游区；五是以拉萨为主的布达拉宫、大昭寺、罗布林卡、羊八井、纳木错、墨脱自然保护区旅游区；六是以日喀则为主的扎什伦布寺、白居寺及萨迦县内的萨迦寺、阿里地区象泉河畔的古格王朝遗址等旅游区；七是以西藏山南地区为主的喜马拉雅山东段南坡垂直自然景观以及位于亚东县的雍布拉康宫殿等旅游区。

15.3 青藏高原旅游资源发展类型

青藏高原“高寒、干旱、缺氧”的气候，其生态系统的抵抗能力极为脆弱，易受外界因素干扰破坏，土地资源趋于贫瘠，草地资源退化严重，森林资源锐减的问题日趋严重。旅游活动必须遵循保护性原则，尤其是对一些已经开放旅游的森林公园和保护区，应提倡生态旅游，严格禁止破坏自然生态环境和动植物资源的旅游活动。

15.3.1　发展生态旅游

生态旅游(ecotourism)是由世界自然保护联盟(IUCN)特别顾问谢贝洛斯·拉斯喀瑞(Cebalas Lascurain)于1983年首次提出,1986年在墨西哥召开的一次国际环境会议上正式确认。1988年他进一步给出生态旅游的定义:生态旅游是常规旅游的一种特殊形式,游客在欣赏和游览文化遗产的同时,置身于相对古朴、原始的自然环境中,尽情观察和享受旖旎的自然风光和野生动物(Cebalbs Lacurain,1996)。1991年,国际生态旅游协会对生态旅游下了一个简要的定义:"生态旅游是一种到自然地区的责任旅游,它可以促进环境保护,并维护当地人民的生活福祉"(侯沛芸等,2005)。1992年,第一届旅游与环境世界大会把生态旅游定义为促进保护的旅游,即以欣赏和研究自然景观、野生动物以及相应的文化特色为目标,通过为保护区筹集资金,为当地居民创造就业机会,为社会公众提供环境教育等而有助于自然、文化保护和可持续发展的旅游方式。

几十年来,生态旅游的发展无疑是成功的,是旅游产品中增长最快的部分。虽然到目前为止,生态旅游尚无统一定义,但人们的看法几乎是一致的:一是生态旅游首先要保护旅游资源,是一种可持续的旅游;二是游客在生态旅游过程中身心得以解脱,并促进生态意识的提高。

15.3.1.1　发展社区生态旅游

由于民族文化旅游满足了游客"求新、求异、求乐、求知"的心理需求,已经成为生态旅游的重要内容之一。具有民族文化、民俗风情的生态旅游适合发展社区生态旅游。民族文化与当地居民的居住环境、日常生活紧密联系,是漫长岁月中依靠一代又一代人长期实践经验积累的结果。民风民俗的古朴性和原汁原味,对游客最具有吸引力,游客体验的真实性是社区生态旅游产品质量高低的关键所在。丰富多彩的民风民俗、传统节日、集会活动、民族歌舞、民族服饰等都可成为社区生态旅游的旅游产品。各少数民族深厚的文化底蕴,将有助于扩展生态旅游的发展空间。

15.3.1.2　发展草原生态旅游

草原是以旱生或半旱生的多年生草本植物为主的一种生态系统。草原生态系统的生物多样性高,形态各异、特性不同的草原世界提供给游客极高的观赏性和舒适度。

四川的阿坝州,地处青藏高原东南缘,其草原生态旅游资源丰富,景点数量繁多,其草原旅游资源覆盖红原、若尔盖、松潘和阿坝四县。该州优美的草原秀美风光、浪漫古朴的草原藏乡风情、深宏博大的藏传佛教文化和悲壮的红军长征史诗融为一体,相得益彰,成为草原生态旅游的特色。阿坝州红原大草原,又被称为"红色草地",意为红军长征经过的草地,地跨高原地貌和山地地貌两大单元,特色自然景观为草原湿地和雪山、森林湿地景观,均具有规模大、分布广和品位高等特点。其中的红原县是由周恩来总理亲自命名的,其天然草场面积占总面积的91.8%,是我国最大的草原湿地保护区之一,动植物资源十分丰富。红原被列为"大九寨"国际旅游核心区,月亮湾旅游区是红原县较早推出的大草原旅游产品。

云南香格里拉地处青藏高原南缘,其山地草地景观独具一格,由于其"一山分四季"的典型立体气候形成了复杂的山地杂类草草甸和山地垂直带的变化景观,为其发展草原生态旅游提供了良好的基础。

15.3.1.3　发展森林生态旅游

目前高原地区大多不能生长森林，森林面积只有 0.19 亿 hm^2，95%集中分布于高原南缘与东南部小块地区，祁连山地只有零散分布（南文渊，2007）。虽然青藏高原总体森林面积不大，但局部的森林资源丰富。地处青藏高原南缘的香格里拉，拥有被雪山环抱的原始森林，是有名的森林王国，森林覆盖率达 36.4%。香格里拉位于云南省西北部，是滇、川及西藏三省区交汇处，也是举世闻名的“三江并流”的风景区腹地。香格里拉地形结构复杂，各种气候类型相嵌交错，同一气候垂直带内又有森林气候、草原气候、湖盆气候等单个小地形气候，形成“隔里不同天”的气候特征，造就了香格里拉独特的自然景观和丰富的自然资源，是目前全国保存较好的以亚高山针叶林为主的原始林区。其森林资源具有林业用地广阔、树种资源丰富、林木蓄积量高、以针叶林为主等特点。香格里拉丰富的森林资源决定了其发展森林生态旅游的巨大潜力和优势。

15.3.2　发展乡村旅游

乡村旅游起源于 1885 年的法国，19 世纪 80 年代开始大规模发展。世界经济合作与发展委员会（OECD）在 1994 年将乡村旅游定义为：在乡村开展的旅游，田园风味（rurality）是乡村旅游的中心和独特的卖点。到目前为止，还没有统一的乡村旅游的定义。

高曾伟等（2001）认为乡村旅游资源是人与自然环境长期作用而形成的统一和谐的乡村景观，它是由自然环境、物质要素和非物质要素组成的有机整体，并将乡村旅游资源分为农业景观、聚落景观和民俗文化景观三大类型。农业景观包括田园风光、林区景观、渔区景观、草场景观和城郊景观；聚落景观包括集镇景观和村落景观；民俗文化景观包括传统民居、传统服饰、传统饮食、娱乐、民间文艺、节日庆典、婚恋、礼仪和信仰。

刘德谦（2006）提出乡村旅游的核心内容是乡村风情（乡村的风土人情），可以包括以下四个部分：风土——特有的地理环境、风物——地方特有的景物、风俗——地方民俗、风景——可供欣赏的景象。如果再细致一些去发现，应该说，下面有关乡村的这些内容，也都是乡村旅游难以分割的部分：风光——靓丽的风景、风貌——喜人的外观、风姿——引人注目的风度与姿态、风味——地方特色、风谣——民歌民谣、风尚——一定时期中流行的风气与习惯。

综上所述，乡村旅游是指以乡村资源和环境为依托，开发独具特色的民俗风情、乡村风光和民俗文化，集观光、游览、娱乐、休闲和购物为一体的旅游形式。

15.3.2.1　发展观光牧业

观光牧业也可称作“牧家乐”，是观光农业旅游的一种类型，就是以牧业和牧区为基础，并同旅游业相结合的一种新兴的旅游产业，是以牧区文化景观、牧区生态景观、牧业生产生活活动及其传统的游牧民族民俗为资源，融观赏、考察、学习、参与、娱乐、购物、度假为一体的旅游活动（聂爱文，2009）。近年来，“牧家乐”深受游客欢迎，游客在田园风光中享受农业风光，陶冶情操。相应的在牧区，“天苍苍、野茫茫，风吹草低见牛羊”的草原风光也深深地吸引着来自五湖四海的游客。

青藏高原地区有发展“牧家乐”的优势，尤其是西藏和青海等地区，草地资源丰富，加上当地牧民的热情好客的习俗，原生态的美味佳肴，将成为当地发展旅游业的重要途径。“牧家乐”的迅速发展不仅可以增加当地牧民的收入，同时也为游客拓展了旅游空间。

15.3.2.2　发展红色乡村旅游

红色乡村旅游，顾名思义，就是“红色旅游＋乡村旅游”的有机结合。

二十世纪六七十年代出现的瞻仰革命圣地热潮，是我国红色旅游的雏形。但在文字上，最早把“红色”与“旅游”两个词语结合在一起的是江西省。2000 年，江西省推出南昌至井冈山、瑞金等地 3 条“红色之旅”省内旅游专线（刘海洋等，2010）。2004 年 12 月，中共中央办公厅、国务院办公厅联合印发《2004—2010 年全国红色旅游发展规划纲要》，提出红色旅游是指以中国共产党领导人民在革命战争时期形成的纪念地、标志物为载体，以其所承载的革命历史、事迹和精神为内涵，组织接待旅游者开展缅怀学习、参观游览的主题性旅游活动。《2011—2015 年全国红色旅游发展规划纲要》指出，中央已将红色旅游发展纳入主题性旅游活动。2016 年 5 月 19 日，国家旅游局在首届世界旅游发展大会上发布的《中国旅游发展报告 2016》显示，争取到 2020 年，中国红色旅游年接待人数突破 15 亿人次，红色旅游进一步成为爱国主义和革命传统教育的重要载体，成为推动老区振兴和精准脱贫的重要渠道。

青藏高原地区中西藏、青海、甘肃、四川、云南等省区红色旅游正成为旅游业的新向标，红色旅游资源大部分位于乡村地区，在各地乡村旅游挖掘红色旅游景点，让游客在浏览乡村风光时，深入了解当地的红色历史文化。

15.3.3　发展青藏铁路沿线旅游

青藏铁路西起青海省省会西宁，西南至西藏拉萨，全长 1956 km，是中国新世纪四大工程之一。2006 年 7 月 1 日，青藏铁路正式通车运营。青藏铁路分两期完成，一期工程从西宁至格尔木，长 846 km，途经青海湖盆地、德令哈；二期工程自格尔木到拉萨，途经纳赤台、五道梁、沱沱河，翻越唐古拉山进入西藏，经安多、那曲、当雄、羊八井至拉萨，全长 1110 km，目前已开通了北京、上海、广州、重庆、兰州、西宁到拉萨的列车。

青藏铁路是世界上海拔最高、路线最长、融入景点最多、最富挑战性的铁路线，被誉为“天路”。青藏铁路有海拔 4000 m 以上的地段 960 km，多年连续冻土地段 550 km，大部分线路处于高海拔地区和“生命禁区”，突破了高寒缺氧、多年冻土、生态脆弱三大世界难题。青藏铁路对于西藏意义重大，结束了西藏没有铁路的历史，开辟了青藏高原与外界的人流、物流、信息流的沟通，为青藏高原地区的发展注入了外界的新要素和新的活力。

青藏铁路几乎囊括了青藏高原所有的利用资源类型及特色，沿线分布的一批国家级旅游资源有青海湖国家风景名胜区；4A 级以上景区有布达拉宫、西藏博物馆、大昭寺、罗布林卡、青海湖、昆仑文化园、互助土族故土园、塔尔寺旅游区；国家级自然保护区有拉鲁湿地、羌塘、色林错、孟达、青海湖、可可西里、隆宝、三江源；森林公园有坎布拉、北山、群加、哈里哈图、尼木；贵德黄河清国家湿地公园；拉萨、西宁、格尔木为国家优秀旅游城市；布达拉宫（包括大昭寺，罗布林卡）是世界文化遗产（张忠孝等，2013）。

张忠孝等（2006）将青藏铁路沿线旅游资源分为 8 类，包括地文景观、水域风光、生物景观、天象与气候景观、遗址遗迹、建筑与设施、旅游商品、人文活动。同时，对青藏铁路沿线旅游资源进行区划，如表 15-3 所示。

表 15-3 青藏铁路沿线旅游区划

旅游区	旅游小区
以西宁为中心的旅游区	中国夏都——西宁市区旅游区 西宁市辖县旅游区(大通、湟中、湟源) 河湟谷地旅游区(互助、民和、乐都、循化、尖扎、贵德)
柴达木盆地旅游区	青海湖盆地旅游区 盆地明珠——德令哈 中国盐湖城——格尔木 中华万山之祖——昆仑山
可可西里旅游区	可可西里自然保护区、三江源自然保护区
藏北高原旅游区	藏北重镇——那曲 藏北高原无人区
以拉萨为中心的旅游区	拉萨市区风景名胜区 拉萨市辖区风景名胜区

15.4 青藏高原旅游资源可持续利用对策

根据青藏高原旅游资源的三种类型:生态旅游、乡村旅游和青藏铁路沿线旅游,分别提出相应的可持续发展对策。

15.4.1 生态旅游可持续发展对策

运用生态旅游理念,打造青藏高原生态旅游精品,形成品牌效应。将青藏高原精品生态旅游融合草原的原汁原味和传统藏族生态伦理文化,提升生态旅游品位和质量。把青藏高原生态旅游产品有步骤、有重点地推向社会,扩大影响,提高知名度和美誉度,引导游客前来游览观光。发展青藏高原生态旅游产业,发挥草原休闲、森林观赏、旅游畜牧业等特色,既可促进当地农牧产品的商品化,又可提高自然资源的开发和利用效率。青藏高原生态旅游将自然资源优势转化为生态经济优势,可以实现经济效益、生态效益和社会效益的共赢。

生态旅游的内涵更强调的是对自然景观的保护,是可持续发展的旅游,生态旅游可持续发展的对策主要从社区的保障机制、草原旅游管理、维持森林资源生态系统等方面进行。

15.4.1.1 建立社区旅游的保障机制

适宜发展社区生态旅游的地区多在牧区,其经济发展相对落后,发展生态旅游的机制不够完善,政府应发挥主导作用,建立社区生态旅游的保障机制。首先,地方政府把社区生态旅游发展列入地方经济社会发展的长远计划中,为社区生态旅游的发展营造良好的宏观环境;其次,抓好基础设施和服务设施建设,带动当地牧民就业、扩大信息通道、加速物流和人流的互动等;最后,加强社区生态旅游对生态环境和传统文化保护的监管。

15.4.1.2 建立草原旅游管理、监测与调控机制

草原生态旅游是以草原生态系统为载体,草原生态环境的质量与草原生态旅游息息相关。为实现青藏高原草原生态旅游的可持续发展,须建立和完善青藏高原草原生态旅游管理、监测

与调控机制。当地政府部门应根据草原生态旅游的发展需求，成立草原生态旅游管理机构，制定和实施对草原生态旅游有利的发展规划和旅游法规，对旅游地环境、植被状况、旅游客源状况等进行监测，给旅游者提供查询服务，为经营商提供信息反馈，并对出现的问题及时进行调控。

15.4.1.3　维持森林资源生态系统的可持续发展

保护森林资源生态系统是发展森林生态旅游的前提，森林生态旅游的可持续发展必须建立在森林资源的可持续发展之上。只有长久地保护各类森林资源生态系统，不断地丰富森林资源，生物生活栖息场所及周边环境不断得到改善，才能创造更好的条件开发森林生态旅游，使游客感受不同类型森林生态旅游的特殊性和奥秘。要维持森林资源生态系统的可持续发展，首先，在生物多样性保护方面，要因地制宜，建立相应的管理体制，严禁破坏森林资源的行为；其次，以景观生态学的基本原理为依据，进行森林资源的合理布局分布和森林资源的管理。

15.4.2　乡村旅游可持续发展对策

乡村旅游虽然发展较快，但存在着规划不完善、管理不健全、资源零散等方面的问题，针对这些问题提出相应的可持续发展对策。

15.4.2.1　完善乡村旅游的规划管理

由于乡村旅游资源种类丰富，同时与当地的自然资源和社会环境的关系密切，青藏高原地区自然景观类型多样，同时少数民族较多，所以由民族、宗教、文化、经济、历史等要素组成的社会环境的差异性形成了不同的乡村民俗文化，如民族服饰、信仰、礼仪、节日庆典等。

规划的质量和水平直接关系到旅游资源的保护，影响着旅游业的可持续发展。因此乡村旅游要因地制宜，进行规划，对民俗和民族的传统文化等旅游资源进行深入开发。

15.4.2.2　整合乡村旅游资源

旅游资源的类型不同，可以用不同的颜色等表示，如“红”“绿”“古”“彩(俗)”等。“红色旅游”是以革命纪念地、纪念物为吸引物，实现学习革命精神，接受革命传统教育和振奋精神的旅游活动；“绿色旅游”表示具有亲近环境或环保特征的各类旅游产品及服务；“古色旅游”是将旅游地的历史文化融入游客游览过程，对旅游地的历史古迹、著名人物故居的游览等；“彩(俗)色旅游”表示了解旅游地丰富多彩的民俗风情资源的产品和服务。

发展乡村旅游，应多方面整合旅游资源，将各种旅游结合发展。不同的发展模式可分为：

(1)“红＋绿”组合：将红色旅游与乡村生态资源结合起来；

(2)“红＋古”组合：将红色旅游与乡村历史文化整合起来；

(3)“红＋彩”组合：将红色旅游与乡村的民俗风情资源结合起来；

(4)“绿＋古”组合：将生态旅游与乡村历史文化结合起来；

(5)“绿＋彩”组合：将生态旅游与乡村民俗风情资源结合起来；

(6)“古＋彩”组合：将历史文化与乡村民俗风情资源结合起来。

15.4.3　打造青藏铁路沿线黄金旅游线路

中国科学院“青藏铁路建设与西藏社会经济发展若干问题”咨询组(2004)在《关于青藏铁

路建设与西藏社会经济发展若干问题的建议》中明确提出，青藏铁路沿线集生态、宗教、民族风情、江河探险、登山、狩猎、徒步、科考等旅游资源于一体，我国“十二五旅游规划”提出要把青藏铁路沿线建设成为具有世界影响力的旅游产品与路线。随着青藏铁路的开通，近几年入藏旅游游客数量迅速增多，尤其是每年5—9月的旅游旺季。

因此，青藏高原地区应依托青藏铁路沿途高原风光移步换景，逐步打造青藏高原特有的人文与自然完美结合的黄金旅游线路。

第 16 章　青藏高原地区生态位与可持续发展

青藏高原地区资源禀赋丰富，地理位置独特，在我国乃至全球的生态地位尤为重要。根据生态位的理论分析青藏高原地区的生态位与可持续发展，可以从青藏高原的功能、位势、价值等多方面为青藏高原地区的资源利用提供参考。

16.1　生态位理论

生态位理论是生态学的一个重要概念，“生态位”是从英语 niche 一词翻译过来的，20 世纪 50 年代被我国学者翻译作生态龛，后来译作小生境。1982 年，参与《中国大百科全书(生态学册)》编写会议的与会专家认为，“位”这个字既能体现空间含义又能表示功能含义，能更加准确地表达 niche 一词的原意(尚玉昌，2010)。所以，生态位在生态学中一般译作 ecological niche 或 niche。

16.1.1　国外研究进展

国外学者早在 20 世纪初提出了生态位的概念，随后其内涵和外延不断进行完善和拓展。钱辉(2008)认为达尔文的观点是生态位思想的萌芽，达尔文(2001)认为：“某一物种的后代越变异，就越能成功地生存，因为他们在构造上越分异，就越能侵入其他生物所占据的位置。”Johnson 在 1910 年最早使用生态位术语，但未给出清晰的生态位概念，认为同一区域的不同物种占据其生境中不同的生态位。生态位的解释最早在 1917 年由美国的生态学家 Grinnell 提出，生态位指生物种群所占据的基本生活单位，主要根据小生境来考虑生态位，我们现在称之为空间生态位(spatial niche)。1927 年，英国生态学家 Charles Elton 定义生态位为生物的某一物种在群体部落中的位置和功用，即所谓的功能生态位。1934 年高斯(Gause)在研究种间竞争时提出，两个相似的物种不能占有相同的生态位，二者以某种方式彼此取代，每种各具食性或其他生活方式上的特点。高斯这里用的生态位势按 Elton 的定义，即生态位是指动物在生物群落中的地位，以及它与食物和天敌的关系(孙儒泳，2001)。G. E. Hutchinson 于 1957 年提议把生态位看成是多维空间或多维体积，在这个空间中，一个个体或物种可以在环境中不限定生存，这种生态位可以称为多维生态位(multi-dimensional niche)(奥德姆等，2009)。奥德姆在 *Fundamentals of Ecology* 中给生态位定义为物种在群落和生态系统中的位置或状态取决于该生物的形态适应性、生理响应和特有行为，后来综合前人定义，认为物种生态位包括其占有的物理空间、生物群落中的功能地位和对环境要求的总和(彭文俊等，2016)。Tilman (2004)基于经典竞争理论提出随机的生态位理论，包含三方面内容：即群落集合是入侵者再造成功或失败的结果；成功的再造必须能大量繁殖，并能长成熟；成功入侵的可能性依赖入侵者和已有物种对资源的需求。根据以上描述，将国外生态位的主要理论观点归纳为空间生态位、功能生态位、多维生态位和随机生态位四类(表 16-1)。

表 16-1 生态位理论观点

生态位类型	学者	年份	主要观点
空间生态位	Grinnell	1917	物种的最小分布单元,其中的结构和条件能够维持物种的存在
功能生态位	Elton	1927	从动物生态学角度提出,生态位为动物在生物群落中的位置,以及动物与其食物和天敌的关系,也就是说,可以通过观察动物的食物需要特征来确定该动物的生态位
多维生态位	Hutchinson	1957	把生态位分为基础生态位和实现生态位。基础生态位是没有物种竞争的原始大小的生态位,是生物群落中能够为某一物种所栖息或利用的最大空间;实现生态位是物种通过竞争后实际占据的那部分生态位
随机生态位	Tilman	2004	即群落集合是入侵者再造成功或失败的结果;成功的再造必须能大量繁殖,并能长成熟;成功入侵的可能性依赖入侵者和已有物种对资源的需求

16.1.2 国内研究进展

我国学者王刚对生态位的研究较早,也较有代表性。1984 年王刚等运用集合映射理论提出广义物种生态位概念,即表征环境属性特征的向量集到表征物种属性特征的数集上的映射关系(1984)。马世骏(1990)提出扩展的生态位理论,根据生态位的存在与非存在形式,以及生态位的实际和潜在被利用状态,将生态位分为存在生态位和非存在生态位,存在于一定空间和时间的生态位称为存在生态位,反之为非存在生态位。张光明等(1997)提出了综合生态位的概念,即一个物种在特定的生态环境中的功能地位,包括了物种与环境二者之间的相互影响、需求及其发展规律,定量地反映物种和栖息地之间的作用关系。国内学者对生态位相关概念内涵的进一步丰富和发展,促进了生态位理论和产业的融合。

综上所述,我们可以把生态位看作是生物在群落中所占据的空间和所发挥的作用。生态位的大小用生态位的宽度衡量,大多数生态系统具有不同生态位的物种,这些生态位不同的物种,避免了相互之间的竞争,同时由于提供了多条能量流动和物质循环途径,有助于生态系统的稳定(付伟等,2010)。

16.1.3 生态位应用的扩展

生态位理论可以解释生物多样性的问题,群落中生态位越相似的物种,竞争越激烈,其结果之一是弱势物种灭绝,更多的结果是生态位的进一步分化,使多物种共存发展。

生态位概念在非生命领域中的拓展应用越来越广泛,随着有机观的形成,生态位概念逐渐被拓展到政治、经济、农业、工业、文化、管理等非传统生态学领域,促使了城市生态位、产业生态位、文化生态位、土地生态位、旅游生态位等一系列专用名词的产生(彭文俊等,2016)。企业管理学家根据生态位的概念提出企业种群生态位和个体生态位,用于企业管理研究。钱辉(2008)分析企业生态位理论及其应用,并对企业—生态位因子的互动过程进行分析,构建生态位因子突变模型,并基于此模型对企业生态位状态进行评价。

王如松(1988)将生态位应用在城市研究,认为生态位是生物与环境之间关系的某种定性或定量表述,它有两层含意:一是对生物个体或种群来说,其生存所必需的或可被利用的各种生态因子或生态关系的集合;二是在生物实际生活的环境中,各种生态因子或生态因子间的关系对该种生物的适宜程度。同时，提出城市生态位(一个城市或任何一种人类栖境给人类活动所提供的生态位)是指它所提供给人们的或可被人们所利用的各种生态因子(如水、食物、能源、土地、气候、建筑、交通等)和生态关系(如生产力水平、环境容量、生活质量、与外部系统的关系等)的集合。

因此，某一城市或某一地区的生态位包括生态因子和生态关系两大方面。生态因子是指影响该地区发展的主要内在因素，生态关系是指该地区发展与外部系统的关系因素。

16.2　青藏高原地区生态位分析

青藏高原地区享有特殊的资源禀赋，生态位势重要。本章结合可持续发展的内涵，研究青藏高原地区的生态位，从生态因子和生态关系两个方面来分析。其中，生态因子为影响青藏高原地区可持续发展的自然基础，具体包括青藏高原的空间结构合理度、区位指数和生态环境脆弱度；生态关系选取创新度、协调度、绿色度、开放度、共享度五个方面(图16-1)。生态因子是青藏高原地区可持续发展的内在因素，直接关系着生态关系的发展状况。

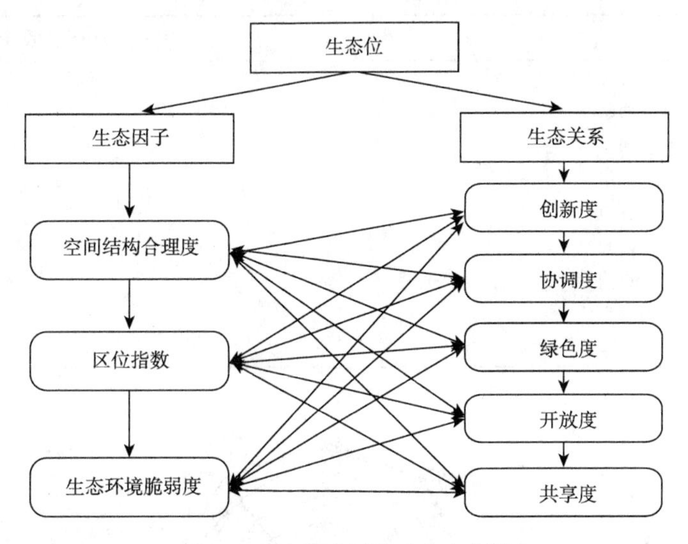

图16-1　青藏高原地区生态位图

16.2.1　生态因子

16.2.1.1　空间结构合理度

区域空间结构的形成，是在特定的自然区域中，人类在社会经济发展中长期选择的结果。空间结构合理性指数可以客观地反映不同区域的经济活动，一般比较发达的地区空间结构合理度指数较高。中国科学院可持续发展战略研究组(牛文元等，2007)对中国31个省(区)空间结构合理度进行了分析。中国科学院可持续发展战略组将中国空间结构合理度进行以下的分类：

(1)>5.950，空间结构合理度优；

(2)5.920～5.950，空间结构合理度良；

(3)5.890～5.920,空间结构合理度中;

(4)5.860～5.890,空间结构合理度弱;

(5)<5.860,空间结构合理度差。

本书根据其计算出的数值分析青藏高原地区的空间结构合理度,如表 16-2 和图 16-2 所示。总体看,青藏高原空间结构合理度很差,青海和西藏的空间结构合理度指数分别为 5.687 和 4.967,都低于全国平均水平,尤其是西藏在全国地区中处于最后一位,是全国唯一一个指数低于 5.0 的地区,与指数最高的山东(5.965)相比,差值接近 1.0。在计算中将四川、贵州、云南、西藏、陕西、甘肃、宁夏、青海和新疆归入西部地区算其均值,而西藏和青海的空间结构合理度指数也都小于西部均值,说明青藏高原的空间结构合理度很差。

已有统计分析得出:随着空间结构合理度的改善,区域发展成本呈现明显下降的趋势,两者以非线性的比例下降,有较好的统计规律。因此,要实现青藏高原资源的可持续发展必须面对青藏高原地区空间结构合理度差的软肋,动态地监测和调控区域空间结构合理度的改善,以适应可持续发展的要求。

表 16-2 青藏高原地区空间结构合理度指数

地区	空间结构合理度指数
青海	5.687
西藏	4.967
四川	5.900
云南	5.884
甘肃	5.695
新疆	5.590
全国	5.841
西部平均	5.696
山东	5.965

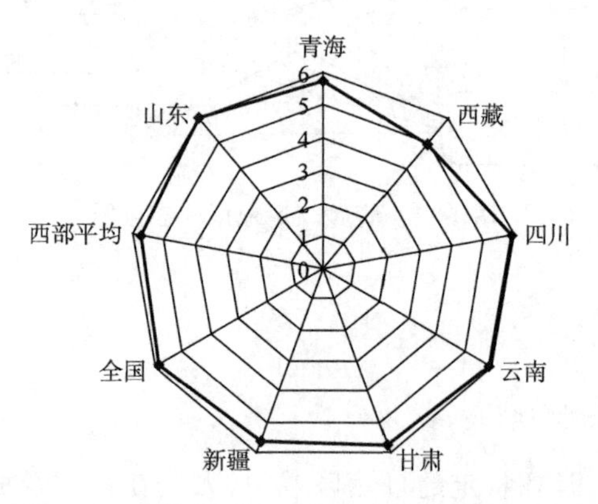

图 16-2 青藏高原地区空间结构合理度指数图

16.2.1.2 区位优势指数

区位(location),是空间位置关系对于区域开发的可适性总和。区位对于区域的发展起着基础作用,是对人力、资本、技术、市场具有吸引力的前提,也是对制造、销售、储备、运输具有竞争力的基础。通常它表达了该区域的吸引度、通达度、潜势度所共同产生的空间推挽力效应的净结果(图 16-3)。

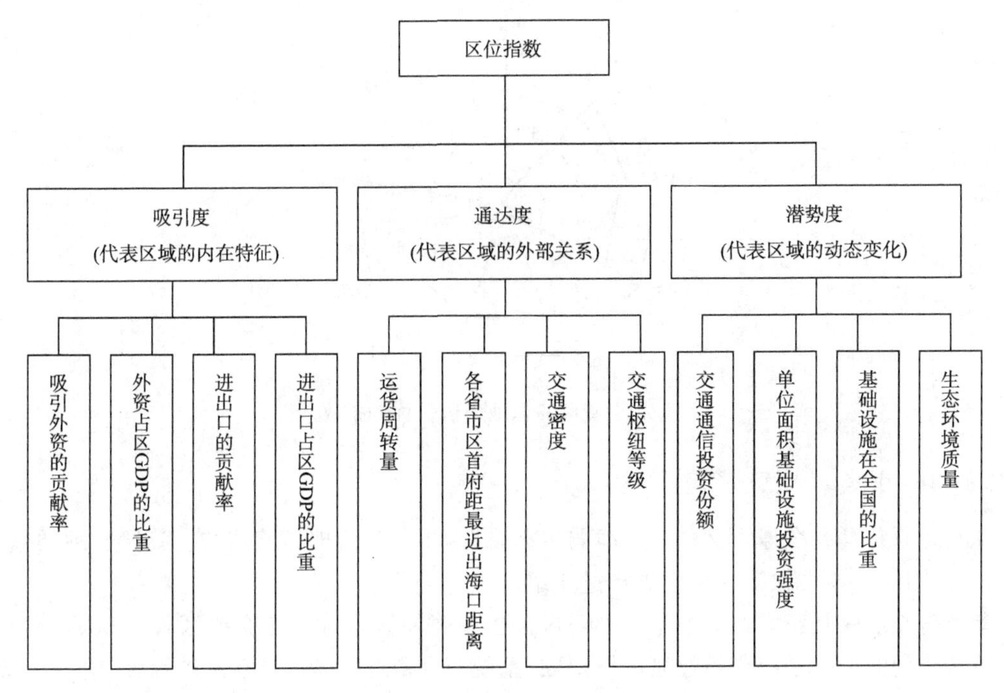

图16-3 区位指数结构体系

中国各省(区、市)的发展,与它们所具有的区位指数密切相关,青藏高原也不例外。青藏高原地区区位指数的定量表达与测定,是衡量其未来发展的基本要素之一。

青藏高原地区的区位优势指数较低,青海和西藏的区域指数分别是6.4和0.8,而北京和上海的区域指数分别为44.0和64.5(表16-3和图16-4),差距很大。在统计的全国30个省份(重庆市数据暂时划入四川省中)区域指数排序中分别列位第28名和第30名,这表明青藏高原地区区位条件和质量较差。而区位指数的优劣与区域的发展成本高低有着极为密切的关系,因此青藏高原地区的区域发展成本(或区域开发难度系数)明显高于其他地区。

表16-3 青藏高原地区区位优势指数

地区	区位指数	区位指数排序
青海	6.4	28
西藏	0.8	30
四川	14.1	23
云南	12.0	25
甘肃	8.3	27
新疆	4	29
北京	44.0	3
上海	64.5	2
广东	69.5	1

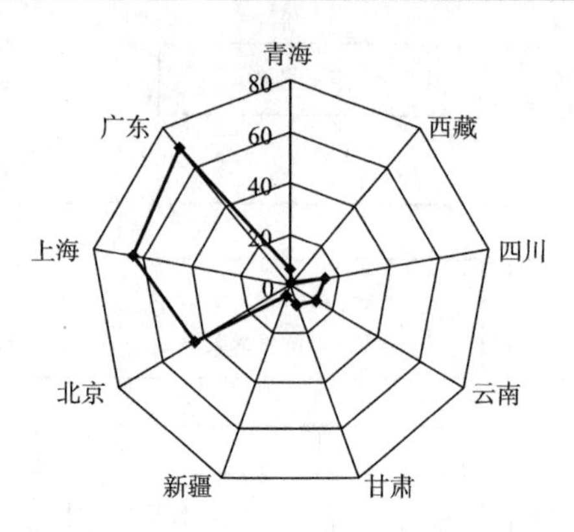

图 16-4　青藏高原地区区位优势指数

16.2.1.3　生态环境脆弱度

青藏高原是具有全球意义的一个脆弱生态系统,生态环境非常脆弱,灾害频繁、种类繁多、强度大、范围广。本书在第 6 章中进行过介绍。

青藏高原地区是我国典型的生态脆弱区。生态脆弱区也称生态交错区(ecotone),是指两种有明显区别的生态系统交界过渡区域,具有系统抗干扰能力弱,时空波动性强,边缘效应显著和环境异质性高的特征。生态脆弱地区是生物多样性具有显著特点的地区,也是生态保护的重要领域。

我国的生态脆弱区主要分布在北方干旱半干旱区、南方丘陵区、西南山地区、青藏高原区及东部沿海水陆交接地区,涉及黑龙江、内蒙古、吉林、辽宁、河北、山西、陕西、宁夏、甘肃、青海、新疆、西藏、四川、云南、贵州、广西、重庆、湖北、湖南、江西、安徽等 21 个省(区、市),主要包括 8 种类型,包括东北林草交错生态脆弱区、北方农牧交错生态脆弱区、西北荒漠绿洲交接生态脆弱区、南方红壤丘陵山地生态脆弱区、西南岩溶山地石漠化生态脆弱区、西南山地农牧交接生态脆弱区、青藏高原复合侵蚀生态脆弱区和沿海水路交接带生态脆弱区(李周,2015)。

16.2.2　生态关系

十八届五中全会提出了“创新、协调、绿色、开放、共享”的五大发展理念,这五大发展理念是“十三五”乃至更长时期我国发展思路、发展方向、发展着力点的机制体现。这 5 个方面也反映了地域与外界的关系。由易昌良(2016)博士领衔的《2015 中国发展指数报告》课题组对全国 31 个省(区、市)分别从“创新、协调、绿色、开放、共享”五个层次构建了中国发展指数评价体系,形成了《2015 中国发展指数报告》,其中还对中国省际发展指数指标体系进行构建和评价。因此,本书就选取创新度、协调度、绿色度、开放度、共享度来分析青藏高原地区的生态关系。

16.2.2.1　创新度

省际创新发展指标体系由创新环境、创新绩效及创新主体 3 个二级指标及 48 个三级指标构成。创新环境反映各省产业创新系统中诸多环境要素满足创新主体的需求程度;创新绩效反映各省的创新成果;创新主体反映各省的企业创新成果。易昌良(2016)对全国 31 个省(区、市)进行了创新发展指数的计算,青藏高原地区的创新发展指数如表 16-4 和图 16-5 所示。

表 16-4　青藏高原地区创新发展指数

地区	创新发展指数	从大到小排序
青海	10.974	28
西藏	11.998	26
四川	20.227	12
甘肃	16.104	19
云南	15.015	21
新疆	17.665	17
江苏	65.310	1
广东	62.210	2

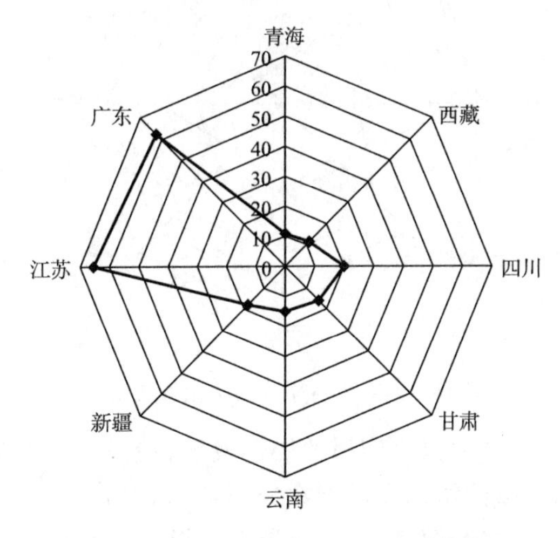

图 16-5　青藏高原地区创新发展指数

从总体上看，青藏高原地区创新指数较小。青海和西藏的创新发展指数分别是 10.974 和 11.998，在全国 31 个省(区、市)从大到小排序中分别列位第 28 名和第 26 名。创新发展指数最大的江苏(65.310)分别是青海和西藏的 5.95 和 5.44 倍。

16.2.2.2　协调度

省际协调发展指标系统由协调环境、协调产出及企业协调 3 个二级指标及 487 个三级指标构成。协调环境反映省际协调活动所依赖的外部软硬件环境；协调产出反映省际协调活动所产生的结果；企业协调反映省际企业的协调能力及发展水平。易昌良(2016)对全国 31 个省(区、市)进行了协调发展指数的计算，青藏高原地区的协调发展指数如表 16-5 和图 16-6 所示。

表 16-5　青藏高原地区协调发展指数

地区	协调发展指数	从大到小排序
青海	12.467	28
西藏	11.313	31
四川	41.711	5
甘肃	21.942	24

续表

地区	协调发展指数	从大到小排序
云南	28.341	15
新疆	24.607	21
江苏	67.239	1
广东	67.020	2

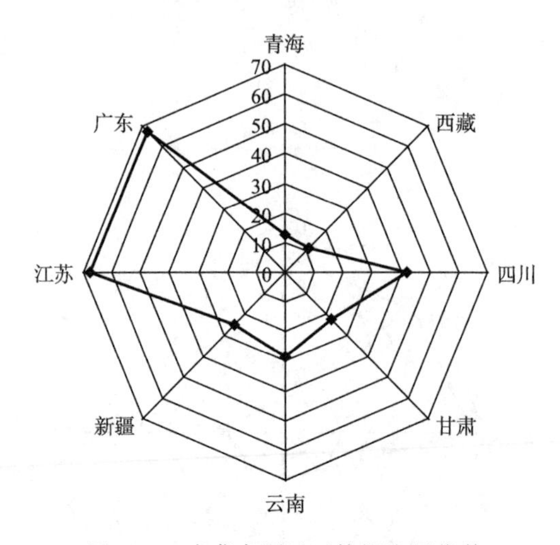

图 16-6　青藏高原地区协调发展指数

由图可看出，青藏高原地区中只有四川的协调发展指数较高，但从总体上看，青藏高原地区协调指数较小。青海和西藏的协调发展指数分别是 12.467 和 11.313，在全国 31 个省份从大到小排序中分别列位第 28 名和第 31 名。协调发展指数最大的江苏(67.239)分别是青海和西藏的 5.39 和 5.94 倍。

16.2.2.3　绿色度

省际绿色发展指标系统由政府政策支持度、经济增长绿化度、资源环境承载潜力 3 个二级指标及 60 个三级指标构成。政府政策支持度反映出政府为治理环境污染而进行的相关投入；经济增长绿化度反映出绿化面积以及相关基础设施的建设；资源环境承载潜力反映出各类资源的总产量。易昌良(2016)对全国 30 个省(区、市)(西藏因数据不全未参与排名)进行了绿色发展指数的计算，青藏高原地区的绿色发展指数如表 16-6 和图 16-7 所示。

表 16-6　青藏高原地区绿色发展指数

地区	绿色发展指数	从大到小排序
青海	54.293	9
四川	52.748	12
甘肃	40.311	30
云南	51.136	15
新疆	50.035	17
浙江	68.268	1
上海	61.924	2

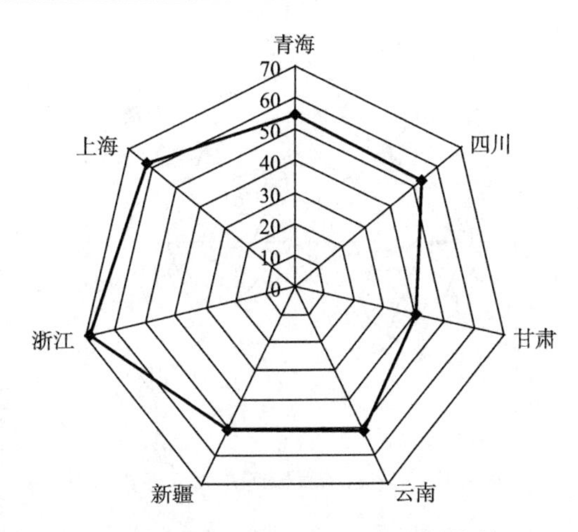

图 16-7　青藏高原地区绿色发展指数

青藏高原地区中绿色发展指数没有西藏的数据，而青海排名第 9 位，四川、云南居中，但是甘肃的绿色发展指数最小，只有 40.311，排名最后一位。绿色发展指数最大的浙江(68.268)是甘肃的 1.69 倍。

16.2.2.4　开放度

省际开放发展指标系统由开放环境、开放绩效、开放企业 3 个二级指标及 131 个三级指标构成。开放环境反映出各省在开放活动中所依赖的各项设施；开放绩效反映各省开展开放活动所产生的结果和影响；开放企业反映企业开放活动的强度、效率和产业技术水平。易昌良(2016)对全国 31 个省份进行了开放发展指数的计算，青藏高原地区的开放发展指数如表 16-7 和图 16-8 所示。

青藏高原地区中只有四川的开放发展指数较高，但从总体上看，青藏高原地区开放程度很小。青海和西藏的开放发展指数分别是 10.353 和 10.758，在全国 31 个省份从大到小排序中分别列位第 31 名和第 29 名。开放发展指数最大的广东(74.779)分别是青海和西藏的 7.22 和 6.95 倍。

表 16-7　青藏高原地区开放发展指数

地区	开放发展指数	从大到小排序
青海	10.353	31
西藏	10.758	29
四川	15.164	13
甘肃	11.102	28
云南	12.808	22
新疆	11.220	26
广东	74.779	1
江苏	59.616	2

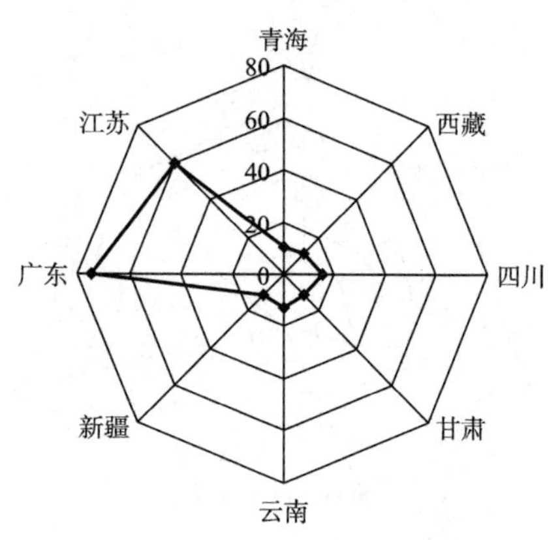

图 16-8　青藏高原地区开放发展指数

16.2.2.5　共享度

省际共享发展指标系统由共享环境、共享绩效、知识共享 3 个二级指标及 476 个三级指标构成。共享环境反映出各省在共享活动所依赖的外部软硬件环境；共享绩效反映各省开展共享活动所产生的结果和影响；知识共享反映各省在知识领域的知识传播能力以及所投经费。易昌良(2016)对全国 31 个省(区、市)进行了共享指数的计算，青藏高原地区的共享发展指数如表 16-8 和图 16-9 所示。

表 16-8　青藏高原地区共享发展指数

地区	共享发展指数	从大到小排序
青海	23.420	27
西藏	15.011	31
四川	48.305	5
甘肃	26.380	24
云南	32.004	15
新疆	31.198	18
广东	61.233	1
山东	58.837	2

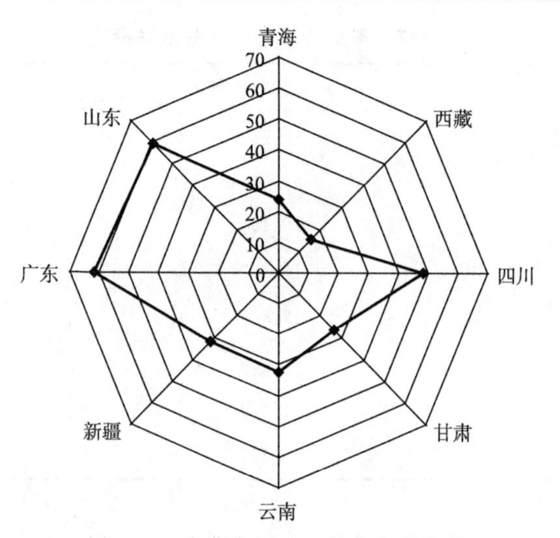

图 16-9　青藏高原地区共享发展指数

青藏高原地区中只有四川的共享发展指数较高,但从总体上看,青藏高原地区共享程度较小。青海和西藏的共享发展指数分别是 23.420 和 15.011,在全国 31 个省份从大到小排序中分别列位第 27 名和第 31 名。共享发展指数最大的广东(61.233)分别是青海和西藏的 2.61 和 4.08 倍。

16.2.3　小结

通过对青藏高原地区生态因子与生态关系的分析,得出青藏高原地区空间结构合理度很差,区位指数较低,生态环境脆弱度高。青藏高原平均海拔高度为 4387 m,比全球陆地平均海拔高出 1 倍以上。高原周边切割强烈,造成巨大的地形反差,自北而南有祁连山、昆仑山、唐古拉山、冈底斯山和喜马拉雅山,这些山脉海拔都在 5000 m 以上。要在这上面建设、发展,当然要比平原地区付出的艰辛更多,在一个高平台上搞建设,这样它的稳定性、自然环境的脆弱性可想而知。地区的空间结构合理度和区位指数同该地的开发成本密切相关。

同时青藏高原地区创新指数较小,协调指数较小,绿色发展指数居中,开放程度很小,共享程度较小。青藏高原地区的 5 个生态关系发展情况与生态因子有直接的关系。青藏高原具有十分重要的生态位势,但也是生态脆弱区比较典型的地区之一。青藏高原地区由于自然环境等因素,其开发利用成本较大。要实现青藏高原地区的可持续发展,既合理开发利用资源,使经济有序增长,又能保护青藏高原地区的生态环境,就要大力发展生态产业。

16.3　生态产业

生态产业(ecological industry)是以生态学原理为指导,按照生态经济原理和知识经济规律组织起来的,基于生态系统承载能力,模拟自然生态系统,具有完整的生命周期、高效的代谢过程及和谐的生态功能的产业体系(傅国华等,2015)。王如松等称它是继经济技术开发、高新技术产业开发之后发展的第三代产业。

根据生态产业的设计原则,生态产业分为五类产业:生态第一产业(自然资源业)、生态第二产业(加工制造业)、生态第三产业(人类生态服务业)、生态第四产业(智力服务业)、生态第五产业(自然生态服务业)(傅国华等,2015)。根据青藏高原地区的具体情况,本书主要介绍生态第一产业。生态第一产业,又称生态大农业,具体包括生态农业、生态畜牧业、生态林业等。青藏高原地区在发展生态第一产业方面具有一定的优势。

16.3.1　发展青藏高原地区山地立体生态农业

16.3.1.1　山地立体生态农业

农业是人类通过对土地的合理经营与管理,生产出符合人类需要的产品的社会生产部门,与自然生态系统关系最为紧密。根据自然环境对农业经济活动的影响,农业可分为山地(山区)农业、平原农业和水域农业三大类。山地农业强调山地在农业经济中的作用,是高山地域环境下形成的一种农业形态分布区。

“生态农业”一词最初是由美国土壤学家 Albrecht 于 1970 年首次提出。1981 年英国农学家 Kiley Worthington(1981)在《生态农业及其有关技术》一书中将生态农业定义为:建立和维护一种生态上能自我支持、低投入，经济上有活力的小农经营系统，在不引起大规模和长期性环境变化，或者在不引起道德及人文社会方面不可接受问题的前提下，最大限度地增加净生产。马世骏(1991)提出生态农业是农业生态工程的简称，它以社会、经济、生态三大效益为指标，应用生态系统的整体、协调、循环、再生原理，结合系统工程方面设计综合农业生态体系。生态农业专家孙鸿良(1993)认为，生态农业是运用生态学、生态经济学原理和系统科学的方法，把现代科学技术成就与传统农业技术的精华有机结合，把农业生产、农村经济发展和生态环境治理与保护、资源的培育与高效利用融为一体的具有生态合理性、功能良性循环的新型综合农业体系。

立体生态农业就是按照生态位理论而进行生产的整体协调、高效无害和良性循环的科学农业。山地立体生态农业是人们根据山地自然条件的立体特征，充分利用当地的"立体气候"和各种生物生态位的空间差异进行多层次配置，从而实现多物种稳定共存、多质能循环转换和高效的生态位效能。

16.3.1.2 山地立体生态农业的生态单元

山地立体生态农业是合理开发利用山地自然资源，结合人类生产技能，实现由物种、层次、密度和物质循环等要素组成的山地立体生态系统。构成山地立体农业的生态单元有物种结构、空间结构、时间结构和食物链结构。

生态单元之一：物种结构。立体农业涉及生态学的物种结构，这里所提的物种是指立体农业生态系统中各种农业生物(植物、动物和微生物)的种或品种的总称。物种是立体生态农业物质生产的主体，物种的多样性是立体生态农业最重要的特征之一。物种结构是指系统内农业生物种类的组成数量及其彼此之间的关系(丁圣彦，1996)，理想的物种结构应该是对模式内资源的充分适应和有效利用(苗永山，2010)。

山地立体生态农业从外观上看是多层次的，有非常合理的物种结构，它是一个从上到下、前后左右、互相促进、循环利用、生生不息的稳定复合体。山地立体生态农业采用物种结构复合模式，即有效地利用生物群落共生原理、物质和能量多层次、多途径利用与转化原理，建立起的合理利用自然资源和保持生态稳定的生态农业生态系统复合模式。如南方丘陵山区的林粮、林药复合模式；江淮地区林茶、茶农、桑茶间作模式；北方地区的林粮间作、林牧复合模式等。

生态单元之二：空间结构。空间结构是指各物种在立体模式内的空间分布情况，包括各物种所处的空间位置及其密度和搭配方式，具体分为平面结构和立体结构。平面结构又可称为横向结构，是系统的水平分异特性，是指同一平面上的不同物种个体或群体的组成，可看作是密度因素；立体结构又可称为纵向结构，是系统的垂直分异特性，是指不同平面上的群体或"复合群体"的组成，可看作是层次因素。山地立体生态农业的空间结构为可实现资源的多层次配置、物种稳定共生、质能循环转化提供便利的条件和优势。

生态单元之三：时间结构。山地立体生态农业的时间结构指在各环境生态带内种群生长发育与环境因子的季节性规律相协调，具体是指在农业生产中合理的农业生物时序安排。时间结构是山地立体农业高效运营的首要条件，是提高物种容量，增加种、养层次的有效途径。

山地立体生态农业的时间结构涉及环境因子的季节性规律和物种生长发育的周期性规律。根据各种农作物的生长发育周期及其对环境条件的要求进行适时、适地种植可有效利用环境条件，提高系统生产力。如垂直梯度立体蔬菜生产，高海拔地区可以延迟春季菜上市的时间，增加夏季市场花色品种，提早秋季菜上市时间。

生态单元之四：食物链结构。食物链(food chain)是由来自自养生物(植物)的食物能经过一系列食物的消费与被消费进行传递而形成的，包括生产者、消费者和分解者，它是生态系统中的能量转化链和物质传递链。山地立体农业的食物链结构是按照能量转化和物质传递的规律，在生态系统的食物链中引入新的环节或加大已有的环节，延长或完善食物链组合，增加2～3 级产品(肉、蛋、奶)的产出，提高资源利用率。如低山地区的稻田立体种养模式或稻田动、植物共生模式是其典型代表。

16.3.1.3　山地立体农业的生态学原理

第一，环境生态学原理。生物的生态表现受环境的影响和制约。山地立体生态农业往往有明显的垂直气候带，温度和土壤的特点不同，其适应的生物种群也有差异。一般纬度每增加1°，年平均温度大约下降 0.5～0.9 ℃；一般海拔每升高 1000 m，气温下降 5.5 ℃(田大伦，2008)。因此，随着海拔的升高和纬度的不同，形成了不同梯度的环境生态带，聚集了不同的生物群落。这也是山地立体生态农业形成和发展的基础。

第二，物质循环转化原理。生态系统中食物链的能量在每次转化中，有 80%或 90%的势能以热能形式散失，生物量及能量流(新陈代谢)之间的关系可以形象地称之为"生态金字塔"，即第一级或是生产者营养级为基础层，接着连续的营养级形成后面的几层，因此，生物离生产者营养级越近获得的能量越多。但是，山地立体生态农业生态系统是一个开发系统，投入多样化的物质技术和能量，人为加入了"加工环节"，输出可被消费者利用的产品，同时加工过程中产生的废弃物还可再次进入系统内部，实现物质多级性地有效循环与转化。立体生态农业无形中将循环经济融入其中，通过物质循环来创造更多的经济价值。

第三，生物共生原理。共生是生态学中物种种间关系的一种，是指物种之间对一方或双方有利的关系。山地立体生态农业就是利用不同种生物群体在不同空间、时间内结构或功能上的共生关系，建立起充分利用有限质能的共生体系。在山地立体生态农业生态系统中最为典型的就是农林间作。

16.3.1.4　山地立体生态农业的分层区

由于云南是一个多山的省份，全省土地面积的 84%是山地，约 10%是高原，坝子(盆地、河谷)仅占 6%，所以本书以云南为例进行介绍。云南低纬度高海拔的特殊地理条件决定了其立体气候的形成，最高海拔为 6740 m，最低海拔仅为 76 m，两者相差 6664 m。按海拔从高至低，按纬度自北而南可依次划分出寒温带、中温带、暖温带、北亚热带、中亚热带、南亚热带和北热带七种类型气候。同时气候带还有垂直方向的变化，根据作物熟制、作物分布和农业生产特点等相关指标将垂直带分成低热层、中暖层和高寒层。由于温度带和海拔的差异，适宜这三层气候条件的物种也各异(图 16-10)。低热层主要是热作热林集中区，主产籼稻、甘蔗、花生、茶叶等；中暖层是粮、油、菜基地，主产粳稻、玉米、小麦、蚕豆、烤烟、油料和温带水果；高寒层则是以林业、畜牧业和药材为主，主产马铃薯、青稞等。

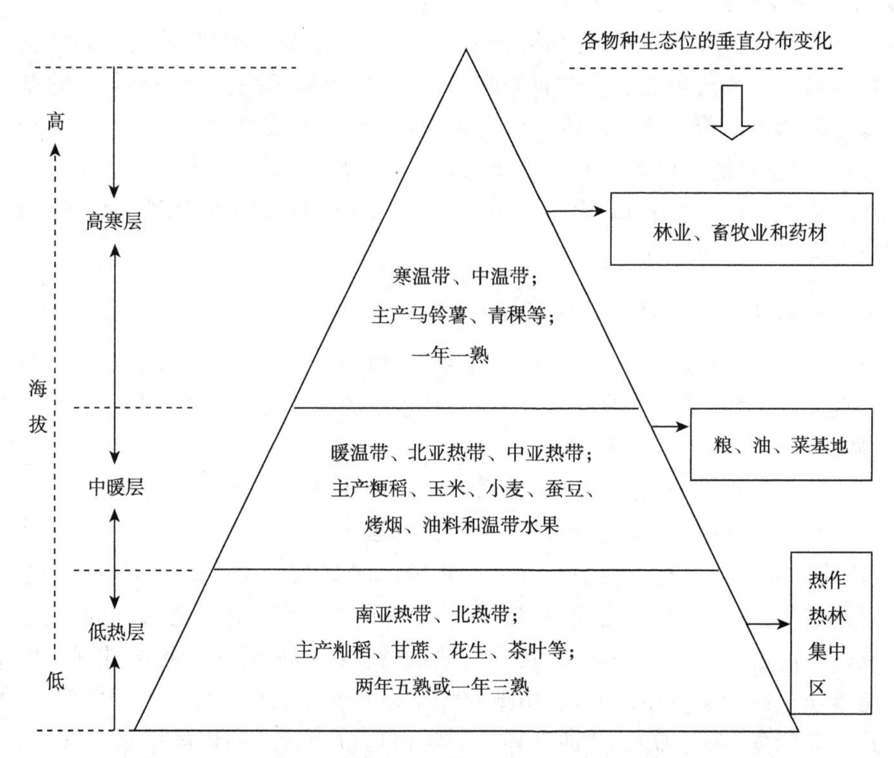

图 16-10　山地立体生态农业分层图

山地立体生态农业立足高产高效种植模式，克服单一种植，提高复种指数，减少空白生态位。生态位不同的物种既可以弱化或消除物种间的激烈竞争，又可为生态系统建立多途径的能量流动和物质循环路径，有利于生态系统的稳定发展。

青藏高原地区农作物分布海拔较高，有青稞、马铃薯、油菜、荞麦、豌豆、圆根、萝卜、圆白菜等，均是喜凉耐寒农作物。低地农作物分布在海拔较低区域，有稻谷、玉米、辣椒、大蒜、韭菜、冬瓜、黄瓜、扁豆等；青藏高原东南部少数河谷为热带、亚热带气候条件，可种植香蕉、橘子、甘蔗等多种水果及经济作物（张忠孝等，2013）。利用青藏高原的立体生态位，其农业的发展空间将进一步增强。

16.3.1.5　山地立体生态农业的模式选择

(1)立体生态循环农业模式。立体生态循环农业模式是在良好的生态条件下，用生态循环方式从事高产量、高质量、高效益的农业，旨在追求经济效益、生态效益和社会效益的统一，使整个农业生产步入可持续发展的良性循环轨道。其中稻田立体种养模式或稻田动、植物共生模式是其典型代表，具体包括鸭稻共作模式、稻—鸭—鱼共生模式、稻—草—鹅（鱼）模式、稻—蔗（和桑）—鱼—猪禽模式等。以上稻田动、植物共生模式是运用了生态学上互利共生原理，激发多生物种群间的互利共生关系，加强物质内循环作用，减少外部能量和物质的投入，不仅降低成本，而且具有很高的生态效益。

立体生态循环农业模式多适合于低山区地区，本书总结其立体生态循环农业模式总结为稻—鱼—禽（鹅鸭）共生兼种植模式（图 16-11），当地居民挖塘抬埂，加宽田埂至两米，浅水田种植水稻,深水池塘养鱼,放养鹅鸭,并且充分利用塘与地之间的田埂空间,种植石榴树,种植养殖合二为一,相辅相成。同时根据当地的土壤状况,大力种植优质稻、酸甜石榴等名特产,成立畜禽养殖协会,打造畜禽产品品牌,培植鹅、鸭养殖业,将种植产生的饲料整理加工直接用于养殖业使用,减少稻田化肥施用量,同时养殖产生的肥料又直接用于种植业,增加土壤有机质含量,降低成本,循环利用率较高,有利于环境保护和提高食用的安全性。

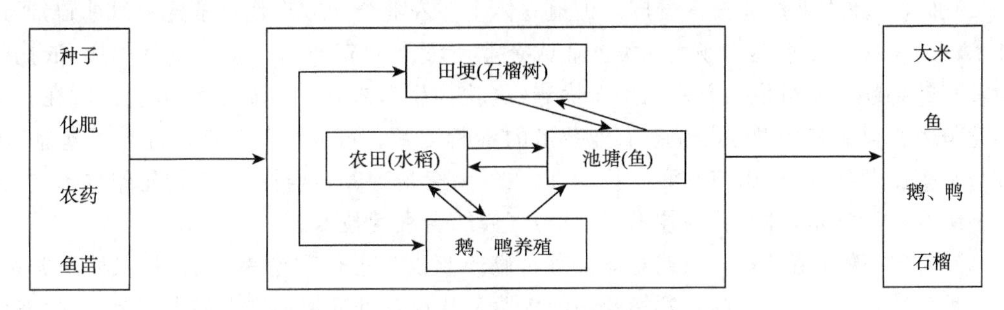

图 16-11 稻—鱼—禽(鹅鸭)共生兼种植模式生态农业系统

(2)花椒—粮食作物—蔬菜模式。“花椒—粮食作物—蔬菜”模式主要针对高寒山区,高寒山区生态经济的发展一直是社会关注的焦点,同时也是难点。高寒山区优势群体产业有林、牧、寒药优势,山地立体生态农业的主要模式是推广“林、果、药、粮”“粮、菜、药”等套混作方式,本书总结出“花椒—粮食作物—蔬菜”模式。

花椒产业在当地是比较适合的一种生态经济模式,实现了经济效益、生态效益和社会效益的统一。高寒山区耕地大多是山地,坡度一般都在 15°以上,有的甚至在 25°以上,水土流失非常严重。花椒产业不仅可增加当地农民的经济收入,而且还增加山区的植被覆盖率,减轻水土流失,改善农村的生态环境。同时还可以扩大农村就业门路,解决相当一部分农村的剩余劳动力,缓解农村的就业压力。因此,高寒山区立体生态农业的模式可归纳为“花椒—粮食作物—蔬菜”模式。

(3)山区天然反季节种植模式。随着人们生活水平的提高,绿色食品越来越受到人们的青睐,同时由于食品的极大丰富,反季节蔬菜也备受关注。但大棚种植的反季节农作物的营养成分没有天然无污染的山区绿色蔬菜多,口感也逊色很多,基于立体气候显著的特点,可开展“山区天然反季节种植”模式,该模式是基于山地整体立体农业而言的。

由于温度随海拔的增高而降低,蔬菜、水果等农作物在低海拔地区比高海拔地区提早成熟,因此在“天然温室”的低山山区种植的农产品早熟,如华宁的柑橘和冬春早菜;中山地区的农作物正常上市,而在高海拔地区的农作物晚熟,上市时间较晚,一早一晚反季节上市,由于是天然无公害绿色食品,价格会更高,如能在此基础上创造自己的品牌,将会获得更大的经济效益。

山地立体生态农业是使在立体农业生态系统中处于不同生态位的各种生物进行资源的合理分配和资源共享,最大限度地开发组合利用各种形式的时间、空间生态位,使各物种各得其所,共生共荣。立体生态农业的可行性应用已经得到全国各地的认可,西藏、青海、四川、云南等省份均进行着不同类型的山地立体农业。与“平面农业”相比,山地立体农业包含了更多的生态规律,因此也有着更高的产出效益和更好的立体效益。

16.3.1.6 提高山地立体生态农业产业的技术措施

山地立体生态农业产业技术的推广和不断创新还必须加强与科研院所、大专院校的合作与联姻，加快优良品种、新技术的推广，不失时机地发展农产品深加工技术和工艺，以科技提高产品品质，以科技延长产品价值链，以科技创造更多的附加值。

(1)加大生态农业产业技术推广。山地立体生态农业产业以现代科学技术为基础，通过各种技术创新手段来谋求在市场上同类产业或企业所没有的新产品来获取竞争优势，依托的是山地具有的稀缺且不可模仿复制的生态优势，这就是生态农业产业核心竞争能力所在。这种核心竞争力得以维持的源泉是生态农业技术的不断创新。可应用的生态农业技术包括：测土配方与平衡施肥技术、稻田节水灌溉技术、以沼气为纽带种养结合技术、作物轮作技术、农作物病虫害综合防治技术、种草养畜技术、秸秆与畜粪综合利用技术。

(2)高产高效种植模式。山地立体生态农业产业以生态位理论为基础，其在种间关系、群落中某种生物所占的物理空间、发挥的功能作用及其在各种环境梯度上的出现范围，生态位的大小用生态位的宽度衡量。从自然生态系统的系统代谢功能看，生产者、消费者和分解者三者通过“食物链网”紧密相连，彼此间的物质传输仅需少量能量。而生态产业系统中，最大的物流、能流则是通过生产者—消费者进行单向传输。循环再生者的作用微乎其微，消费者在生态产业系统中起着核心作用。要在生态产业系统内的个体与复合体间形成一种高效的“食物网”供给关系，从而促进一种和谐的生态产业园和产业共生体建设。山区生态农业产业立足提高复种指数，克服单一种植，减少空白生态位，促进高产高效。

(3)高山旱地种植模式。

①积极推广能共生相宜的“林、果、药、粮”套混作方式，如“木本药材—饲料作物—蔬菜”“花椒—矮秆粮食作物—蔬菜”“林木—草本药材—食用菌”。做到“长短结合，以短养长”，改善山区生态环境，保水保肥，合理永续利用土地。

②因地制宜地开发“粮、菜、药”高效基地。考虑的基本出发点是：粮食满足农民生活与畜牧业的需要；蔬菜以发展特色蔬菜为主；药材以山区特有的市场适销的名贵品种为主。该模式适于解决高寒山区农民温饱问题和脱贫致富奔小康。

(4)低山旱地高效种植模式。

①“小春作物—经济作物—大春作物—蔬菜”种植模式。进行“间、套、混、连”作，培肥地力，提高单位山区耕地面积的产出率。

②“小春作物—蔬菜—大秋作物—蔬菜”模式。可以大幅度地提高山区土地利用率，合理进行轮作换茬，改造土壤生态环境，改变山区生物种群结构，实现用、养相结合，实现增产增收及耕地的持续利用。

③“蔬菜—小春作物—大春作物—豆类—蔬菜”种植模式。可以大幅度提高复种指数，增加农产品总量，克服单一种植出现的空白生态位，减少过量消耗地力的现状。

④“油料—食用菌—大春作物—油料”种植模式。以经济作物为主，重点是提高山区单位面积的产出率。由于对耕地肥力有促进作用，所以这是一种有效的“养地种植法”。

16.3.2 发展青藏高原特色生态畜牧业

由于受地理位置和气候条件的影响，青藏高原是目前受人类活动影响较小的地区之一，自然环境仍处于原始或半原始状态，大气、水源、土壤、草原和生物等都保持着原生的洁净状态，是联合国教科文组织公认的"世界四大无公害超净区"之一，以被誉为"高原之舟"的牦牛为代表的牲畜在高寒草地自由放牧，采食天然牧草，基本不补饲含有添加剂的人工饲料，是发展生态畜牧业的理想之地。

发展青藏高原特色生态畜牧业应在不破坏草原生态系统的自然生产力和其生态功能完整性的前提下，合理保护和利用草地资源，控制放牧强度，维持草地的生态平衡；优化畜牧业结构提高经济效益；政府实施引导，通过畜牧业生产部门、服务业、流通业、加工业等构成生态产业链，提供绿色健康食品，用市场经济机制促进青藏高原生态畜牧业的产业化，并将其推向国内外市场。

16.3.2.1　发展特色畜产品

青藏高原畜牧业的产值比较优势系数、草场资源禀赋系数和综合比较优势指数均位居全国前列。在当前国际、国内普遍关注肉类、奶类等食品安全问题的形势下，重新认识青藏高原生态畜牧业的优势，把它培育成青藏高原可持续发展的优势生态产业之一。同时面对青藏高原草地退化，草畜不平衡等问题，发展生态畜牧业是在维护生态平衡的基础上，积极能动地开发和利用青藏高原自然资源的选择。

世世代代居住在青藏高原上的藏族人民以自然游牧方式为主，逐水草而居。在畜牧业发展中，经过长期实践，培育出了一批适应高原生态环境的优良牲畜品种，饲养的草食性牲畜有藏系绵羊、牦牛、马、骆驼、山羊、黄牛、犏牛、马、驴、骡等，主要畜产品有牛羊肉、羊毛、羊皮、牛皮、肠衣、三绒(骆毛绒、牛毛绒、山羊绒)等。其中，牛羊肉瘦肉率高，无腥膻味，具有野味风格(张忠孝等，2013)。青海西宁藏羊毛，色白、丝粗、具有很强的回弹性和光泽度，是驰名中外的优质地毯毛原料。

被誉为"高原之舟"的牦牛是青藏高原特有的畜产品之一。青藏高原是世界上牦牛分布最多的地方，牦牛数量居全国第一位。牦牛肉不仅富含氨基酸、蛋白质、胡萝卜素、钙等微量元素，还能增强人体细胞活力、提高抵抗力等保健功效，被誉为"牛肉之冠"，最早在《吕氏春秋》中就有对牦牛肉的记载，"肉之美者，牦象之肉"。

16.3.2.2　发展草地特色畜牧业产业链

在当前国际、国内普遍关注肉类、奶类等食品安全问题的形势下，要充分利用青藏高原生态畜牧业的优势，同时还要利用高原草地景观资源、藏传文化资源发展观光畜牧业、草原生态旅游，引进先进的草地经营理念，形成兼顾草原旅游和资源保护为一体的可持续发展的高原特色畜牧业产业链，使青藏高原特色畜产品在国内甚至国际上具有竞争力。

草地特色畜牧业产业链具体包括产业链前端、中端和后端三部分(图16-12)。青藏高原的草地资源提供景观和牧草，草地特色畜牧业产业链前端利用高原独特的景观和牧草资源发展草原生态旅游；产业链中端生产加工特色畜产品、有机食品和功能性畜产品；产业链后端进行销售流通，通过市场营销、网络营销等手段开拓国内外市场，树立青藏高原特色畜产品品牌增强市场竞争力。最后根据需求对草地进行不同的管理和恢复，构建具有前瞻性的产业转型模式，实现青藏高原高寒草地放牧生态系统的可持续发展。

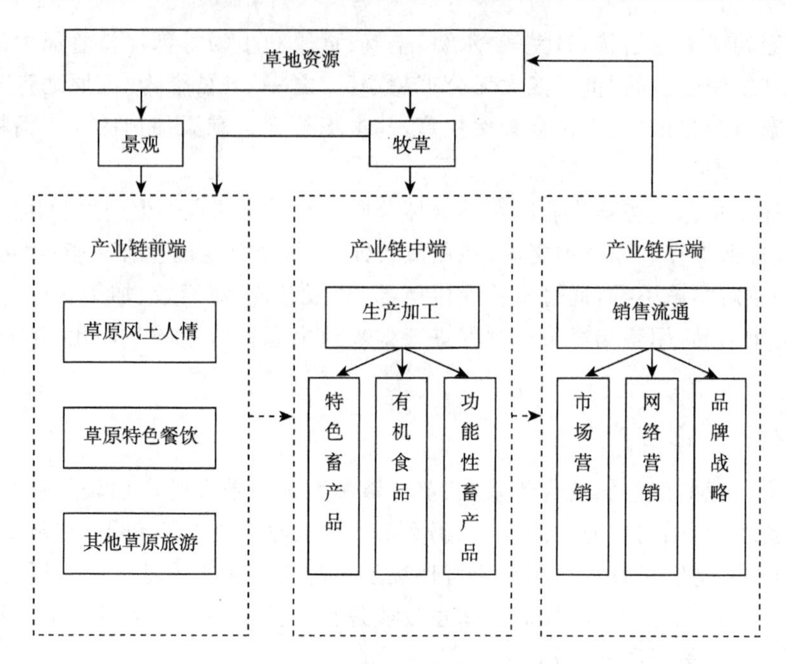

图 16-12　草地特色畜牧业产业链

第 17 章　结论及讨论

青藏高原地区的可持续发展问题历来是人们面临的重要问题，尤其是人与自然的和谐发展问题，可持续发展从一定程度上可以看作是由资源问题引发的。张志强等(1999)指出，资源的永续利用和生态的良性循环是可持续发展的重要指标。成升魁等(2000a)指出，传统的资源开发模式是非可持续性的，区域往往单纯追求经济增长，企业片面寻求高额利润，造成资源压力加大，生态环境恶化。因此，资源的可持续利用是青藏高原地区可持续发展的重要内容之一，加强青藏高原地区资源可持续利用研究意义重大。

17.1　实证分析结论

(1)除西藏外，其他 5 省(区)都已出现生态赤字。青藏高原各地区资源可持续利用的空间差异较大，西藏一直处于生态盈余状态，资源开发利用的程度小，而其他各省(区)都已出现生态赤字，且有增长的趋势。青海的生态赤字最小，2011 年为 1.207 hm^2；新疆的生态赤字最大，2011 年已达到 3.858 hm^2。

(2)以青藏高原 6 种资源的平均人均生态足迹为基础，以不同资源所占比例的大小来判断各种资源对人生存的贡献力大小，得出各种资源的贡献力由大到小依次为：化石能源(44.229%)＞耕地(30.831%)＞草地(22.641%)＞水域(1.096%)＞林地(0.889%)＞建设用地(0.313%)。6 种资源中的化石能源的贡献力最大，说明经济发展对能源的依赖很大。

(3)青藏高原 6 省(区)万元 GDP 生态足迹的数值都呈下降趋势，对应的总体资源利用效率都呈增长的趋势。万元 GDP 生态足迹表明产生每万元的 GDP 所消耗的资源，数值越大，资源的利用效率越低，反之，资源的利用效率越高。根据 2002—2011 年万元 GDP 生态足迹 10 年的平均值，得出 6 省(区)总体资源利用效率由高到低依次为：四川＞青海＞西藏＞平均值＞甘肃＞云南＞新疆；资源利用率都有所提高，增长的速度由快到慢依次为：四川＞西藏＞平均值＞甘肃＞青海＞云南＞新疆。

(4)计算出各种资源 6 省(区)2002—2011 年的每年的万元 GDP 生态足迹平均值，再将计算出的 10 年的数值取平均值，得出每种资源的万元 GDP 生态足迹：耕地(0.665 hm^2/万元)、草地(0.457 hm^2/万元)、林地(0.016 hm^2/万元)、水域(0.023 hm^2/万元)、化石能源(1.013 hm^2/万元)、建设用地(0.006 hm^2/万元)。根据各种资源的万元 GDP 生态足迹数值的大小得出，青藏高原各种资源的利用率由高到低依次为：建设用地＞林地＞水域＞草地＞耕地＞化石能源。

(5)根据各种资源 2002—2011 年的万元 GDP 生态足迹的基尼系数的大小及变化，判断青藏高原各地区资源利用效率的差异程度。基尼系数越大，差异程度越大。6 省(区)10 年的总体资源利用效率的基尼系数在 0.05～0.2，10 年的平均值为 0.108，同时基尼系数有变大的趋势，说明青藏高原各地区总体资源利用效率的差异程度较小，但差异程度有变大的趋势。根据各种资源的万元 GDP 生态足迹基尼系数 10 年的平均值大小，得出不同资源利用效率的差异程度由大到小依次为：林地(0.802)＞水域(0.691)＞草地(0.546)＞建设用地(0.349)＞耕地(0.258)＞化石能源(0.177)。

(6)根据资源福利指数(RWI)的评价标准得出，西藏的资源可持续利用的状态为次良性正向发展，青海、四川、云南、甘肃和新疆为次恶性正向发展。RWI 是本书结合人类发展指数(HDI)和生态足迹指数(EFI)提出的，即单位资源投入所产出的福利水平，目的是全面地反映在利用资源发展经济的同时反馈给社会的综合效率水平，并根据 RWI、HDI 和 EFI 的变化趋势来评价一个国家或地区资源可持续利用状况。西藏 RWI 的增长率＞0，HDI 的增长率(7.509%)大于 EFI 的增长率(3.615%)，表明资源消耗和社会福利水平都增长，同时社会福利水平增长的速度高于资源消耗的速度，资源可持续利用呈现出次良性正向发展状态。青海、四川、云南、甘肃和新疆的 RWI 的增长率＜0，HDI 的增长率小于 EFI 的增长率，表明资源消耗和社会福利水平都增加，但社会福利水平增长的速度低于资源消耗的速度，资源可持续利用呈现出次恶性正向发展状态。

(7)生态文明健商指数是借鉴健商的五大要素(自我保健、健康知识、生活方式、精神健康和生活技能)构建的，具体的评价指标包括资源节约程度、生态文明认知程度、生态文明行为程度、生态文明制度建设程度和环境保护程度。根据生态文明健商指数得出，在 2009—2013 年间，5 省区的生态文明健康状况中，青海、云南、新疆处于生态文明不健康状态；四川和甘肃的生态文明状态从不健康状态转为亚健康状态。

(8)青藏高原地区的生态位影响着青藏高原地区的资源可持续利用。青藏高原地区空间结构合理度很差，区位指数较低，生态环境脆弱度高；创新度较小，协调度较小，绿色度居中，开放度很小，共享度较小。鉴于此，青藏高原地区要大力发展生态产业，尤其是生态第一产业。

(9)青藏高原生物资源消费结构有待优化。通过对青藏高原的生物资源的贡献力的分析得出青藏高原总体生物资源的消费结构为：粮食等农产品＞畜产品＞水产品＞林产品。青藏高原 6 省(区)的生物资源贡献力大小存在差异，消费结构也有所不同，青海和西藏的畜产品的消费量最大，其次是粮食等农产品，其他 4 省(区)仍是粮食等农产品的消费最大。说明青藏高原地区的消费结构还是以粮食等农产品为主，生物资源的消费结构需要优化，可适当增加畜产品和林产品的消费比例。

(10)能源的产业结构有待优化转型。通过对 6 省(区)6 种资源对人生存的贡献力的实证分析得出，各种资源对人类生存的贡献力中，化石能源居首位，占据绝大部分贡献力的就有青海、云南、甘肃和新疆 4 省，只有四川的耕地资源大于化石能源的贡献力，青藏高原地区对各种能源的消耗中，化石能源的消耗量最大，所以，能源的产业结构有待优化转型。

17.2 研究的局限性

青藏高原地区资源可持续利用是一个复杂的巨系统，需要生态学、经济学、社会学、环境经济学、生态经济学等多学科交叉应用，因而研究不可能面面俱到，存在一定的局限性。

17.2.1　研究范围

青藏高原地区的范围包括青海和西藏全省，四川、云南、甘肃和新疆的一部分地区。由于部分地区统计资料可获得性相对较差，同时也为了分析方便和统计口径上的一致，本书以青海、西藏、四川、云南、甘肃和新疆 6 个省(区)为研究对象进行实证分析。该研究对象覆盖青藏高原，彼此之间具有可比性，对策措施也就有广泛性和普遍的适用性。

17.2.2　选取指标的局限性

本书从不同的角度选取了四个指标：生态足迹、万元 GDP 生态足迹、资源福利指数和生态文明健商指数。其中，生态足迹理论也是一个复杂的研究领域。

生态足迹计算方法的思路并不复杂，它是将某一地区消耗的资源与能源转化为提供这种物质流所需要的各种生物生产性土地的面积，但其具体的计算方法存在差异，Haberl 等(2001)就给出了 3 种不同的计算方法；Van Vuuren 和 Smeets(2000)在计算贝宁、不丹、哥斯达黎加和荷兰的生态足迹时也给出了自己的计算方法。同时由于生物账户的分类及其包括的生物资源的种类的不同，计算结果会有差异。但是由此产生对其结果的质疑是多余的。生态足迹的主要创始人之一 Wackernagel(2009)指出生态足迹的计算结果不是完全精确的，但它适用于任何模型，而且他还指出任何指标都不是完美的，都有一定的局限性。Zhou 等(2009)认为生态足迹是评价可持续发展的一个综合指标。本书在生态足迹的计算方法上进行了一定的改进，但尚不够完善、不够深入，这需要在后续的研究中加以逐步完善和修正。

生态足迹相比其他的指标有明显的优势。首先，生态足迹研究的目标明确，概念形象，是各种资源利用的一种概括性强的综合性指标，克服了以往可持续发展评价指标的系统庞大、计算复杂等缺点。而且通过生态足迹与生态承载力的比较，直观、明确地表明人类对自然资源的利用是否超过生态系统的供给，实际操作性强，具有较高的现实利用价值。生态足迹的概念一经提出，迅速得到世界各国的关注，国内外生态足迹的研究应用已十分普遍，涉及世界、地区、国家、城市和个人等不同层次。其次，生态足迹的应用考虑了人口、经济和技术等因素对环境和资源利用的影响，这对资源可持续利用的研究十分重要。因为技术、人口等因素直接关系着资源的利用方式和利用效率。美国生态学家 Ehrlich 和 Holdren(1971)于 20 世纪 70 年代提出环境影响公式，而生态足迹的模型恰恰考虑了这些因素对环境和资源利用的影响，从生态足迹的计算公式和定义上可以看出，人口数量越大、消费水平越高，对资源利用的程度越大，生态足迹越大，而技术的进步则可以减少资源的压力。

同时，我们也应看到生态足迹研究也有其局限性，由于人类社会消费的资源种类太广，很难面面俱到，所以只选择了 6 种具有代表性的资源进行计算，同时生态足迹的计算没有考虑生态系统的服务价值。而生态足迹的概念和计算中就没有体现生态系统服务价值相关的内容。

可持续发展评价一直是国内外可持续发展研究领域的热点和难点。不同类型的可持续发展指标的研究已有很多，而且还在继续增长(Hanley et al.，1999)。资源福利指数(RWI)构建的初衷是反映“自然—经济—社会”三位一体的复杂系统的资源可持续利用状况，虽是本书的创新点，但该指标的构建以及资源可持续利用的评价标准还尚待更多的实践分析和进一步地完善。

17.3 资源优化利用

17.3.1 生物资源消费结构有待优化

本书以生态足迹指标对青藏高原 6 种资源的贡献力进行了实证分析。根据生物资源的贡献力的大小得出，青藏高原总体生物资源的消费结构为：粮食等农产品＞畜产品＞水产品＞林产品。

同时，耕地资源以传统的粮食作物为主，辅之少量的经济作物，耕地资源的内部结构也有待优化；草地资源的利用主要以天然草地放牧为主，畜产品的产量不高；对林产品的合理利用有待进一步研究。

17.3.2 优化生物资源复合利用模式

加强资源的复合利用，不仅可以提高生态经济效益，而且还有利于生态系统与经济系统之间的物质转换和能量流动。农、牧业是目前以至今后很长一段时间内青藏高原地区的基础和支柱性产业，农、牧业应结合互补，实现以农养牧和以牧促农、农牧互补的良性循环。

在农、牧互补的基础上，促进农、林、牧的统一协调发展，实现“藏粮于草”“藏粮于林”，完成资源复合利用的跨越式转变。通过发展牧业，增加畜产品（肉、奶）的供给，既增加食物来源，改善饮食结构，减少对粮食的基本依赖，又能提高生活质量。通过发展林业的林下产品（如野生菌等）的人工繁育和产品的深加工，既进一步扩大食物来源，又能提高林产品的经济价值，带动经济发展。一些野生菌是现代人养生的首选绿色食品，一些药用植物可入食入药，增加林业资源利用的力度和效益。

在此基础上，青藏高原地区应大力发展高原特色农、牧、林产品，锻造高原特色品牌。其中，青稞（*Semen Avenae Nudae*）就是青藏高原特有农产品之一，青稞生长在海拔 4200～4500 m 的青藏高寒地区，是藏族居民的传统主食糌粑的主要原材料。青稞不仅富含维生素、天然叶绿素、矿物质、抗氧化酶等活性物质，具有丰富的营养价值，还是世界上麦类作物中 β-葡聚糖最高的作物，β-葡聚糖具有调节血脂、降低胆固醇、提高免疫力、阻抗肿瘤等保健功效。以青稞为原料的青稞酒、青稞面、青稞菜系等产品越来越受到追求健康养生的现代人的青睐，具有广阔的市场前景，应进一步加强对青稞系列产品的宣传和推广，打造具有青藏高原特色的青稞系列品牌。

青藏高原地区农业的发展也应因地制宜，根据当地情况各有侧重。根据前文研究得出，耕地资源利用效率由高到低依次为：青海＞西藏＞甘肃＞平均值＞新疆＞四川＞云南。所以，要有重点地发展种植业，如青海、西藏和甘肃的耕地资源利用效率高于平均值，发挥资源本身的优势，创造出最大的经济效益。

草地资源利用效率由高到低依次为：四川＞云南＞甘肃＞青海＞平均值＞新疆＞西藏。畜牧业可着重在四川、云南、甘肃、青海等草地利用效率高于平均值的地区发展。

17.3.3 能源产业结构有待优化转型

青藏高原地区对各种资源的消耗中，化石能源的消耗量最大，利用率最低。所以对于化石能源的利用存在消耗量大，但能源利用率低的问题，能源的产业结构有待优化转型。同时，5省（区）对于化石能源的利用效率不同，利用效率由高到低依次为：四川＞青海＞云南＞平均值＞新疆＞甘肃；但能源利用效率都有所提高，增速由快到慢依次为：四川＞青海＞甘肃＞平均值＞云南＞新疆。

从中可以看出，能源利用效率存在问题最严重的是新疆，不仅能源利用效率较低，增速也最慢；其次是甘肃，能源利用效率最低，但其增速高于平均值，能源的利用效率正在大步提高；四川的情况稍微乐观，在青藏高原 5 省（区）中能源利用效率最高，而且增速最快，能源利用效率正在加速提高；其次是青海，其能源利用效率和增速都居第二位，能源利用效率也在不断提高。

17.4　展望

17.4.1　资源福利指数的进一步完善

本书的一个创新点就是提出了资源福利指数（RWI），并将 RWI 作为分析青藏高原地区资源可持续利用状态评价的指标进行实证分析。RWI 除了对青藏高原的 6 省（区）进行分析外，还应用在 G20 在内的 24 个国家的资源的可持续利用状况的实证分析（付伟等，2014）。随着应用的不断扩大，今后会不断改进和完善该指标。

17.4.2　生态文明健商指数的进一步应用

本书的另一个创新点就是提出了生态文明健商指数，在应用于中国的生态文明健商指数的前提下，分析了青藏高原地区的生态文明健康状况。今后在完善该指标的前提下，扩大其应用范围是今后研究的方向。

17.4.3　生态位理论的深入应用

青藏高原的生态位势尤为重要，对我国的生态、气候、环境等各方面都起到至关重要的作用。本书创新性地应用生态位理论，从生态因子和生态关系两个方面来研究青藏高原地区的生态位与可持续发展。但是生态位理论的内涵丰富，到目前为止，国内外的研究还没有对生态位有统一的解释，所以今后可深入挖掘生态位理论，从不同角度分析青藏高原地区的生态位。

17.4.4　草地经营模式的探索

草地经营模式是否合理是草地资源可持续利用的关键环节。草地的公共属性造成了草地的过牧问题，早在 1968 年加勒特 · 哈丁（Garret Hardin）就在《科学》期刊上讨论公共草地问题，并将这一现象称为“公地悲剧”。曹建军等（2009）利用 SWOT 分析工具，对玛曲普遍存在的“单户承包，联户经营”模式进行了全面评价；付伟等（2013d）提出社区参与式的草地联户经营模式，即一个联户体就是一个小社区，多个小社区就组成了一个大社区。对于适合青藏高原不同地区的草地经营模式的研究也是今后研究的方向之一。

17.4.5　自然生态环境与人文生态环境保护体系的建立

建立自然与人文生态环境保护区。青藏高原不同区域的经济文化发育程度不同：海拔较低的藏南青东地区经济较为发达;属于高寒地区的青南藏北一直都是游牧地区,生态环境比较脆弱。国家十分重视对生态脆弱区的保护力度,三江源、可可西里、羌塘和白芒雪山等国家级自然保护区已基本形成,现应建立、扩大自然与人文生态环境保护区,尤其是青南藏北地区,既要保护自然生态环境,又要保护人文生态环境。

参考文献

奥德姆,巴雷特,2009.生态学基础.陆健健,等,译.北京:高等教育出版社.

巴特姆斯,2010.数量生态经济学:如何实现经济的可持续发展.齐建国,等,译.北京:社会科学文献出版社.

蔡虹,李文军,2016.不同产权制度下青藏高原地区草地资源使用的效率与公平性分析.自然资源学报,**31**(8):1302-1309.

蔡运龙,等,2007.中国地理多样性与可持续发展.北京:科学出版社.

曹建军,杜国祯,韦惠兰,等,2009.玛曲草地联户经营SWOT分析及其发展对策建议.草业科学,**26**(10):146-149.

陈安宁,2001.资源可持续利用:一种资源利用伦理原则.自然资源学报,**16**(1):64-70.

陈东景,徐中民,2001.生态足迹理论在我国干旱区的应用与探讨——以新疆为例.干旱区地理,**24**(4):304-309.

陈健飞,1998."3S"技术与资源可持续利用.资源科学,**20**(6):20-24.

陈琳,欧阳志云,王效科,等,2006.条件价值评估法在非市场价值评估中的应用.生态学报,**26**(2):610-619.

陈新军,周应祺,2001.论渔业资源的可持续利用.资源科学,**23**(2):70-74.

陈璋,2008.中国1978—2020年自然地域系统压力分析及预测.上海:复旦大学.

陈志刚,黄贤金,2001.经济发达地区土地资源可持续利用评价研究——以江苏省江阴市为例.资源科学,**23**(3):33-38.

成金华,李悦,陈军,2015.中国生态文明发展水平的空间差异与趋同性.中国人口·资源与环境(5):1-9.

成升魁,沈镭,2000a.青藏高原区域可持续发展战略探讨.资源科学,**22**(4):2-11.

成升魁,沈镭,2000b.青藏高原人口、资源、环境与发展互动关系探讨.自然资源学报,**15**(4):297-304.

崔国发,邢韶华,姬文元,等,2011.森林资源可持续状况评价方法.生态学报,**31**(19):5524-5530.

达尔文,2001.物种起源.舒德干,等,译.西安:陕西人民出版社.

戴思锐,1985.农业生产资源利用方案的两步优化法.西南农业大学学报,**2**:22-26.

邓坤枚,2000.青藏高原林业资源的可持续发展探讨.自然资源学报,**15**(4):340-347.

丁娟,陈东景,肖汝琴,等,2014.基于DPSIR模型的唐山市海洋资源可持续利用评价.海洋经济,**4**(6):22-28.

丁圣彦,1996.论立体农业的生态学基础.河南大学学报(自然科学版),**26**(2):93-96.

丁勇,2008.天然草地放牧生态系统可持续发展研究——家庭牧场的视角.呼和浩特:内蒙古大学.

董小林,2005.环境经济学.北京:人民交通出版社.

恩格斯,1957.自然辩证法.佚名,译.北京:人民出版社.

方洪宾,等,2009.青藏高原现代生态地质环境遥感调查与演变研究,北京:地质出版社.

方恺,2015.足迹家族研究综述.生态学报,**35**(24):7974-7986.

费孝通,2004.论人类学与文化自觉.北京:华夏出版社.

冯佺光,2010.山地农业经济资源开发利用的优化模型及人地关系系统结构优化.世界科技研究与发展,**32**(4):509-515.

冯佺光,翁天均,2013.山地经济:山区开发的理论与实践.北京:科学出版社.

付伟,罗明灿,2016.山地林业资源优化利用研究.中国人口资源与环境,**26**(5):21-23.

付伟,赵俊权,杜国祯,2013a.藏族传统生态伦理与青藏高原生态环境保护研究.生态经济:学术版(2):420-423.

付伟,赵俊权,杜国祯.2013b.基于生态足迹与环境库兹涅茨曲线的中国西北部地区生态安全分析.中国人口·资源与环境(S1):107-110.

付伟,赵俊权,杜国祯,2013c.2012 云南生态年鉴.昆明:云南人民出版社.

付伟,赵俊权,杜国祯,2013d.青藏高原高寒草地放牧生态系统可持续发展研究.草原与草坪,**33**(1):84-88.

付伟,赵俊权,杜国祯,2014.资源可持续利用评价——基于资源福利指数的实证分析.自然资源学报,**29**(11):1902-1915.

付伟,赵俊权,王超,等,2010.云南山区生态农业产业发展思路与对策.生态经济:学术版(2):362-366.

傅伯杰,1993.区域生态环境预警的理论及其应用.应用生态学报,**4**(4):435-439.

傅伯杰,陈利顶,马诚,1997.土地可持续利用评价的指标体系与方法.自然资源学报,**12**(2):113-118.

傅国华,许能锐,2015.生态经济学.北京:经济科学出版社.

盖志毅,2005.草原生态经济系统可持续发展研究.林业大学学位论文.

高曾伟,王志民,2001.论乡村旅游资源.镇江高专学报,**14**(1):12-15.

高媛,马丁丑,2015.兰州市生态文明建设评价研究.资源开发与市场,**31**(2):155-159.

戈峰,2002.现代生态学.北京:科学出版社.

谷树忠,成升魁,2010.中国资源报告:新时期中国资源安全透视.北京:商务印书馆.

顾晓薇,王青,刘建兴,等,2005.辽宁省自然资源可持续利用的生态足迹分析.资源科学,**27**(4):118-124.

郭永旺,施大钊,王登,2009.青藏高原的鼠害问题及其控制对策.中国媒介生物学及控制杂志,**20**(3):268-270.

国家环保总局环境规划院,2005.生态补偿机制与政策方案研究.北京:中国环境科学出版社.

国家林业局,2014.2014 年中国林业发展报告.北京:中国林业出版社.

韩美,杜焕,张翠,等,2015.黄河三角洲水资源可持续利用评价与预测.中国人口·资源与环境,**25**(7):154-160.

韩庆利,王军,2006.关于循环经济 3R 原则优先顺序的理论探讨.环境保护科学,**32**(2):59-62.

何立华,2016.产权、效率与生态补偿机制.现代经济探索(1):40-44.

何林,陈欣,2011.基于生态福利的陕西省经济可持续发展研究.开发研究(6):24-28.

贺有龙,周华坤,赵新全,等,2008.青藏高原高寒草地的退化及其恢复.草业与畜牧(11):1-9.

侯扶江,常生华,于应文,等,2004.放牧家畜的践踏作用研究评述.生态学报,**24**(4):784-789.

侯沛芸,李光中,王鑫,2005.生态旅游与世界遗产教育策略拟定之研究.旅游科学,**19**(5):8-14.

胡鞍钢,2008.通向哥本哈根之路的全球减排路线图.当代亚太(6):22-38.

胡鞍钢,2012.中国创新绿色发展.北京:中国人民大学出版社.

胡鞍钢,王绍光,2000.政府与市场.北京:中国计划出版社.

胡跃龙,2015.资源博弈:工业化与城市化经济发展资源支撑研究.北京:中国发展出版社.

胡自治,2000.青藏高原的草业发展与生态环境.北京:科学出版社.

环境保护部规划财务司,2011.稳步推进着力构建国家生态安全屏障——《青藏高原区域生态建设与环境保护规划(2011—2030 年)》解读.环境保护(17):8-11.

黄凤兰,李凤民,刘慧明,2008.保障粮食安全条件下能源可持续利用的时间模型.学术论坛(1):69-72.

贾焰,张军,张仁陟,2016.2001—2011 石羊河流域水资源生态足迹研究.草业学报,**25**(2):10-17.

江晓波,2008.中国山地范围界定的初步意见.山地学报,**26**(2):129-136.

江泽慧,2007.中国森林资源与可持续发展.北京:科学出版社.

江中文,2008.南水北调中线工程汉江流域水源保护区生态补偿标准与机制研究.西安:西安建筑科技大学.

姜立鹏,覃志豪,谢雯,等,2007.中国草地生态系统服务功能价值遥感估算研究.自然资源学报,**22**(2):

161-170.

姜鑫磊,2013.基于西部大开发战略背景下的青藏高原土地可持续利用研究.西南农业大学学报(社会科学版),**11**(7):4-6.

经济合作与发展组织,1993.经合组织环境专题报告(No83).巴黎.

柯水发,2013.绿色经济理论与实务.北京:中国农业出版社.

莱斯特·布朗,2002.生态经济:有利于地球的经济构想.台湾:东方出版社.

冷建飞,张倩,2015.基于生态足迹模型的水资源可持续利用研究——以江苏省为例.重庆理工大学学报(自然科学),**29**(7):54-59.

李彬,2009.我国的可持续发展观研究.中国林业科技大学学报(社会科学版),**3**(1):4-7.

李炳元,1987.青藏高原的范围.地理研究,**6**(3):57-64.

李德智,李启明,杜辉,2008.房地产开发生态足迹模型构建及实证分析.东南大学学报(自然科学版),**38**(4):732-735.

李虹,2016.经济新常态下推进青藏高原生态文明建设的法治化路径选择.鸡西大学学报,**16**(5):56-60.

李怀恩,尚小英,王媛,2009.流域生态补偿标准计算方法研究进展.西北大学学报(自然科学版),**4**:667-672.

李嘉图,1962.政治经济学及赋税原理.北京:商务印书馆.

李金昌,1997.试论资源可持续利用的评价指标.中国人口·资源与环境,**7**(3):39-41.

李金昌,等,1990.资源产业论.北京:中国环境科学出版社.

李金平,王志石,2003.澳门2001年生态足迹分析.自然资源学报,**18**(2):197-203.

李玲,徐中民,2007.基于ANP的区域水资源可持续利用评价研究.开发研究(6):41-46.

李清源,2008.藏区生态和谐发展与藏族生态伦理文化.社科纵横,**23**(3):24-26.

李文华,1994.持续发展与资源对策.自然资源学报,**9**(2):97-106.

李文华,刘某承,2010.关于中国生态补偿机制建设的几点思考.资源科学(5):791-796.

李文华,周兴民,1998.青藏高原生态系统及优化利用模式.广州:广东科技出版社.

李轩豪,赵彩云,刘悦,等,2016.青藏高原藏药资源与品质评价研究进展.中国中药杂志,**41**(4):562-566.

李周,2015.生态经济学.北京:中国社会科学出版社.

厉伟,2001.论自然资源的可持续利用.生态经济:学术版(1):12-14.

联合国开发计划署驻华代表,2005.2005年中国人类发展报告.http://www.cn.undp.org/content/china/en/home/library/human_development/china-human-development-report-2005/.

联合国开发计划署驻华代表,2008.2007—2008年中国人类发展报告.http://www.cn.undp.org/content/china/en/home/library/human_development/china-human-development-report-2007-2008/.

联合国开发计划署驻华代表,2010.2009—2010年中国人类发展报告.http://www.cn.undp.org/content/china/en/home/library/human_development/china-human-development-report-2009-2010/.

梁山,姜志德,2007.生态经济学.北京:中国农业出版社.

梁晓龙,李祚泳,汪嘉杨,2016.基于SVR的指标规范值的水资源可持续利用评价模型.水电能源科学,**34**(3):40-43.

梁艳,2009.生态人类学视角下的青藏高原及其传统文化.兰州:兰州大学.

林颖,2009.促进资源可持续利用的税收政策的国际经验和借鉴.经济社会体制比较,**4**:184-187.

刘德谦,2006.关于乡村旅游、农业旅游与民俗旅游的几点辨析.旅游学报,**21**(3):12-19.

刘定一,2009.大连能源一环境一经济可持续发展研究.大连:大连理工大学.

刘东,封志明,杨艳昭,2012.基于生态足迹的中国生态承载力供需平衡分析.自然资源学报,**27**(4):614-624.

刘东,梁东黎,2005.微观经济学教程.北京:科学出版社.

刘海洋,明镜,2010.红色旅游:概念、发展历程及开发模式.湖南商学院学报,**17**(1):66-70.

刘黎明,谢花林,赵英伟,2001.我国草地资源可持续利用评价指标体系的研究.中国土地科学,**15**(4):43-46.

刘青,2007.江河源区生态系统服务价值与生态补偿机制研究.南昌:南昌大学.

刘同德,2009.青藏高原区域可持续发展研究.天津:天津大学.

刘亚利,2016.生态足迹在绿色建筑评价中的应用.赤峰学院学报(自然科学版),**32**(1):84-86.

刘宇辉,彭希哲,2004a.中国历年生态足迹计算与发展可持续性评估.生态学报,**24**(10):2257-2262.

刘宇辉,彭希哲,2004b.基于生态足迹模型的中国发展可持续性评估.中国人口·资源与环境,**14**(5):58-63.

楼浙辉,陈永伶,2002.西藏森林生物资源的调查考察.江西林业科技(2):28-29.

罗其友,姜文来,1998.旱农区域资源可持续利用模式评价指标.干旱区资源与环境,**12**(3):35-40.

骆高远,吴攀升,马俊,2006.旅游资源学.杭州:浙江大学出版社.

吕翠美,吴泽宁,2010.区域水资源生态经济系统可持续发展评价的能值分析方法.系统工程理论与实践,**30**(7):1293-1298.

吕晓英,吕胜利,2002.甘南州草地畜牧业的可持续发展问题.草业科学,**19**(7):1-4.

马莉,王蕾,罗晓玲,等,2009.草原生态补偿机制研究进展.黑龙江生态工程职业学院学报,**22**(5):4-5.

马生林,2004.青藏高原生物多样性保护研究.青海民族学院学报,**30**(4):75-78.

马生林,2011.青藏高原生态变迁.北京:社会科学文献出版社.

马世骏,1990.现代生态学透视.北京:科学出版社.

马世骏,1991.高技术新技术农业应用研究.北京:中国科学技术出版社.

马世骏,王如松,1984.社会—经济—自然复合生态系统.生态学报(1):1-9.

马耀峰,宋保平,赵振斌,2005.旅游资源开发.北京:科学出版社.

马子清,2004.山西省可持续发展战略研究报告.北京:科学出版社.

梅多斯,等,1984.增长的极限.北京:商务印书馆.

梅林海,2016.资源与环境经济学的理论与实践.广州:暨南大学出版社.

孟维华,2007.生产率的绿色内涵——基于生态足迹的资源生产率和全要素生产率计算.上海:复旦大学.

苗永山,2010.浅析立体农业及其生态优势.黑龙江农业科学(3):124-125.

莫申国,张百平,程维明,等,2004.青藏高原的主要环境效应.地理科学进展,**23**(2):88-96.

南文渊,2004.从现代生态伦理学的发展看藏族传统生态伦理在现代社会中的作用.青海民族学院学报,**30**(4):70-75.

南文渊,2007.藏族生态伦理.北京:民族出版社.

尼玛扎西,2000.西藏食物保障的自然资源相对优势分析.自然资源学报,**15**(4):315-322.

聂爱文,2009.牧家乐:游牧文化展演与牧区和谐发展——以呼图壁县哈萨克族为例.伊犁师范学院学报(社会科学版),**2**:41-46.

聂华林,高新才,杨建国,等,2006.发展生态经济学.北京:中国社会科学出版社.

牛文元,2000.可持续发展战略——21世纪中国的必然选择.中国科学院院刊,**15**(4):270-275.

牛文元,2012.中国可持续发展的理论与实践.中国科学院院刊,**27**(3):280-289.

牛文元,等,2007.中国可持续发展总论.北京:科学出版社.

牛文元,马宁,刘怡君,2015.可持续发展从行动走向科学——2015世界可持续发展年度报告.中国科学院院刊,**30**(5):573-585.

欧阳志云,王如松,赵景柱,1999.生态系统服务功能及其生态经济价值.应用生态学报,**10**(5):635-640.

潘玉君,袁斌,2010.区域生态安全与经济发展的空间结构(上册).北京:科学出版社.

彭文俊,王晓鸣,2016.生态位概念和内涵的发展及其在生态学中的定位.应用生态学报,**27**(1):327-334.

蒲小鹏,师尚礼,杨明,2011.中国古代主要草原保护法规及其思想对现代草原保护工作的启示.草原与草坪(5):85-90.

钱辉,2008.生态位、因子互动与企业演化:企业生态位对企业成长影响研究.杭州:浙江大学出版社.

钱易,唐孝炎,2010.环境保护与可持续发展.北京:高等教育出版社.

秦富,2000.经济增长及其技术进步贡献探析.调研世界(4):14-16.

青海省藏医药研究所,1996.中国藏药(第1卷).上海:上海科技出版社.

任继周,等,2000.草业系统中的界面论.草业学报,**9**(1):1-7.

尚玉昌,2010.普通生态学.北京:北京大学出版社.

邵伟,蔡晓布,2008.西藏高原草地退化及其成因分析.中国水土保持科学,**6**(1):112-116.

师守祥,等,2005.民族区域非传统的现代化之路——青藏高原地区经济发展模式与产业选择.北京:经济管理出版社.

石生光,2008.高寒草地畜牧业现状及对策.中国草食动物,**28**(6):45-49.

石玉林,等,2006.资源科学.北京:高等教育出版社.

苏才旦,更藏卓玛,2009.青海省海南州高寒草地生态畜牧业研究.草原与草坪(3):98-100.

孙才志,李红新,2007.基于AHP-PP模型的大连市水资源可持续利用水平评价.水资源与水工程学报,**18**(5):1-5.

孙鸿良,1993.生态农业的理论与方法.济南:山东科学技术出版社.

孙鸿烈,1980.青藏高原的土地类型及其农业利用评价原则.自然资源(2):10-24.

孙鸿烈,1996.青藏高原的形成演化.上海:上海科学技术出版社.

孙鸿烈,2005.中国生态系统.北京:科学出版社.

孙鸿烈,胡鞍钢,傅伯杰,1991.中国土地资源合理开发利用的经验与模式.中国人口·资源与环境,**1**(3/4):1-7.

孙鸿烈,郑度,姚檀栋,等,2012.青藏高原国家生态安全屏障保护与建设.地理学报,**67**(1):3-12.

孙儒泳,2001.动物生态学原理,北京:师范大学出版社.

孙显元,1999.可持续发展研究中的几个理论问题.安徽师范大学学报(人文社会科学版)(2):77-82.

孙向宇,2011.基于能值分析的土地可持续利用评价及对策研究.武汉:华中农业大学.

谭崇台,1983.西方经济发展思想史.武汉:武汉大学出版社.

谭崇台,1989.发展经济学.上海:上海人民出版社.

谭荣,2010.制度环境与自然资源的可持续利用.自然资源学报,**25**(7):1218-1227.

谭世明,2002.论民族山区林业可持续发展的实现途径.林业经济问题,**22**(1):46-49.

唐珍宝,2015.基于PSR模型的福建省水资源可持续利用评价研究.环境科学与管理,**40**(3):169-173.

田大伦,2008.高级生态学.北京:科学出版社.

王宝山,尕玛加,张玉,2007.青藏高原"黑土滩"退化高寒草甸草原的形成机制和治理方法的研究进展.草原与草坪(2):72-77.

王刚,赵松岭,张鹏云,等,1984.关于生态位定义的探讨及生态位重叠计测公式改进的研究.生态学报,**4**(2):119-126.

王根绪,程国栋,沈永平,等,2001.江河源区的生态环境变化及其综合保护研究.兰州:兰州大学出版社.

王根绪,邓伟,杨燕,等,2011.山地生态学的研究进展、重点领域与趋势.山地学报,**29**(2):129-140.

王利明,2012.由"健商"(HQ)文化谈开去.前沿(10):117-118.

王莉芳,贾晓猛,周妹和,2016.陕西省农业水资源可持续利用与经济协调发展研究.科技和产业,**16**(3):39-45.

王壬,陈兴伟,陈莹,2015.区域水资源可持续利用评价方法对比研究.自然资源学报,**30**(11):1943-1955.

王如松,1988.城市生态位势探索.城市环境与城市生态,**1**(1):20-24.

王如松,2013.生态整合与文明发展.生态学报(1):1-11.

王瑞杰,覃志豪,姜立鹏,等,2007.中国草原生态系统退化的价值损失量遥感估算.生态学杂志,**26**(5):657-661.

王双,2015.资源约束、技术进步与经济增长.北京:人民出版社.

王松霈,1995.论我国的自然资源利用与经济的可持续发展.自然资源学报,**10**(4):305-314.

王祥兵,陈永祥,2015.草场资源可持续利用评价模型及实证研究.中国农业资源与区划,**36**(2):61-69.

王晓鹏,曾永年,曹广超,等,2005.基于多元统计和AHP的青藏高原牧区可持续发展评价模型与应用.系统工程理论与实践,**6**:139-144.

王秀红,郑度,1999.青藏高原高寒草甸资源的可持续利用.资源科学,**21**(6):38-42.

王一博,王根绪,王彦莉,等,2005.青藏高原高寒区草地生态环境系统退化研究.冰川冻土,**27**(5):633-640.

王永生,程萍,钟骁勇,2015.绿水青山就是金山银山——2014年以来各省(区、市)生态文明建设新举措梳理.南方国土资源(11):15-18.

王智辉,2008.自然资源禀赋与经济增长的悖论研究.长春:吉林大学.

韦惠兰,鲁斌,2010.玛曲草场单户与联户经营的比较制度分析.安徽农业科学,**38**(1):406-409.

蔚俊,龙瑞军,高新才,等,2007.甘肃甘南地区草畜平衡现状与发展对策.草原与草坪(3):52-56.

吴季松,等,2006.循环经济综论.北京:新华出版社.

吴敬琏,2013.中国增长模式决策.上海:上海远东出版社.

武高林,杜国祯,2007.青藏高原退化高寒草地生态系统恢复和可持续发展探讨.自然杂志,**29**(3):159-164.

西藏旅游志编写组,2010.西藏旅游志.拉萨:西藏人民出版社.

先巴,2005.生态学视阈中的藏族能源文化.青海民族研究,**16**(3):42-47.

谢春山,2012.旅游文化学.北京:高等教育出版社.

谢高地,鲁春霞,成升魁,等,2001.中国的生态空间占用研究.资源科学,**23**(6):20-23.

谢高地,鲁春霞,冷允法,等,2003a.青藏高原生态资产的价值评估.自然资源学报,**18**(2):189-196.

谢高地,鲁春霞,肖玉,等,2003b.青藏高原高寒草地生态系统服务价值评价.山地学报,**21**(2):50-55.

谢新源,陈悠,李振山,2008.国内外生态足迹研究进展.四川环境,**27**(1):65-72.

辛绍翠,2010.我国西南边境地区土地资源优化配置研究——以云南省瑞丽市为例.昆明:云南财经大学.

徐虹,唐晓梅,李敏,2008.旅游经济学.北京:首都经济贸易大学出版社.

徐中民,程国栋,张志强,2001.生态足迹法:可持续性定量研究的新方法——以张掖地区1995年的生态足迹计算为例.生态学报,**21**(9):1484-1493.

徐中民,张志强,2000.当代生态经济的综合研究综述.地球科学进展,**15**(6):688-694.

徐中民,张志强,程国栋,2000.甘肃省1998年生态足迹计算与分析.地理学报,**55**(5):607-616.

徐中民,张志强,程国栋,等,2003.中国1999年生态足迹计算与发展能力分析.应用生态学报,**4**(2):280-285.

杨春燕,付伟,赵俊权,2012.青藏高原生态旅游发展研究.生态经济:学术版(10):238-240,282.

杨皓然,2011."资源诅咒"的生态经济学解析.内蒙古社会科学(汉文版),**32**(6):101-104.

杨开忠,2009.谁的生态最文明——中国各省区市生态文明大排名.中国经济周刊,**32**:8-12.

叶谦吉,1988.生态农业——农业的未来.重庆:重庆出版社.

叶裕民,2007.中国城市化与可持续发展.北京:科学出版社.

易昌良,2016.2015中国发展指数报告——"创新、协调、绿色、开放、共享"新理念、新发展.北京:经济科学出版社.

尹晓青,2015.我国草地资源可持续利用状况的动态变化及区域差异分析.生态经济:学术版**31**(12):93-97.

于婉婷,林一鸣,2016.大庆市耕地资源可持续利用评价.测绘与空间地理信息,**39**(4):182-185.

于秀娟,2003.工业与生态.北京:化学工业出版社.

余新晓,等,2006.景观生态学.北京:高等教育出版社.

臧漫丹,诸大建,刘国平,2013.生态福利绩效:概念、内涵及G20实证.中国人口·资源与环境,**23**(5):118-124.

张诚谦,1987.论可更新资源的有偿利用.农业现代化研究(5):22-24.

张光明,谢寿昌,1997.生态位概念演变与展望.生态学杂志(4):47-52.

张光生,2009.旅游环境学,北京:中国科学技术出版社.
张惠远,王金南,饶胜,等,2012.青藏高原区域生态环境保护战略研究.北京:中国环境科学出版社.
张继承,2008.基于RS/GIS的青藏高原生态环境综合评价研究.长春:吉林大学.
张建龙,2012.现代林业统计评价研究.北京:中国林业出版社.
张连生,2009.青藏高原旅游资源及其评价研究.西宁:青海师范大学.
张文斌,徐海洋,2015.基于土地利用效益及其协调度的土地资源可持续利用评价——以玉门市为例.中国农学通报,**31**(20):109-112.
张孝忠,等,2013.青藏高原旅游开发研究.北京:科学出版社.
张孝忠,刘峰贵,2006.青藏铁路旅游指南.西宁:青海人民出版社.
张新时,李博,史培军,1998.南方草地资源开发利用对策研究.自然资源学报,**13**(1):1-7.
张镱锂,李炳元,郑度,2002.论青藏高原范围与面积.地理研究,**21**(1):1-8.
张志强,孙成权,程国栋,等,1999.可持续发展研究:进展与趋向.地球科学进展,**14**(6):589-595.
张志强,徐中民,程国栋,等,2001.中国西部12省(区市)的生态足迹.地理学报,**56**(5):599-600.
张智光,2010.绿色中国:理论、战略与应用.北京:中国环境科学出版社.
张忠孝,等,2013.青藏高原旅游开发研究.北京:科学出版社.
张忠孝,刘峰贵.2006.青藏铁路旅游指南.青海:青海人民出版社.
赵超英,周毅,2002.国土资源·环境·生态与人口可持续发展战略.北京:中国大地出版社.
赵春芳,董朝阳,伍磊,等.2016.江省水资源生态足迹时空格局.水土保持通报,**36**(1):242-248.
赵景柱,2013.关于生态文明建设与评价的理论思考.生态学报(15):4552-4555.
赵俊权,2007.18种引进优良牧草混播草地生产力和群落稳定性及可持续利用研究.兰州:兰州大学.
赵士洞,谷树忠,2000.资源科学与资源可持续利用.当代生态农业(Z2):48-49.
赵同谦,欧阳志云,贾良清,等,2004a.中国草地生态系统服务功能间接价值评价.生态学报(6):1101-1110.
赵同谦,欧阳志云,郑华,等,2004b.中国森林生态系统服务功能及其价值评价.自然资源学报(4):48-491.
赵先贵,韦良焕,马彩虹,等,2007.西安市生态足迹与生态安全的动态研究.干旱区资源与环境,**21**(1):1-5.
赵英伟,刘黎明,2003.西藏高寒草地资源的可持续发展利用评价与管理对策.农业现代化研究,**23**(6):404-408.
中共青海省委党校人口资源与环境研究中心,2016.建立青藏高原碳汇功能区的初步设想.攀登,**35**(2):51-55.
中共中央宣传部理论局,2016.全面小康热点面对面.北京:学习出版社.
中国21世纪议程管理中心,2009.生态补偿原理与应用.北京:社会科学文献出版社.
中国21世纪议程管理中心可持续发展战略研究组,2004.发展的基础——中国可持续发展的资源、生态基础评价.北京:社会科学文献出版社.
中国科学技术协会,2012.2011—2012生态学学科发展报告.北京:中国科学技术出版社.
中国科学院可持续发展战略研究组,1999.1999中国可持续发展战略报告.北京:科学出版社.
中国科学院可持续发展战略研究组,2006.2006年中国可持续发展战略报告:建设资源节约型、环境友好型社会.北京:科学出版社.
中国科学院可持续发展战略研究组,2013.2013年中国可持续发展战略报告:未来10年的生态文明之路.北京:科学出版社.
中国科学院可持续发展战略研究组,2015.2015中国可持续发展报告:重塑生态环境治理体系.北京:科学出版社.
中国科学院院部"青藏铁路建设与西藏社会经济发展若干问题"咨询组,2004.关于青藏铁路建设与西藏社会经济发展若干问题的建议.中国科学院院刊,**19**(4):247-249.
中国生态补偿机制与政策研究课题组,2007.中国生态补偿机制与政策研究.北京:科学出版社.

周华坤,周立,赵新全,等,2003.江河源区"黑土滩"型退化草场的形成过程与综合治理.生态学杂志,**22**(5):51-55.

周静,管卫华,2012.基于生态足迹方法的南京可持续发展研究.生态学报,**32**(20):6471-6480.

朱立博,王世新,陈旭呈,等.2008.浅谈呼伦贝尔草原生态效益补偿机制.草原与草坪(3):74-77.

诸大建,2007.中国循环经济与可持续发展.北京:科学出版社.

诸大建,2011.基于 PSR 方法的中国城市绿色转型研究.同济大学学报(社会科学版),**22**(4):37-47.

诸大建,2012.从"里约+20"看绿色经济新理念和新趋势.中国人口·资源与环境,**22**(9):1-7.

诸大建,刘国平,2011.碳排放的人文发展绩效指标与实证分析.中国人口·资源与环境,**21**(5):73-79.

邹尚伟,刘颖,2008.西南生态脆弱带土地资源可持续利用探索.环境科学与管理,**33**(5):156-159.

ANIELSKI M.,ROWE J,1999. The genuine progress indicator-1998 update:data and methodology. Redefining progress,San Francisco,CA.

AYRES R,2000. On the utility of the ecological footprint concept. Ecological economics,**32**:347-349.

BAO W,2009. Eco-taxes and sustainable utilization of grassland resources. Animal husbandry and feed science,**1**(3):44-48.

BAUMOL W J,OATES W E,1988. The theory of environmental policy:externalities,public outlays and the quality of life. New Jersey:Prentice Hall.

BECKERMAN W,1992. Economic growth and the environment. World development,**20**(4):481-496.

BICKNELL K B,BALL R J,CULLEN R,et al.,1998. New methodology for the ecological footprint with an application to New Zealand economy. Ecological economics,**27**:149-160.

CARSON R,1962. Silent spring. New York:Houghton Mifflin Company.

CAVIGLIA-HARRIS J L,CHAMBERS D,KAHN J R,2009. Taking the "U" out of Kuznets:a comprehensive analysis of the EKC and environmental degradation. Ecological economics,**68**:1149-1159.

CEBALBS LACURAIN H,1996. Tourism ecotourism and protected area. Switzerland:IUCN (The World Conservation Union).

CHEN J,YAMAMURA Y,HORI Y,et al.,2008. Small-scale species richness and its spatial variation in an alpine meadow on the Qinghai-Tibet Plateau. Ecological research,**23**:657-663.

CHIPOFYA V,KAINJ S,BOTA S,2009. Policy harmonisation and collaboration amongst institutions-a strategy towards sustainable development, management and utilisation of water resources:case of Malawi. Desalination,**248**:678-683.

CISS A A,BLANCHARD F,GUYADER O,2014. Sustainability of tropical small-scale fisheries:integrated assessment in French Guiana. Marine policy,**44**:397-405.

COASE R,1960. The problem of social cost. Journal of law and economics,**3**:1-44.

COSTANZA R,DARGE R,DE GROOT R,et al.,1997. The value of the world's ecosystem services and natural capital. Nature,**387**:253-260.

DALY H E,COBB J,1989. For the common good:redirecting the economy toward community,the environment and a sustainable future. Beacon:MA.

DASGUPTA P,2009. The place of nature in economic development. Handbook of development economics.

DASGUPTA P,HEAL G M,1979. Economic theory and exhaustible resource. Cambridge:Cambridge University Press.

DIENER E,DIENER M,DIENER C,1995. Factors predicting the subjective well-being of nations. Journal of personality and social psychology,**69**(5):851-864.

DIENER E,SUH E M,LUCAS R E,et al.,1999. Subjective well-being:three decades of progress. Psychological bulletin,125:276-302.

EHRLICH P, HOLDREN J, 1971. Impact of population growth. Science, **171**: 1212-1217.

FAO. 1993. Forest resources assessment 1990—Tropical countries. Rome: food and agriculture organization of the united nations.

FENG Q G, 2008. Development pattern of the industry form in mountains area: a case study of the Three Gorges Reservoir area. Ecological economy, **4**(1): 74-84.

FERNG J J, 2001. Using composition of land multiplier to estimate ecological footprint associated with production activity. Ecological economics, **37**: 159-172.

FERNG, J J, 2002. Toward a scenario analysis framework for energy footprints. Ecological economics, **40**: 53-69.

FIALA N, 2008. Measuring sustainability: Why the ecological footprint is bad economics and bad environmental science. Ecological economics, **67**: 519-525.

FORMAN R T T, 1995. Some general principles of landscape and regional ecology. Landscape ecology, **10**(3): 133-142.

FORTIN M J, AGRAWAL A A, 2005. Landscape ecology comes of age. Ecology, 86: 1965-1966.

FREY S D, HARRISON D J, BILLETT E H, 2006. Ecological footprint analysis applied to mobile phones. Journal of industrial ecology, **10**(1-2): 199-216.

GHAJAR I, NAJAFI A, 2012. Evaluation of harvesting methods for Sustainable Forest Management (SFM) using the Analytical Network Process(ANP). Forest policy and economics, **21**: 81-91.

GORGON H S, 1954. The economic theory of common property resource: the fishery. Journal of political economy, **62**: 142.

GOSSLING S, HANSSON C B, HORSTMEIER O, et al., 2002. Ecological footprint analysis as a tool to assess tourism sustainability. Ecological economics, **43**: 199-211.

HABERL H, ERB K H, KRAUSMANN F, 2001. How to calculate and interpret ecological footprints for long periods of time: the case of Austria 1926-1995. Ecological economics, **38**: 25-45.

HAECKE L, 1898. History of the natural creation, Berlin: Reimer.

HAMILTON C, 1999. The genuine progress indicator: methodological developments and results from Australia. Ecological economics, **30**: 13-28.

HANLEY N, MOFFATT I, FAICHNEY R, et al., 1999. Measuring sustainability: a time series of alternative indicators for Scotland. Ecological economics, **28**(1): 55-73.

HARTTGEN K, KLASEN S, 2012. A Household-Based Human Development Index. World development, **40**(5): 878-899.

HERENDEEN R, 2000. Ecological footprint is a vivid indicator of indirect effects. Ecological economics, **32**: 357-358.

HICKEY GM, 2008. Evaluating sustainable forest management. Ecological indicators, **8**(2): 109-114.

HOLDREN J, EHRLICH P, 1974. Human population and the global environment. American science, **62**: 282-292.

HOTELLING H, 1931. The economics of exhaustible resources. Journal of political economy, **39**: 137-175.

HUIJBREGTS M A J, HELLWEG S, FRISCHKNECHT R, et al., 2008. Ecological footprint accounting in the life cycle assessment of products. Ecological economics, **64**: 798-807.

JARVIS P, 2007. Never mind the footprint, get the mass right. Nature, **446**: 24.

JOANA H, MARTINS J H, CAMANHO A S, et al., 2012. A review of the application of driving Forces-Pressure-State-Impact-Response framework to fisheries management. Ocean&coastal management, **69**: 273-281.

KILEY W M,1981. Ecological agriculture. Agriculture and environment,**6**(4):349-381.

KISSINGER M,REES W E,2009. Footprints on the prairies:degradation and sustainability of Canadian agricultural land in a globalizing world. Ecological economics,**68**:2309-2315.

KRATENA K,2008. From ecological footprint to ecological rent: An economic indicator for resource constraints. Ecological Economics,**64**:507-516.

LADO C,2004. Sustainable environmental resource utilisation:a case study of farmers' ethnobotanical knowledge and rural change in Bungoma district, Kenya. Applied geography,**24**:281-302.

LAWN P,SANDERS R,1999. Has Australia surpassed its optimal macroeconomic scale:finding out with the aid of "benefit"and "cost" accounts and a sustainable net benefit index. Ecological economics,**28**:213-229.

LIU T M,LIU D F,LI Z Z,et al. ,2002. The Strategies for sustainable utilization of grassland resources of china. Grassland of China,**24**(6):61-65.

MCINTYRE S, LAVOREL S, LANDSBERG J,1999. Disturbance response in vegetation-towards a global perspective on functional reait. Journal of vegetation science,**10**:621-630.

MIEHE G,BACH K,MIEHE S,et al. ,2011. Alpine steppe plant communities of the Tibetan highlands. Applied vegetation science,**14**:547-560.

MOFFATT I,2000. Ecological footprints and sustainable development. Ecological economics,**32**:359-362.

OPSCHOOR H,2000. The ecological footprint:measuring rod or metaphor? Ecological economics,**32**:363-365.

PIGOU A C,1920. The economics of welfare. London:Macmillan.

RAPPORT D J,2000. Ecological footprints and ecosystem health:complementary approaches to a sustainable future. Ecological economics,**32**:367-370.

REES W E,1992. Ecological footprint and appropriated carrying capacity:what urban economics leaves out. Environment and urbanization, **4**(2):121-130.

REES W E,2000. Eco-footprint analysis:merits and brickbats. Ecological economics,**32**:371-374.

ROY M,1995. Ecological democracy. Brooklyn:South End Press.

SAGAR A D,NAJAM A,1998. The human development index:a critical review. Ecological economics,**25**:249-264.

SCOTT A D,1955. The fishery:the objectives of sole ownership. Journal of political economy,**63**:115-124.

SEN A,1976. Real national income. Review of economic studies,**46**:19-39.

SIMMONS C,LEWIS K,BARRETT J,2000. Two feet-two approaches:a component-based model of ecological footprinting. Ecological economics,**32**:375-380.

SLADE MARGARETE,1982. Trends in natural-resource commodity prices:an analysis of the time domain. Journal of environmental economics and management, **9**(2):122-137.

SOLOW R,1974. The economics of resources or the resources of economics. American economic review,**64**:1-14.

TANSLEYA G,1935. The use and abuse of vegetational concepts and terms. Ecology, **16**(3):284-307.

TEMPLET P H,2000. Externalities, subsidies and the ecological footprint. Ecological economics,**32**:381-383.

TILMAND,2004. Niche tradeoffs,neutrality,and community structure:a stochastic theory of resource competition,invasion,and community assembly. Proceedings of the national academy of sciences of the united states of America,**101**:10854-10861.

UNDP,1990. Human Development Report. New York:Oxford University Press.

UNDP,2010. Human development report 2010[EB/OL]. http://hdr. undp. org/en/reports/global/hdr2010/.

VAN VUUREN D P,SMEETS E M W,2000. Ecological footprints of Benin, Bhutan Costa Rica and the Netherlands. Ecological economics,**34**:115-130.

WACKERNAGEL M, ONISTO L, BELLO P, et al., 1999. National natural capital accounting with the ecological footprint concept. Ecological economics, **29**: 375-390.

WACKERNAGEL M, REES W E, 1996. Our ecological footprint: reducing human impact on the earth. Gabriola Island: New Society Publishers.

WACKERNAGEL M, REES W E, 1997. Perceptual and structural barriers to investing in natural capital: Economics from an ecological footprint perspective. Ecological economics, **20**: 3-24.

WACKERNAGEL M, SILVERSTEIN J, 2000. Big things first: focusing on the scale imperative with the ecological footprint. Ecological economics, **32**: 391-394.

WACKERNAGEL M, YOUNT D J, 1998. The ecological footprint: An indicator of progress toward regional sustainability. Environmental monitoring and assessment, **51**: 511-529.

WACKERNAGEL M, YOUNT D J, 2000. Footprints for sustainability: the next steps. Environment development and sustainability, **2**: 21-42.

WACKERNAGEL, M, 2009. Methodological advancements in footprint analysis. Ecological economics, **68**: 1925-1927.

WANG J H, TIAN J H, LI X Y, et al., 2011. Evaluation of concordance between environment and economy in Qinghai Lake Watershed, Qinghai-Tibet Plateau. Journal of geographical sciences, **21**(5): 949-960.

WANG Y, SUN H L, ZHAO J Z, 2012. Policy Review and Outlook on China's Sustainable Development since 1992. Chinese geographical science, **22**(4): 381-389.

WIEDMANN T, MINX J, BARRETT J, et al., 2006. Allocating ecological footprints to final consumption categories with input-output analysis. Ecological economics, **56**: 28-48.

WORLD COMMISSION ON ENVIRONMENT DEVELOPMENT (WCED), 1987. Our common future. Oxford: Oxford University Press.

WWF, 2000. Living Planet Report 2000[EB/OL]. http://wwf.panda.org.

WWF, 2002. Living Planet Report 2002[EB/OL]. http://wwf.panda.org.

WWF, 2004. Living Planet Report 2004[EB/OL]. http://wwf.panda.org.

WWF, 2006. Living Planet Report 2006[EB/OL]. http://wwf.panda.org.

WWF, 2008. Living Planet Report 2008[EB/OL]. http://wwf.panda.org.

WWF, 2012. Living Planet Report 2012[EB/OL]. http://wwf.panda.org.

ZHANG Y, WANG G X, WANG Y B, 2011. Changes in alpine wetland ecosystems of the Qinghai-Tibetan plateau from 1967 to 2004. Environmental monitoring and assessment, **180**: 189-199.

ZHOU P, LIU G B, 2009. The change in values for ecological footprint indices following land-use change in a Loess Plateau watershed in China. Environmental earth sciences, **59**: 529-536.